立足当代科学前沿

彰显当代科技名家

绍介当代科学思潮

激扬科技创新精神

策　划

潘　涛　卞毓麟

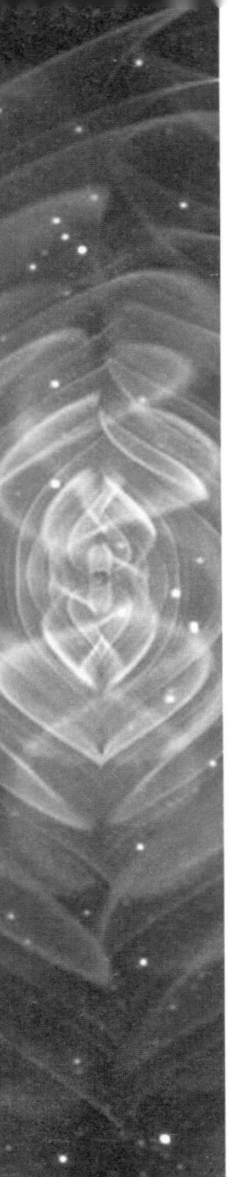

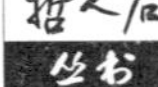

Philosopher's Stone Series

当代科普名著系列

传播，以思想的速度

爱因斯坦与引力波

丹尼尔·肯尼菲克 著

黄艳华 译

上海科技教育出版社

图书在版编目(CIP)数据

传播,以思想的速度:爱因斯坦与引力波/(美)肯尼菲克(Kennefick,D.)著;黄艳华译.—上海:上海科技教育出版社,2010.12(2016.3 重印)
(哲人石丛书.当代科普名著系列)
ISBN 978-7-5428-5132-1

Ⅰ.①传… Ⅱ.①肯…②黄… Ⅲ.①重力波—研究 Ⅳ.①O412.1

中国版本图书馆 CIP 数据核字(2010)第 230008 号

对本书的评价

在这本书中，肯尼菲克描述了三代物理学家为揭示相对论所预言的引力波而进行的历时70年的探索。凭借他那历史学家般的技巧、他对相对论的精通和出色的叙事能力，肯尼菲克编织了一个关于智力较量和数学格斗的扣人心弦的故事——同时概括出一些引人入胜的洞见，涉及数学、直觉、类比、风格、证明的标准等各因素的作用以及学术竞争的社会学。

——索恩(Kip S. Thorne)，
加州理工学院

这本书对爱因斯坦研究，以及对普通物理学史都有很重要的促进作用。对于正在进行的探测引力波的尝试也是很适时的。作者以独一无二的视角讲述了这个故事。作者与研究爱因斯坦的学者团体、过去和现在工作在引力波领域的物理学家以及从事这一学科史研究的人都有极为紧密的联系。

——詹森(Michel Janssen)，
明尼苏达大学

这本书是一项令人印象深刻的成就。肯尼菲克巧妙地把现代物理中源于爱因斯坦引力波理论的最深奥但极有趣的概念介绍给读者。他描绘了近一个世纪的历程中，一些常常是偶然的、曲折的、有时又有争议的想法的发展过程。这本书不仅是一部智力史，也是一个探索故事。披露的线索、个人的洞察力、公共机构的演变、个体的作用和苦苦的思索等等相交织，读者可以了解理论物理学家是如何工作的。直到现在，实际上我们并没有认真研究过在爱因斯坦发表了他那著名的方程之后，他的广义相对论发生了什么。肯尼菲克是首批续写这个故事的人之一。

——凯泽(David Kaiser)，《掀开理论的帷幕：战后物理学中费恩曼图的弥散》一书的作者

内容提要

自爱因斯坦近一个世纪前第一次描述引力波以来,引力波问题遭遇了可能是物理学史上最持久的争议。到目前为止,尚未探测到这些由爱因斯坦的广义相对论首先预言的时空波动,只是在21世纪初的今天,我们才终于快有可能观测它们。

爱因斯坦的理论发表后,理论论战和棘手的辩论一直伴随着引力波这一课题,肯尼菲克这部划时代的著作将带领读者了解这段历史。那些鲜为人知的关于我们如何获得引力波定论的故事,涉及一系列20世纪物理学的一流人物,包括费恩曼、邦迪、惠勒、索恩和爱因斯坦本人,爱因斯坦曾两次宣称引力波不存在,但又两次改变了自己的想法。

本书的书名来自爱丁顿在1922年作出的一个著名的怀疑论的评论——“引力波以思想的速度传播”。肯尼菲克以这个书名,来隐喻每一个物理学家设法解决引力波问题时所表现出来的个人的卓越才华,同这个领域那令人沮丧的整体进步迟缓所形成的鲜明对照。

本书以新的眼光看待与引力波故事有关的种种麻烦与冲突,通过直接确证引力波的存在而第一次为其画上了一个圆满的句号。

作者简介

丹尼尔·肯尼菲克（Daniel Kennefick），1997年于加州理工学院获物理学博士学位，现任美国阿肯色大学物理系助教，主要研究引力波物理学以及现代物理学史。肯尼菲克博士还是LISA国际科学小组的成员，LISA是美国宇航局的一个项目，目标是在太空运行引力波探测器，国际科学小组为该项目提供理论指导。肯尼菲克博士也是《爱因斯坦全集》(*The Collected Papers of Albert Einstein*)（普林斯顿）的一名编辑，该项目致力于出版爱因斯坦的全部文稿并对其20世纪20、30年代的研究论文进行分析。

献给我的父母

丹·肯尼菲克(Dan Kennefick)

和

莫拉·肯尼菲克(Maura Kennefick)

目录

致谢

写这本书的主意来自我的物理学导师、加州理工学院的基普·索恩(Kip Thorne),他部分参与了本书中讨论的几个大辩论,并觉得应该有人来讲述这个故事。很幸运,我有一个很开明的导师,对各种思想都能包容,这使得我能够将物理学研究与科学史的相关工作结合起来。我的双倍的幸运还在于找到了一位历史学导师,戴安娜·布赫瓦尔德(Diana Buchwald),因为她能给我这个新手提供如此多的资源,戴安娜现任爱因斯坦全集项目的主编,正致力于《爱因斯坦全集》的编辑工作。在我完成学位论文之后,与加迪夫大学的柯林斯(Harry Collins)进行了为期两年的合作,这使我受益匪浅,他是《引力的阴影》(*Gravity's Shadow*)一书的作者,该书讲述了引力波物理实验的历史。

戴安娜确保我在早期从《爱因斯坦全集》的第一任编辑施塔赫尔(John Stachel)那里得到了许多有价值的建议。彼得·豪沃什(Peter Havas),另一位转自物理学家的历史学家,像基普一样作为主要角色参与了我研究的这段历史,他最初怀疑以我的背景和经验能否客观地讲述这个故事。然而,这并没有影响他以各种可能的方式亲自以及通过写信向我提供帮助。

我尤其需要对同意接受我采访的众多物理学家表达谢意,在此一并致谢。在本书的结尾,我列出了一个采访表,并列出了采访时间。这些采访均为本书提供了重要的资料,即使未直接引用的采访也是如此。完成这些采访工作得到了国家科学基金会的一个博士论文改善助学金项目的资助。

许多人友善地阅读了手稿并提出了很多有益的建议,在此表示感谢,其中特别要感谢的是克里格(Martin Krieger)、普瓦松(Eric Poisson)、索尔(Tilman Sauer)、詹森(Michel Janssen)和凯泽(David Kaiser)。

我要感谢耶路撒冷的希伯来大学阿尔伯特·爱因斯坦档案馆准许引用爱因斯坦(Albert Einstein)的信函。感谢加州理工学院同意我引用罗伯逊(Howard Percy Robertson)的信件及他们收藏的理查德·费恩曼(Richard Feynman)的一封信。同时感谢他们同意我全文引用罗伯逊对爱因斯坦和内森·罗森(Nathan Rosen)的论文的审稿报告,附录A即为该报告的副本。我还要感谢米歇尔·费恩曼(Michelle Feynman)允许我引用她父亲的信函。数学家小约翰·泰特(John Tate, Jr.)友善地允许我引用他父亲的信件,为此向他表示感谢,还有内森·罗森的两个儿子,乔(Joe)和戴维·罗森(David Rosen),同意我引用他父亲写给爱因斯坦的信函,在此深表谢意。

我的妻子朱莉娅·肯尼菲克(Julia Kennefick)审阅了手稿全文,并自始至终对这项研究给予了不断的鼓励和建议。最后,我要感谢我的父母,丹和莫拉·肯尼菲克,没有他们的爱和鼓励,我可能永远也不能开展这项工作,谨以此书献给他们。

第一章

引力波类比

在21世纪的最初几年里,几个大型的引力波探测器陆续投入运行,这是第一批引力波观测站。要说到这些探测器的身世,可追溯到40年前。在1960年前后,在马里兰大学工作的美国物理学家韦伯(Joseph Weber)第一次开始尝试引力波的实验探测。直到1969年,引力波探测这个"领域"中,还只有韦伯和他的学生,但当他宣称已经探测到引力波时(韦伯,1969),其他人(其中有些人原来就考虑过做这个课题)也开始着手建造他们自己的设备。结果证明,这是个错误的开始。这个富有争议的插曲持续了好几年,所有新的探测器小组都没能用他们自己的装置再现韦伯的结果(柯林斯,2004)。虽然起步备受争议且充满曲折,但多数研究小组仍然在这个领域中坚持下来,进行了几十年的艰苦努力,并尝试了很多种实验装置。现在普遍的预期是,将在10年内首次直接探测到引力波。

对引力波探测这一尝试的最热情的支持者之一是索恩,他曾打赌在20世纪末就会探测到引力波,这件事也反映了在引力波探测初期人们对此可能抱有的看法。在1981年要找个下注的人并不困难,这个肯下注的人就是天文学家奥斯特里克(Jeremiah Ostriker),对于当时提出的大型探测器计划,他是有名的反对者之一,而索恩则是最大型的新探测器项目—— 5亿美元的激光干涉引力波观测台(也称为LIGO)的重要支持者之一。当然,索恩赌输了,记录就贴在加州理工学院桥形建筑（桥楼）的西侧走廊，索恩办公室的外面，它旁边是超过半打的索恩和他的同事间的其他赌局［索恩的赌伴中最著名的是霍金（Stephen Hawking）］，这些赌局中的大多数都是索恩赢了。在他的认输记录上写着："我低估了 LIGO 完成观测所需的时间。"他和其他人设法使 LIGO 成为现实，在考虑到这个领域充满争议的历史的时候，可以想象这并非易事，尤其是争论存在于整个领域而不仅仅局限于实验方面。引力波理论的争议由来已久，有个错误的开始，又屡屡受挫。很多理论家甚至怀疑过这种波是否真的存在。爱因斯坦于 1916 年创立了引力波理论，但即使是他本人也曾至少两次站到了怀疑者的行列中。这种争议如何逐步变成了对理论的信

图 1.1　华盛顿汉福德的 LIGO 装置，它是 LIGO 系统的两个分立探测器中的一个。这个激光干涉引力波观测台主要由两个 4 千米长的管道组成，激光在管道中被激发并沿着管道在高品质的镜子间来回反射。光沿着管道传播所用时间的任何改变都是引力波通过的可能证据。可以看到两个管道中的一个伸向远处。（承蒙 LIGO 实验室惠允）

心和对实验装置必要性的认同，并促成了今天的了不起的大项目，这正是本书的主要内容。

在韦伯的探测结果备受争议的这段时间里（20 世纪 70 年代初期），物理学领域对引力波有种矛盾的情感。《20 世纪 70 年代的天文学和天体物理学》（*Astronomy and Astrophysics for the 1970s*）是一份来自美国科学院的报告，下面引用的是其中与韦伯宣布的发现有关的评论，从中可以看出当时的这种矛盾状态。这个报告写于 1971 年，是随后 10 年美国政府基金管理机构，特别是国家科学基金会的指南：

> 能够作为独立实体运作的类似“引力场”的东西是否存在，是与引力波的探测直接相关的问题。所有活跃着的引力理论都涉及引力场这个概念，所以仅仅是引力波存在并不能排除这些理论中的任何一种。因此，这种基本的场的假设在没有任何观测结果支持的情况下被普遍接受了。只有在与最深层次的和最基本的假说有关的情况下，科学家中才会出现这样的盲从，因为他们没有办法以同样详尽和一致的方式做出不同的思考。19 世纪在实验结果否定以太而证实原子存在之前的几十年时间内，类似的态度导致了对以太和原子的普遍接受。
>
> 迄今，所有物理学的基本形式都是在场的概念基础上建立起来的，场代替了不复存在的以太而出现在电磁场理论中。在实验和工业应用中进行检验时，发现这种场的思想具有如此强大的说服力，于是科学家们试图把所有其他已知的物理学的基本领域都以同一个模式包装起来。场论在电磁场中毫无争议地获得了成功。场的概念已经成功地应用在粒子物理学中的很多方面，但仍然还有很多未解的难题。证实引力波的实验将会表明，场的概念至少在另一个习惯地使用这个概念的领域，即引力现象中也是适用的。（第 282—283 页）

在20世纪70年代初期,虽然还未得到任何物理证据的支持,但相信引力波存在在大多数物理学家中非常盛行。这是因为,除了与描述电磁理论的场论类比之外,他们看不到构建引力模型的其他任何方法。1916年,在发现广义相对论的场方程组后不久,爱因斯坦成为完全采用引力场论描述引力波的第一人。从他这种描述引力波的方法开始,相对论理论家们开始寻求与电磁场理论的各种类比,他们试图在没有实验证据的情况下去构建引力波理论。在这个过程中,对引力波现象的理论描述产生了争议,甚至对这种理论是否真的预言了引力波的存在也产生了争议。一些相对论者认为,这种类比虽然增加了对引力波的传统图像的信心,但并不足够,考虑到前面的怀疑,这一观点就不奇怪了。有些人由于怀疑而公然反抗公众对假说的一致理解,审视那些人的观点是非常有趣的,没有这种假说,现代物理学家们就没有"以一种……详尽和一致的方式……进行思考的能力"。

"没有观测结果支持"的科学是如何得到普遍地或至少是"一般性"地认同的?对大多数人来说,不管他们是科学家还是非专业人士,这听起来似乎都相当地不科学。可是,在科学界这种情况实际上并不罕见,因为它确实会发生。为了对所观察到的现象提供一个根本的解释,就要设计一个非常有用的概念(比如力"场"的概念),而它本身并不需要被检测或是可被检测的。引力波的情况有些不一样,这里发生的由场概念导致的对物质的影响之类的现象应该是可被探测的。然而,几十年来,从来就没有探测到过这种现象,甚至连间接的证据也没有,但人们还是普遍坚信它的存在。这种信念的背后必定还隐含着一些更为强大的动力,如果我们去寻找就会发现,这种惊人般顽强的科学信念背后的力量就是类比。具体地讲,此处所讨论的就是引力场和电磁场之间的类比,引力场是现代引力理论(广义相对论)的基础,电磁场起源于19世纪法拉第(Michael Faraday)和麦克斯韦(James Clerk Maxwell)的工作,也是现代物理学的核心。麦克斯韦理论最引人注目的地方就是预言和证实了无线电波的存在,它是包括光本身在内的电磁辐射谱的一部分,电磁波在麦克斯韦及其后继理论中扮演了重要的角色。此处基本的类比是,如果用场论来描述引力,那么像麦克斯韦理论中的电磁波那样,在引力理论中是不是应该存在扮演重要角色的引力波?

场概念的历史本身就充满了争议,主要是来自类比的争论。当电磁辐射的思想被广为接受时,19世纪的物理学家们就会自然地将它与像声音这样的其他波动现象进行类比。声波使人想到波需要由介质(比如声波需要空气作介质)来传播。没有介质就意味着没有波。在19世纪,场的概念与光以太的思想联系在一起。光以太是一种充满整个空间,且具有奇异性质的不可见物质,它是电磁场的介质或载体。在20世纪初期,旧的以太理论被彻底抛弃,我们如今所说的电磁波确实有介质,这种介质就是电磁场,它是一种实体,但并不是物质世界的一部分,虽然它当然是由形成物质世界的粒子所产生的。电磁场只能由带电粒子产生,但是由于有能量就有质量,所以物质世界中的所有粒子都会产生引力场。当然应当记住,粒子本身被理想化是为帮助物理学家在他们的方程组中设计物质模型。从某种意义上讲,我们并不是像对实物那样去直接观察场,而是观察它们对我们周围物质的影响。因此,到目前为止,对我们来说,电磁波仅仅在这种情况下才是存在的:当它经过时,我们手边有些设备可以从中吸收能量。

那么,像力场这样的高度抽象的思想怎么会在物理学中扮演了如此重要的角色呢?这是一个阶段性发展的过程,在每一步进展中,其抽象程度都在不断地增加。这种发展与数学在物理学中越来越占有支配地位是密切相关的。比如在牛顿(Newton)之前,曾经认为物理学并不是一个非常适于应用数学的学科,物理学起初只是用来解释事物特性的学科。自牛顿以来的现代物理学的一个特征就是,学科的数学化程度在逐步增加。实际上,和牛顿在《原理》(*Principia*)中提出万有引力理论一样,爱因斯坦广义相对论的提出在这个数学化的进程中也扮演了重要的角色。这种抽象性不断增加的一个非常重要的原因就是创造性地使用了类比。例如,在古代,古希腊哲学家和古罗马机械师们提出,声音是一种在空气中传播的波,他们将之与波在水面上的运动进行了类比。经过亚里士多德(Aristotle)的物理学,这个概念进入到了中世纪的物理学。在牛顿时代,通过同时代的惠更斯(Christiaan Huygens)的工作,又是在19世纪,基于与声音传播的类比,人们提出光也是一种波动现象。在这个阶段,类比已经变得更加远离与之相比较的直接的物理对象,因为光的波动理论的提倡者更倾向于与声音比较而不是直接与水波比较。电磁辐射的麦克斯韦理论主要应归功于麦克斯韦、赫兹(Heinrich Hertz)和其他一些人的工作。随着这一理论的发展,在19世纪的下半叶,与直接物理经验的脱节进一步增强。在20世纪的第一个10年,当早期的相对论理论家们假设在引力场论中可能存在引力波的时候,又进一步增强了这种抽象。他们把类比建立在电磁波的基础上,这与我们在水的表面可以实际看到的那种波已经相差几个阶段了。而且,在这种情况下,类比已经延伸到用来预测而不仅仅是解释新现象的存在了。20世纪物理学变革的一些大的驱动力来自新类型辐射和新粒子的发现,然而,在这个世纪的大部分时间里,引力波还是依旧没有着落,虽然被预言但却未被观测到。

值得一提的是，在爱因斯坦发现广义相对论场方程组的过程中，与电磁学的类比是个强有力的工具。爱因斯坦创立这个理论所经历的历程是漫长而艰辛的，近年已经有人对此进行了详尽的研究。[1]

关于类比和它在科学领域中的运用，已经有了很多描述［特别见赫西（Hesse）1966 年文章］，但对于科学的类比究竟是什么，显然还没有一个简单易懂的定义。大多数类比，比如像引力波与电磁波这样的类比，也可以说成是一种模型化的方法。很显然，物理学家提到引力波和电磁波类似时，他们实际上是把后者想成了前者的一个模型。模型的使用是物理学的一个突出的特征，在此情况下，我还是选择用类比这个词，因为在这个领域工作的物理学家最常用的就是这个词。而且我认为，它有助于准确地澄清我们所谈论的是什么类型的模型。有一些模型，物理学家认为它们是对被模型化了的事物的真正描述，例如气体的动理论模型，该模型把气体形象化地描述为由许多微小的分子所组成。如今，物理学家们确信气体就是这样组成的。一个模型也可以由很多部分组成，每一部分都是虚构的，但整体却形成了对研究对象的有效的等效描述（即我们提到“模型构建”时大脑里所出现的东西）。这种例子就包括麦克斯韦曾尝试将光以太构建成齿轮的力学系统模型。我们面临的情况是，物理学家并不相信引力波就是电磁波（虽然当这种类比第一次出现时，似乎真有这种可能），也没有通过简单地堆砌砖块来构建模型。他们只是说，引力波的行为像电磁波，并且还常常要对它们各自的支配方程进行一一类比。这使得类比成为描述所发生的事情的非常恰当的用词，因为当我们提到类比这个词时，我们常常就能明白在两个系统间有一系列的相似性，一个系统的特点对应着另一个系统的某个特点。研究引力波时，物理学家所说的类比指的是相当正式的、基于数学的类比,它确定了在支配引力波的方程及其中出现的量与支配电磁辐射的方程间存在相似。可是对我们来说,在自然界中还存在其他更具描述性的、非正式的有趣类比,例如声称引力波可被看作"时空弯曲中的涟漪",犹如在池塘的水面上被激起的水波。为清楚起见,我将用比喻一词来描述这种相似,而将类比一词用在更正式的情形——对核心内容的论述上。

为了我们的目的,我们将集中在类比的两个主要应用上。第一个应用是作为探索或发现的方法。在这种情况下,无须保证类比中的每一点都相互对应,因为我们并不假定两个实体真的是相同的东西。库恩(Thomas Kuhn)在他的物理学实践中讨论了这种类比的重要性,强调了在物理学家最大可能地使用现有工具方面,类比思维起了多么重要的作用。当物理学家遇到了新的难题并用大量的数学技巧解决这个问题时,他们并不能马上清楚地知道应用这些技巧能把问题解决到什么程度(库恩,1977,第306—307页)。[2]库恩令人信服地提出:寻找新问题与那些已经成功解决了的问题的相似之处,是物理学家尝试处理不熟悉课题的一种重要方法,"一旦发现(新问题和老问题间的)相像和类似,就只剩下如何巧妙处理的困难了"(库恩,1977,第305页)。发现这种类比的美,使物理学家能把他们通过在其他课题中的经验所艰难获取的全部技巧释放出来,以应用到一个全新的问题上。但是,正如库恩所强调的,由于所用的这种类比绝不会是一套严格的对应,因此对这种类比的有效性需要进行广泛的探讨。正如另一位科学哲学家所说:"来自类比的争论本身可能是富有成效的,但它们往往是没有根据的"[邦格(Mario Bunge);引自《北方》,1981,第135页]。在这类事情上会发生很多错误。只有在那些(也许是非同寻常的)长期坚持应用类比的地方，我们才会毫不惊讶地发现那里是发现和辩论的肥沃土壤。

现在，当猜测在进行比较的两个实体间存在某种真正的基本结构的联系时，也可以应用类比（例如气体动力模型的情况就是如此）。在这种情况下，可以把类比看作物理学中这两个领域统一之路的第一步。因此，从一开始引力波就被看作可能统一的电磁学和引力理论的一个重要因素。对一些物理学家来说，这使得来自类比的争论显得格外引人入胜。此外，还有一个关于狭义相对论的争议，它源于相对性原理（这引导了狭义相对论的发展），该原理假定，任何信号都不能比光传播得更快。如果证实了引力是这一规则的例外，那么，这就可能威胁到这一重要理论的基础。在这种情况下，类比获得了巨大的力量，因为如果引力的行为不与电磁学的类似，至少在关于场的传播速度这个问题上会给麦克斯韦理论带来严重的问题，在与相对论的一致性上，爱因斯坦将遭遇困难。

正如已经提到过的，类比是波动理论得以建立的基础，它自然会引起确认光和引力波这些现象得以产生的介质的尝试。看到水中的波时我们会发现，虽然可以把它看作一种运动着的东西，而且有它本身的真实性，但同时这种波只不过是水中的一种扰动而已。它在介质中才存在，并通过介质运动或传播。这种介质可以作为扰动的一部分而运动，但是和波一起传播或行进的却并不是介质。冲刷加利福尼亚海岸的水波并不是由新近来自日本的水分子组成的，那是当地的水。穿过大海传播过来的仅仅是从水的一部分传递到另一部分的一种扰动。类似地，声音是空气中的一种扰动，它通过空气传播。声音和风不一样，它并不带着空气本身到处运动，而是在其中行进。那么，传输或传播电磁波或引力波的介质是什么呢？19 世纪曾尝试把电磁波的介质形象化为光以太，但是探测光穿过以太时对其行为产生的影响却屡遭失败，在世纪交替的前后这种尝试仍以失败而告终了。如果光有一种介质，那么它在通过介质时肯定会影响到其表观速度，就像波在水中那样。著名的迈克耳孙—莫雷（Michelson-Morley）实验（和其他许多实验一样）表明，无论是横穿还是沿着假定的由于地球的运动而产生的以太风，都没能探测到光速的任何改变。随着电磁学的发展，光以太理论遇到了越来越多的困难，到了 1905 年，爱因斯坦用他的狭义相对论给了光以太致命的一击。狭义相对论的基本假设是，所有物体的运动都是相对的，光速对所有观察者都是相同的。他指出，没有这个假设相对论就不能一致地应用于物理学的所有领域。由于这个观点被普遍接受，就阻止了把光和其他电磁波的介质看作实体物质的所有尝试。正如我们将要看到的，像我们目前所构想的那样，引力波的介质就是时空本身，空间和时间这些曾经抽象的实体在爱因斯坦的理论中担当了一个非常活跃的角色。在整个过程中形式主义的东西在不断地增加，可以看到它在背离以高度形象化的模型为特征的麦克斯韦方法，而朝着感觉上只与数学有关的方向变化。用赫兹的名言来说，"麦克斯韦理论就是麦克斯韦的方程体系"。因此，我们抱有 20 世纪的态度，即物理模型可以不是完全真实的，但方程一定是真实的，就像写在 T 恤衫上的在科学家中广为流传的话："上帝说，'麦克斯韦方程组'，于是有了光。"这种在某种程度上反映了爱因斯坦晚年的物理学研究方法的看法，是 20 世纪物理学的特征。

现在，我们可以讨论一下所有这些关于类比的叙述与引力波在理论上的"发现"是怎样联系在一起的。让我们简要总结一下引力波的来历。首先，我们有了麦克斯韦理论，其中一种力（已知其遵守平方反比的力学定律）把它改写为一种新的理论——场论，相关的波的现象在场论中扮演了核心角色。这必定自然地使人想起了一种简单但并不是非常引人注目的类比，在1900年之前它可能只影响了少数人。但是在后来的相对论时期，电磁波以及它们的传播速度在整个物理学中扮演了一个绝对核心的角色，于是这样一种观念就出现了，即引力当然也不能沿用老的牛顿理论的形式。由于光速现在似乎是信号传播速度的绝对上限，引力怎么可能像传统理论中所要求的那样，在很远的距离上瞬间就被感知了呢？光速是任何传输信号的速度上限，这在爱因斯坦证明麦克斯韦—洛伦兹方程组的新的相对论变换也适用于日常运动学的过程中起到了核心作用。上限是新相对论的基础。似乎这种以引力场为中介的力必定以有限的速度传播（因此，只有在这种作用有机会穿过太阳与我们之间的空间之后，我们才会感觉到太阳引力在拉我们），而且这种印象自然地使我们产生与波相关的想法。在这种背景下，庞加莱（Henri Poincaré）于1908年第一次创造了引力波这个词。这种思想显然有强烈的暗示作用，1915年爱因斯坦提出了他的引力场方程组后，马上就转而用一种他设计好的方法来描述引力波，从而使他的方程组的形式和行为都尽可能地与麦克斯韦方程组相似。因此方程组是真实的，如果方程组预言了波，而这种波是更多借助比喻性而不是形式上的类比得出的，那么，它们肯定是存在的。人们很快就发现，余下的唯一难题就是这些波非常弱，因此即使它们可被探测，那也将非常困难。因此，一个似乎必定存在的物理理论的要素，在目前的实验或观测条件下却无法被证实。但是，和我们的大部分故事更有关系的是，该方程组还远远没有说出它们所知道的一切。由于高度的复杂性，爱因斯坦不得不使用近似方法，并因此招致了很多批评。从而,多年以来,物理学家们由于性格不同而从乐观的或怀疑的角度,一次又一次地回归到这些迷人的方程。爱因斯坦远不是终结这个课题的人,但是他播种了颇有争议的种子。他本人后来所产生出的智慧火花,使得整个领域放射出璀璨的光芒。

在此处值得一提的是,为什么 gravity waves(引力波)这个较短的词汇直到最近才用来描述这种现象。原因是,这个词已被用来描述一种特定类型的水中的波,它的运动是由于水自身的重力(或者说引力)产生的,而不是由于表面张力决定的,表面张力支配着我们所说的涟漪。gravity waves 是波长较长的波,它就是我们在海滩边经常会见到的那种波,它具有特定的弯曲的波峰。gravity waves 一词大约从 19 世纪就开始使用了,它目前的用法,即作为 gravitational waves(引力波)一词的更为方便的表述,非常缓慢地取代了其原来的含义。显然,长的词语有点长,但只要引力波一直只是个神秘的理论课题,就没有什么理由去改变 gravity waves 一词的含义。但由于流体波动力学这个学科的重要性已经有所降低(可能是因为对于像水中的波这样的现象的研究已臻完美),而引力波的研究在过去的 30 年里变得日益重要,短语 gravity waves 一般已经用来指 gravitational waves,然而我还是宁愿使用后者。

波长相对较短的水中的涟漪波为我们提供了看得见的与引力波的类比。正如我们曾经指出的,我们对水波的视觉印象和引力波的思想之间有几层的抽象。物理学家常常发现,在试图为外行或学生描述引力波的时候,回到最原始的比喻是很有帮助的。可能每个人都听说过这种表述:引力波是"时空弯曲中的涟漪",这就像水面上的涟漪看起来好像是二维被单的平滑的弯曲变化一样,我们期待引力波是由时空(四维)被单的弯曲构成的。因此,在引力波理论发展的过程中，虽然与电磁波的类比发挥的作用更重要，但是涟漪的比喻由于具有强得多的视觉吸引力，它在近期的通俗阐述中已经变得引人注目了。有趣的是，1970 年之前在通俗解释中并没有大量地使用这种说法。这几乎可以说，在物理学家更好地理解引力辐射之前，他们对于使用那些强烈的比喻是非常谨慎的。在此之前，就算是为外行听众讲解，他们也宁愿使用非常接近的电磁波类比。随着 20 世纪 60 年代和 70 年代早期对掌握这种新的纯理论现象的信心的增长，他们冒险地采取了更为生动的解释。也许并非巧合，正是在这个阶段，第一次实验探测的真正希望出现了。只有当引力波更靠近所观测的真实世界时，才能借助日常经验中更为具体的类比来描述它们。

就像很多相对论者在这种情况下会使用怀疑论者这个词一样，我要用它来描述这样一些理论家，他们既怀疑引力波的存在，又更普遍地认为，像双星这样的自由下落的引力系统不会发射出引力波。这些引力系统现在被认为是引力波的源头，很可能被新的探测器观测到。怀疑论者这个词适用于从 20 世纪 20 年代到 80 年代这几十年间的很多理论家，他们在这一点上似乎是相同的，那就是对与电磁学的类比的怀疑。出于各种不同的原因，他们都认为是在不适当的或是误导的模型上构建了引力辐射理论。但他们意识到这种类比对于他们的许多同行却具有难以抗拒的力量，正如一个主要的怀疑论者英费尔德（Leopold Infeld）在其自传中解释的那样：

> 很显然，就像电磁波的存在可以从麦克斯韦理论中推导出来一样，引力波的存在也可以从广义相对论中推导出来。每个曾研究过相对论的物理学家都确信这一点（英费尔德，1941，第 261 页）。

然而,虽然大多数怀疑论者也认为场的概念对引力是合适的,但他们对于假定过多的引力场与电磁场的类比还是持谨慎的态度。

怀疑论者并没有忽视类比,实际上,他们在论文中经常用比非怀疑论者所用的篇幅更长的篇幅来谈到它,不过,他们是批判性地这么做的。这也引导他们去思考辐射问题,但却采用与非怀疑论者不同的方式。非怀疑论者强调的是两种理论的相似之处,这使他们能够从已经更好地掌握了的电磁辐射理论中汲取洞察力、直觉和计算工具,而怀疑论者往往会注意那些类比失败的地方,而且他们这么做并不仅仅是说说而已。在每个细节上都很完美的类比将缺少那种进一步发展的繁衍能力,人们借助这种能力才能对新现象的本质有新的洞察。新的不熟悉的理论必定会在某处与旧的理论有所差别,从而呈现出自己的生命力。作为例子,在后面我们会用大量篇幅讨论四极公式的历史,四极公式描述了引力波源的能量损失率,它可以通过电动力学中所用的类似的计算导出,而且其结果本身也与电磁辐射的情况类似。但是,在引力的情况中有一个明显的差别,这由公式本身的名字就可以看出。对于引力波,四极辐射(指在两个独立的对称轴上运动的系统的发射,与此不同,在偶极辐射的情况中,只有一个对称轴)是最低阶的发射,而电磁波则存在偶极对称。实际上,我们通常见到的电磁波主要来自偶极源,有点无线电天线知识的人都知道偶极子是什么。但是引力偶极子不发射波,这也是引力波如此之弱,以致探测它们成了要耗费几十亿美元巨资的项目,而这个项目目前还处于推进之中的原因之一。

因此,一种成功的类比应该是这样的,它不仅能展示出两个类比物之间的许多适当的相似性,而且为了富有成效,这种类比在某些地方必定会失效或者不再是那么直截了当、简单易懂。有了这种要求,人们可以期待看到不同类型的类比推理,各自更多或者更少地强调类似之处或是失效之处。我认为那些怀疑论者就是以消极的方式使用了与电磁学的类比;这些人包括英费尔德、豪沃什、爱丁顿(Arther Stanley Eddington)、罗森、邦迪(Hermann Bondi)和其他一些人,而另外一些人则愿意更积极地使用类比,如惠勒(John Wheeler)、朗道(Lev Landau)和皮拉尼(Felix Pirani)。这两种方法都有成效,而包括爱因斯坦本人在内的怀疑论者曾一度对引力波理论的发展作出了很多贡献。这对怀疑论者邦迪来说尤其正确。在1957年的查珀尔希尔会议"引力在物理学中的角色研讨会"[3]上,在与惠勒的交锋中,邦迪展示了他的类比推理的风格。这种交流对积极和消极地使用类比提供了完美的对比。在开场白中,邦迪说道:

> 人们经常进行电磁学和引力波之间的类比,但都不是很深入,所得到的方程组的类似性究竟达到怎样的程度仍有许多问题。电磁辐射的主要特点是,当辐射产生时,辐射体要损失一定的能量,但它与接收体的位置无关。另一方面,对于引力辐射,我们还不知道引力辐射体是否发射能量,是否存在一个邻近的接收体。[德威特(DeWitt),1957,第33页]

显然,对邦迪来说,在广义相对论方程组和电磁学方程组之间的(即在爱因斯坦方程组和麦克斯韦方程组之间的)、被爱因斯坦本人首先强调的形式上的类比不是非常有吸引力,他在寻找一种对类比的更直观的应用,并揭示出,这种消极类比比积极类比更具有启发性。

邦迪感兴趣的问题是,来回摇摆两个哑铃来锻炼身体的人是否会发射携带着能量和信息的引力波。注意,邦迪质疑的是一个按已知的方式运动的质量系统能否辐射能量,比如一个下落的人或是一个双星系统(两个星体彼此落向对方)。他确实充分运用了与电磁学的类比,以证明在引力中一个质量系统的能量被一个邻近的系统的能量感应是可能的。在查珀尔希尔的报告中,邦迪讨论了在圆柱形的对称系统中是否会因引力波的发射而损失质量。通过强调引力场和电磁场的差别,他回答了开头提出的问题(上面提到过的),并得出结论:

> "在我看来,电磁场就如同花钱,除非有人非常慷慨,否则我花出去的钱是回不来的。引力场更像是我在锻炼身体时屏住呼吸,一旦停下来我就恢复呼吸。如果不停下来(如在周期性的情况下),我就会崩溃。在有限的情况下,在我看来是更加物理学意义上的情况下,并不会发生不可逆转的变化。"(德威特,1957,第36页,引号是原文就有的)

(我为此书采访了很多人,对他们来说,邦迪锻炼身体产生引力波的比喻是那次会议和那段时间给他们最为深刻的印象。)

邦迪把圆柱形对称系统的情况作为一个例子,在这样的系统中引力场虽然能以感应的形式传输能量但并不辐射,这和电磁感应的情况类似。惠勒对此的回答是找到这两种场之间的更深层次的相似性,而邦迪恰恰就在这里,认识到一个关键的差别:

> "怎么会有人认为一个圆柱形对称系统能够辐射,这太令我惊讶了。在这种情况与来自原子或核子中的

零—零传送电磁辐射的发射问题之间，似乎存在一种影响深远的类似性。电荷可以球对称地振动，但这种系统并不产生辐射。可是，如果在附近有一个电子，就会发生内部变化，但仍然不会发射电磁辐射。这种情况可以与由于你做'圆柱形对称'的锻炼而产生的引力扰动能量的吸收相对应。"（德威特，1957，第36页，引号是原文就有的）

在邦迪对此的回答中，他同意"他也怀疑过那一点。粗略地说，原子中阻止电磁辐射的是电荷守恒定律，阻止引力辐射发生的是质量和动量守恒。但是他认为没有任何东西必然阻止圆柱形对称的辐射"（德威特，1957，第36页）。注意，虽然质量守恒与电荷守恒类似，但是并没有直接的动量守恒的电磁类比。邦迪以这样的方式，即通过强调这两种情况的差别而不是惠勒的"影响深远的类似"，重述了惠勒的例子。

在会议闭幕的讲话中，惠勒详尽地说明了这两种场的相似性，很好地总结了非怀疑论者对引力波的观点：

> 关于辐射问题我们想知道，在一个问题里，我们所能具有的最高程度的对称是什么，并且仍然存在有趣的辐射。这引起了另一个问题，即在即使没有对称的情况下，是否有理由认为辐射会发生。在这一点上，有必要回忆一个重要的物理事实：点荷的引力场与电场是非常类似的。我们知道，场方程组在某种线性近似下在本质上类似于电磁场方程组，因此，如果一个质量被加速，人们就会发现它会产生与一个加速电荷产生的电磁场相类似的辐射。鉴于这样的考虑，人们期待存在引力辐射。借助这种类比，爱因斯坦就能计算来自一个双星的辐射率。（德威特，1957，第45页）

正如我们将会看到的，从爱丁顿还有邦迪到豪沃什，怀疑论者的特点是否认爱因斯坦的计算可以被应用到双星系统。

惠勒接着提到了邦迪以前的评论，并再次利用它们对电磁类比进行了肯定的陈述：

> 邦迪提醒我们，如果我们寻找引力波中的一个粒子受到的辐射压力，就必须考虑粒子本身运动时所产生的辐射。这种情况类似于电磁波经过一个粒子的情况。在最低阶近似下，粒子只能感觉到电场并随之振动。如果改进近似，就会发现粒子开始对磁场产生反应，并做“8”字形运动。此时仍然不存在辐射压力。只有把粒子本身发出的辐射也包括在内时，才能得到辐射压力。也就是说，只有当考虑到辐射阻尼力时，才能发现粒子向前运动。类似地，在引力辐射的情况下，也面临类似的问题。正如韦伯（指前面提到过的引力波探测的先驱者韦伯早些时候的一次报告）所讲，在圆柱形波的情况下，粒子在受到经过它的引力度规荷的扰动之后，保留了原来的能量。乍一看，可能会相信，波的行为没有对粒子产生观察得到的影响。可是，与电磁的类比表明，如果再作进一步考虑，人们也许可以期待发现辐射压力。（德威特，1957，第45页）

惠勒的本能是凭借类比奋力向前，不愿松开一个有用的向导之手，直到理解引力波的所有基本问题都被解决为止。显然，他的方法是试图假设那些类似的存在，而其他人则宁愿继续做不可知论者，摸索着前行，寻找类比的不成功之处，担心过分依赖它会使他们陷入理解的缺陷之中。

因此，在这个有趣的、富有启迪性的交流中，惠勒看到的是对电磁场和引力场两种场之间的各种类似，邦迪看到的则是差别。对类比的每一个确认，正如惠勒将会做的那样，相反地，邦迪却看到它们的失效。哪个是正确的呢？实际上，邦迪和惠勒是那个时代研究引力场的所有相对论者中直觉最敏锐的。他们和他们所带领的小组对理解引力波现象所作出的贡献，比在这次交流之后的那些年里出现的其他人所作的贡献都要多。然而，在他们解决问题的方法中显然有种风格上的冲突。电磁学和引力的类比问题是引力波问题的核心。总的来说，怀疑论者质疑或不信任类比，并且非常小心谨慎地使用它。但是如我所说，要记住的重要一点是他们仍然使用它。显然，邦迪几乎和惠勒一样多地把类比作为向导来使用，但是他寻找的是不同的东西。在寻找意料之外的新发现的希望中，他渴望发现并找出类比不成功的地方。惠勒则希望类比这匹快马带着他尽量驰骋得更远，进入到一个超越了实验但未能超越想象的新奇的物理世界中去。他们的方法不同，但动机是相同的。

第二章

爱因斯坦之前的引力波

虽然由于技术原因，引力波的实验探测直到 21 世纪才真正开始，但引力波本身是 20 世纪颇具代表性的思想。在 20 世纪的后期，引力波的存在得到了间接的实验证实。事实上，早在 18 世纪，一位著名的物理学家就曾探讨过一种现象，现在知道这种现象是和引力辐射密切相关的。在本章中我们将讨论在爱因斯坦 1916 年提出广义相对论之前所进行的对于引力波理论的最早探索，引力波理论也正是萌芽于此。

作为开场白，我们先来介绍一下探究引力波源辐射能量的两条途径。第一条途径是计算引力波带走了多少能量，然后根据能量守恒原理，得出这些能量损失对波源物体的运动的影响。第二条途径是对波源物体自身的各部分之间的相互作用进行详细的研究。如果考虑到引力通过空间时以有限速度传播所引起的时间延迟，那么，它将导致波源运动的阻尼或减弱，从而损失能量。这样，我们有两种手段来研究波源理论：通过计算，把重点集中在远离波源的引力波上，或直接研究波源本身的“运动问题”。由于辐射引力波而引起的诸如双星这样的系统的轨道运动的衰减现象，我们今天称之为辐射阻尼，研究这样的问题实际上完全不需要了解任何引力波的概念，而只需要研究这种系统的运动问题，研究中要考虑到引力在二体之间传递时所引起的时间延迟（即采用所谓的推迟时间）。

在 18 世纪，基于牛顿万有引力理论的天体力学发展得近乎完美，在当时被视作科学和智慧成就的顶峰，其地位就像爱因斯坦的引力理论在当代的地位一样。非常奇怪的是，这两个理论中各自最显著的成就，都是从我们今天称作引力辐射阻尼的角度来尝试解释天体力学中的一个著名的难题，这个难题的攻克曾被认为是人类智慧的结晶。当一个系统发生引力辐射（或任何形式的辐射）时，都假定辐射带走了能量，而带走的能量与系统损失的能量必然保持相等（如果能量守恒定律成立）。所以，辐射源的任何运动引起的辐射都将导致运动的振幅或强度的降低，物理学家就说运动被阻尼了。因辐射而导致系统运动的阻尼称为辐射阻尼，也称为辐射反作用或反向作用，后两种说法还可以指其他与辐射相关的效应，但在本书中这些词之间并没有太大的差别。

牛顿引力理论成功解决的第一个难题是关于月球的问题。牛顿自己首先用万有引力理论来研究月球轨道问题，虽然他对结果并不十分满意。牛顿后来曾回忆，“月球轨道研究是唯一让他感到头疼的问题”。[1]月球运动对牛顿的引力理论提出了很多计算难题。首先，月球绕地球的轨道相比任何行星轨道来说，更像是一对双星的轨道。月球和地球的大小在同一个量级，可以说它们是在绕一个公共点做轨道运动，如所有的行星围绕太阳做轨道运动那样，而不是像卫星那样近似地绕着中心体做轨道运动。[2]月球与地球的二体运动问题是牛顿完全有能力解决的，额外的困难源于太阳和行星通过引力效应作用于这个二体系统，并对系统产生摄动。不论是在当时还是现在，多体问题均无法应用牛顿力学来完全求解，但可以通过摄动法得到近似解。在应用摄动法求解时，二体之外的其他作用均被作为小量来处理，因此，运动方程的解可以展开成某一小参量的无穷幂级数，求解时只考虑最初几个低阶项，而忽略高阶项。摄动法在接下来的几个世纪里表现得很完美,但当摄动足够大时,它遇到了困难,地球—月球系统正是这种情况。在该系统中,太阳对二体之间的运动产生了显著的影响。虽然太阳距离很远,但相对地球来说质量很大。例如,太阳对地球上的潮汐有显著的影响,众所周知,潮汐的大小和在地球上看到的太阳的位置密切相关。这意味着,把太阳对月球运动的影响看作地球引力造成的微小摄动而做近似处理是不太合适的。摄动法只是众多试图预测地球—月球系统运动的复杂的数学方法之一。

太阳的卷入影响到我们整个星球,这种影响随着月球绕地球的轨道运动时朝向和远离太阳而改变,也随着地球与太阳之间距离的变化而改变。开普勒(Johannes Kepler)第一个指出,太阳的引力导致了月球运动的一些变化。从本质上说,这是一个附带有其他星球影响的三体问题,附带的影响主要来自金星。在力学中,三体问题一直没有被完全解决。

实际上,月球运动问题可能使牛顿更加相信,由于多体摄动的存在,太阳系是不稳定的,因而需要自然神论的干预才能保证其恢复到稳定的初始状态,这种干预按规律每千年进行一次。在牛顿时代,当时英国的神学家们对于与笛卡儿(René Descartes)的无神论思想和机械论哲学密切相关的永恒宇宙的观念有着强烈的抵触。毫无疑问,在17世纪清教徒的英格兰,强大的千禧年信徒派传统对此有巨大的影响力。虽然欧洲大陆的思想家,例如莱布尼茨(Gottfried Leibniz),认为有限的"不完美"的宇宙观点是对创世者的不敬,但是诸多虔诚的英国人对这样的宇宙观表示担忧,即上帝没有理由受到无神论者的公开邀请而存在。一些英国哲学家甚至反对惯性理论,而宁愿相信是上帝维持着世界的运转[库布林(Kubrin),1995]。牛顿本人非常痴迷于千禧年信徒的观点,显示出他也有英国人的这种偏见。事实上,他可能把多体摄动所引起的混乱看作耗散系统的表现形式，随之而来的是太阳系的运动总量不可避免地衰减（库布林，1995）。他设想了上帝借以最终介入并改造宇宙的各种机制，也许会通过一些机械过程。

第一个发现在天体运动中长期变化的实际证据的天文学家是哈雷（Edmond Halley），他检查了中世纪阿拉伯天文学家阿尔巴塔尼（al-Battani，拉丁文中记为 Albategnius）的日食记录，以及古希腊天文学家托勒玫（Ptolemy）的日食报告，通过研究发现，基于已知的月球的周期，从当时月球的位置推算出的日食的时间存在一小时量级的明显不一致。哈雷推测，如果能够确认阿尔巴塔尼给出的纬度的精度，就能够证明月球运动存在一种长期的纵向加速运动，这意味着，在早期，月球的纵向运动（从东向西穿过天空）一定比哈雷所处的时代慢些。如果这个效应存在，那将是非常值得注意的，因为它描述了一个主要天体运动的长期的、非周期性的变化。与周期变化不同，一个长期的变化总是发生在相同方向，使得运动永远不能回到起点。在轨道运行的系统中这种长期的变化将最终导致系统本身的消亡。哈雷推测，这种变化可能源自地球质量的增加，而地球质量的增加来自牛顿引力思想的结论：地球因为引力作用吸引了空间中的以太（可见的像彗尾），从而导致质量的不断增加。[3]

最早在英格兰得出这样的推论并不令人吃惊。事实上，似乎是 1691 年，当哈雷作为牛津大学天文学萨维尔讲座教授候选人的时候，他被指控支持永恒机械宇宙学说，哈雷被迫为此进行辩解［阿米蒂奇（Armitage），1966］。虽然他没有得到那个位置，但对他的这个指责似乎并无根据（他也被武断地认为，像牛顿一样是一神论者）。通过对历史上的观测数据的分析，哈雷提出了太阳系运动减缓的证据，进而得出整个宇宙衰退的结论，毫无疑问，他是那个时代唯一能做到这一点的科学家，或是哲学家。考虑到哈雷所掌握的证据是如此之少，我们怀疑他是否预先就非常倾向于得出这样的结论：证据显示了宇宙衰退的迹象。无论英国和欧洲大陆在观点上的分歧是多么明显，在英国天文学家丹索恩（Richard Dunthorne）、德国的迈耶（Tobias Mayer）和法国人拉朗德（Joseph-Jérôme Lalande）（阿米蒂奇，1966）进一步工作的基础上，哈雷的月球长期加速运动的理论最终还是被18世纪的天文学界接受了。这个从历史档案中发现的有趣的结果，直到今天，还是天体力学中著名的谜团之一。

奖金在18世纪的科学经费中起到了支柱作用，特别是在月球理论的发展过程中。最丰厚的奖金是英国政府提供的，总额达到20 000英镑，用来奖励航海中经度的准确测量方法。多年来提出来的许多方法都涉及船上进行的天文观测，但是由于航行中的船只起伏不定，在甲板上使用望远镜是不现实的，于是，肉眼可见的月球就成了最适于使用的独立天文钟。但是，即便是牛顿的月球理论对月球不规律运动的预测精度，也还达不到导航的要求，需要更好的观测完整的太阴周或进一步改进月球理论，最好两者兼有。

在学术领域内，巴黎科学院于18世纪60年代和70年代提供了几次奖金，用于奖励解决牛顿引力理论中尚未解决的问题，其中一个问题涉及牛顿方程应用于月球近地点运动时存在的问题，欧拉（Leonhard Euler）提出，可能需要修正基本的牛顿理论来解决这一问题。经过几年的关于奖金问题的激烈争吵，克莱罗（Alexis-Claude Clairaut）和达朗贝尔（Jean Le Rond d'Alembert）各自找到了问题的解。他们的研究表明，对牛顿理论的修正是不必要的[彼得森（Peterson），1993]。在能够发现法国人如何解决问题之前，欧拉不得不让他自己的圣彼得堡科学院提供另一份奖金(诱使克莱罗重新递交他的解决方案)。欧拉本人因为理论工作得到了长期奖金中不太多的一部分,而迈耶则由于观测工作得到了另一部分。

巴黎科学院1773年的奖金希望寻求对于月球的长期加速度的解释,到底是由于太阳和其他行星的摄动,还是由于地球的形状不是规则的球体所造成的。再一次,问题超乎寻常地困难,而拉格朗日(Lagrange)凭一篇才华横溢的关于摄动理论的论文赢得了奖金。他的结论是,在牛顿理论框架下,月球运动的加速效应不能由摄动来解释。在这种情况下,几个标新立异的假设被提了出来。欧拉认为,空间中某种微妙的介质阻滞了月球运动,可能对月球运动的长期变化负有责任。而康德(Kant)提出,作用于地球的月球的潮汐摩擦力或许能解释月球的加速运动,由于潮汐的作用,地球的一天变长了,从地球上观察似乎所有的天体运动都加快了[费尔伯(Felber),1974;布罗舍(Brosche),1977]。然而,由于没有观察到太阳和其他行星的长期加速度,这个说法并没有被广泛接受。

拉普拉斯(Pierre-Simon de Laplace)当时还很年轻,但是他注定要成为天体力学最伟大的代表人物。通过系统的研究,他提出基本的引力理论需要做些改变。在1776年的一篇论文中,他提出了修改引力理论的四条基本途径:平方反比定律、普适性、瞬时传播和物体引力在静止和运动时的等价性。循着后两条建议(它们存在明显的联系),对一个简单的轨道,他计算了引力以有限速度传播带来的效应,得到的结论是,它将导致运动的轨道半径减小,随之而来的是纵向运动的速度加快。但是若将月球轨道的变化全部归因于这个效应,则引力的速度需要达到光速的700万倍。这个可怕的速度很难与瞬时性区分,要让人们接受引力是以有限速度传播的观

图 2.1 拉普拉斯，在科学家中他第一个揭示出引力的有限速度传播将导致本应稳定的轨道的阻尼[承蒙美国物理学会埃米利奥·塞格雷(Emilio Segré)图片档案馆惠允]

点，这并不是一个令人信服的理由。

在计算中，拉普拉斯设想在互相吸引的质量之间，引力是通过一种微粒传播的(见图 2.2)。如果月球绕地球运动并发射这种微粒，则在微粒以有限速度运动的情况下，它必须瞄准地球现在位置的前方，以便使微粒到达时击中地球。这意味

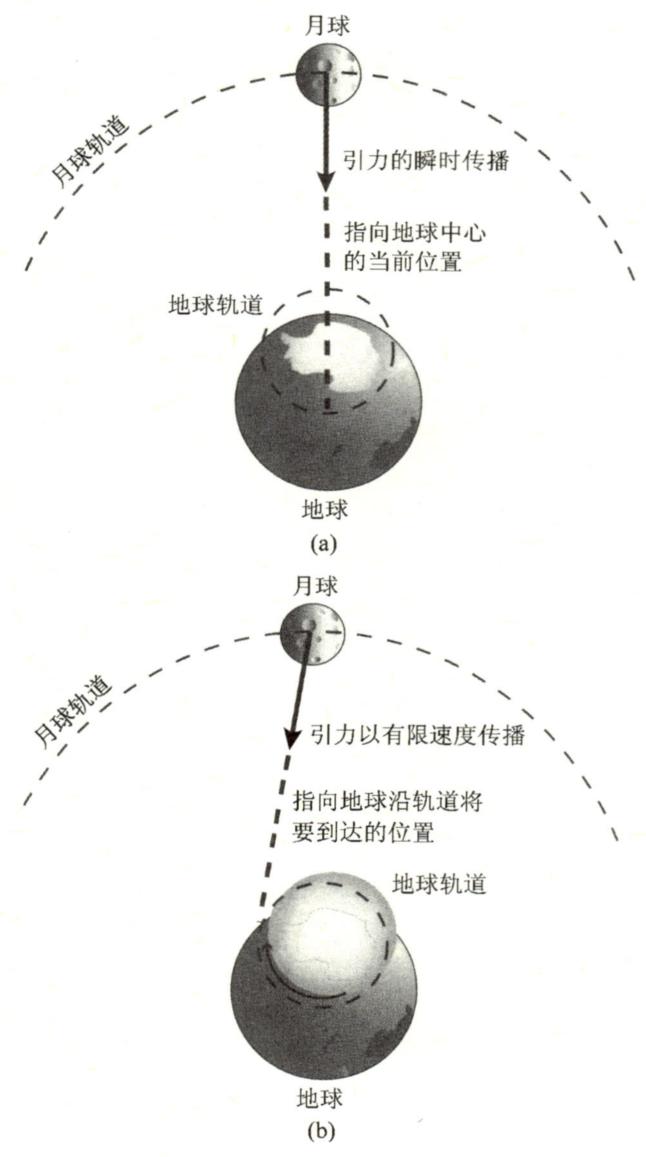
月球
月球轨道
引力的瞬时传播
指向地球中心
的当前位置
地球轨道
地球
(a)
月球
月球轨道
引力以有限速度传播
指向地球沿轨道将
要到达的位置
地球轨道
地球
(b)

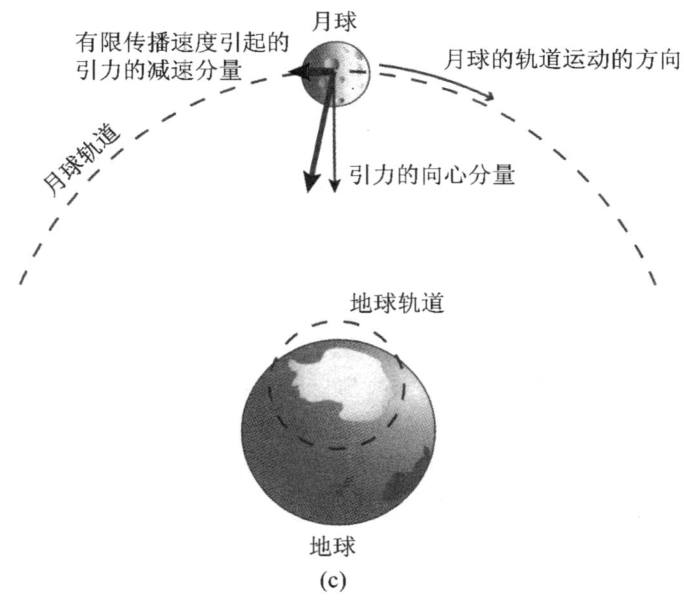

图 2.2　拉普拉斯的轨道阻尼

着，发射方向不仅"向下"，还要稍微"向后"（相对于月球运动）。由于微粒发射的方向就是地球作用在月球上的引力的方向，所以月球不仅受到朝向地球的引力的作用，且由于发射这种非瞬时性的微粒，它还将受到沿运动轨道的切线方向的阻力的作用。这个角动量的损失使它朝向轨道的内侧运动（朝着地球坠落），而这反过来又增加了纵向运动的速度，就如从地球上看到的景象。很清楚，这种推迟效应依赖于向心力的瞬时方向和微粒发射方向的夹角，即：v/c，其中 v 是月球速度，而 c 是微粒的速度。[4]这可能是运动问题中最早的辐射反作用的计算。由非瞬时性的吸引力引起的轨道衰退称为拉普拉斯效应，当然，拉普拉斯效应的辐射发射方面的问题不能用拉普拉斯关于引力的微粒观点来解决。我们需要注意的是,作为19世纪物理学支柱的能量守恒定律在拉普拉斯时代尚未扮演重要角色,所以拉普拉斯尚未考虑,地球—月球系统损失的动能到哪里去了这样的问题。

月球的长期加速度问题受到持续的关注,很可能不仅因为它有可能推翻牛顿的理论,还因为它看上去像个确切的例子,说明天国里发生了衰退。从前面的描述中我们已经看到,在哈雷时代的英格兰,永恒宇宙学说如何被一些人看作严重的异端邪说,但这种千禧年信徒式的思想在欧洲大陆似乎并不那么盛行。我们可以推测,像欧拉、康德及拉普拉斯提出的一些寻求借助耗散效应来解释月球加速度问题的建议,可能没有得到多少追捧,因为宇宙衰退的观点让人感觉不舒服,人们总认为世界应该是永恒的。此外,在牛顿时代,人类的钟表技术还很差,以此类推,神被描绘成一个工匠,被迫周期性地上满他所创造的宇宙的主发条(或初始化钟摆),使之按规律周而复始地运行。在18世纪末,这种描绘并不太讨人喜欢(在牛顿所处的时代,莱布尼茨就曾批评这是对上帝的亵渎)。经度问题不仅激发了在理论上和实验上对月球的深入研究,也同样推动了精密计时科技的发展。事实上,英国钟表匠哈里森(John Harrison)在发明了一系列大的航海钟之后,最终发明了一只怀表大小的航海钟,在海上航行数月后,其精度还惊人地好,利用它在海上计算经度时不需要晴朗的天空和复杂的图、表,也不需要天文仪器[索贝尔(Sobel),1995]。到了拉普拉斯时代,不用再把上帝设想成一个笨拙的工匠,他创造了世界之后,只是看着它在自身运转的整个过程中陷入无序和毁灭。

接下来,拉普拉斯发现了拉格朗日错失的复杂的摄动效应,这种效应不仅给出了整个月球运动的非耗散的解释,而且实际上也就证明了月球的运动是周期性运动,虽然一个周期要几百万年。拉格朗日没有考虑到太阳和其他行星对月球轨道的联合作用能解释月球轨道的加速度问题,使他错过了这个联合的摄动效应,因为其他行星只是间接地作用于月球。在拉普拉斯的解释中,行星的净效应是作用于地球的公转轨道,并在几个世纪中使它的偏心率稍稍减小了些。也就是说,这个变化改变了月球相对于太阳的轨道位置,减弱了太阳吸引月球离开地球的作用。这种作用的减小使月球逐渐接近地球,这个结果刚好与拉普拉斯计算的一样,从而精确地解释了观测到的月球轨道周期减小的原因。最终,当趋近到一定程度时,这种复杂的效应又会反过来,月球又一次被拉着远离地球。因此,在《天体力学》(*Celestial Mechanics*)中,拉普拉斯给出了他的绝妙解答,通过证明行星系统的轨道对系统内部摄动的稳定性,拉普拉斯既澄清了牛顿理论,又彻底解决了永恒的钟表式宇宙概念的质疑。在考虑了月球长期运动的解释后,拉普拉斯的"反作用"的计算只为了证明超距作用的假设是合理的。鉴于月球加速度的不存在超出了他的摄动理论的预言,拉普拉斯得出结论,引力传播的最小速度是光速的1亿倍(拉普拉斯,1825)。这个结果在19世纪非常有名,这一点从下面将要讨论的庞加莱的文章中可以看到。在最近对18世纪和19世纪引力理论的研究中,得出了更为清晰的结论:"在19世纪,在所有基于介质流作用的引力的解释中,这些计算常常是作为一个(几乎)不可逾越的障碍出现的"[范伦特伦(Van Lunteren),1991]。

尽管在科学界红极一时,拉普拉斯关于月球加速度的解释并没有完整地存活到今天。在19世纪中叶,英国天文学家亚当斯(John Couch Adams)重新计算了拉普拉斯效应,结果发现,由于计算中忽略了某些项,而实际上这些项加起来相当可观,所以拉普拉斯效应只有拉普拉斯本人计算的一半。亚当斯打破了这个与实验观测完美一致的引力理论的结果，掀起了一场有勒威耶(Urbain Leverrier)及其他人参与的激烈论战，他们的热情被英法两国科学界盛行的国家竞争意识强烈地激发并扩散开来。不管怎样，他对拉普拉斯的修正的确导致了勒威耶主要的法国竞争对手德洛奈(Charles Delaunay)所引领的康德的潮汐摩擦观点的复兴。他的计算表明，摩擦力所引起的地球转动的减速可以解释另外一半拉普拉斯效应。然而，相应的太阳加速度直到20世纪才被观察到。

今天，一个众所周知的事实是，月球正在远离地球，而不是靠近，这一点通过阿波罗工程放到月球上的一面镜子并借助于激光测距就可以测量到。在潮汐摩擦现象中可以找到对这一点的解释，虽然这一现象历史久远，但被广泛接受只是三四十年前的事情。[5]众所周知，月球引起的海洋潮汐与地球和海洋的位置有关，当月球位于其正上方或完全相反的位置时会引发大潮。地球的自转对潮汐发生拖曳作用，使潮汐隆起位置比理论位置超前，典型的值是3°左右(见图2.3)。从陆地上的观察者看来，高潮并非出现于月球在天顶的时刻，而是稍微晚些，所以这种现象被称为潮汐拖尾。潮汐隆起的部分，自然对月球有引力作用，并倾向于将月球拉近些，在地球另一边潮汐隆起的部分有一个推迟的冲量，当然，因为距离较远，这个作用小一些。潮汐隆起的净效应是使月球向前的动量增加。月球角动量的增加使它的轨道升高，且其代价是地球自转的减慢。月球远离地球，应该使我们看到月球在做纵向减速运动，要不是几个世纪以来地球上的时钟在不断地变慢，变慢的速率足以使我们得出月球越跑越快的结论的话。换句话说，每个月的时间在变长，但由于每天的时间变长，所以每个月的天数变少了。这也正是为什么哈雷认为每个月在随着时间而变短的原因。

月球
月球轨道
月球引力引起近月面
的潮汐隆起
北极
地球的自转把近月面
的潮汐隆起拉向前
远离月球一面
的潮汐隆起
地球
(a)

月球
月球轨道
近月面的潮汐隆
起把月球拉向下前方
远离月球一面的潮汐
隆起把月球拉向下后方
北极
地球
(b)

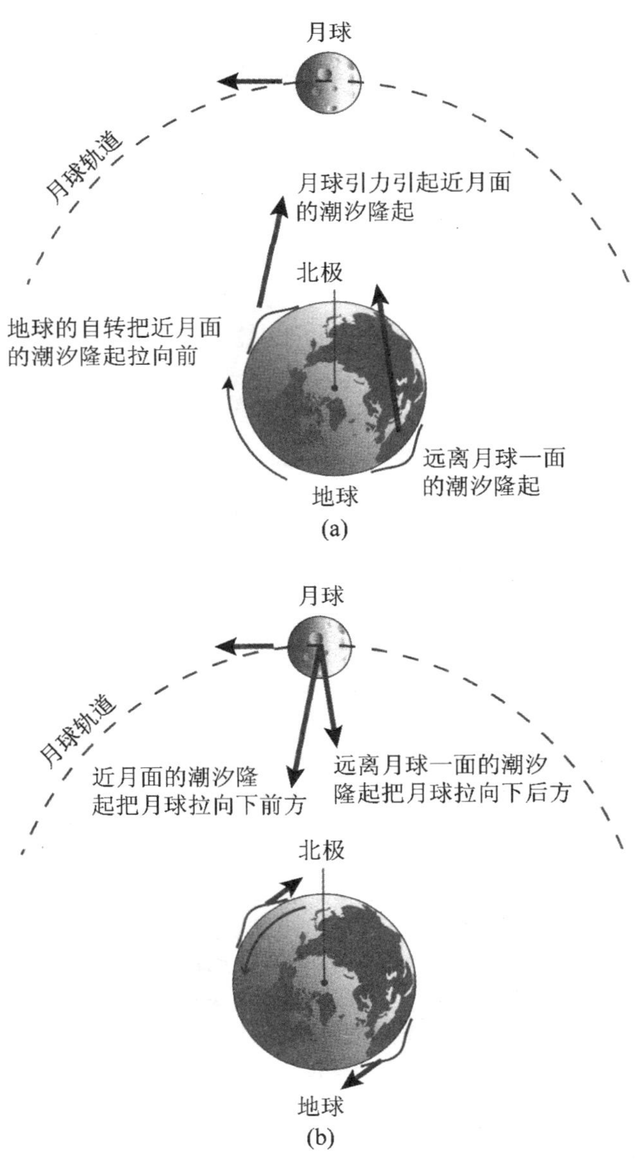

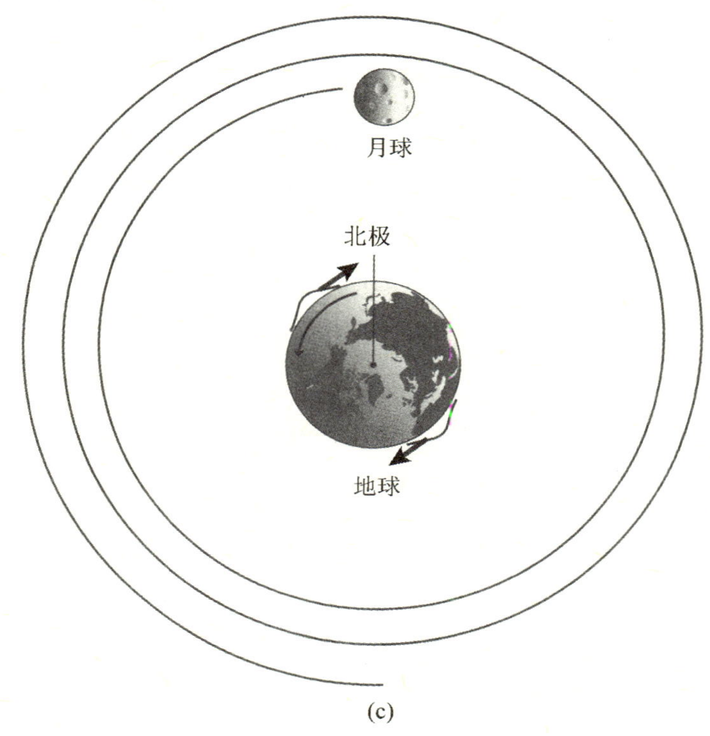

(c)

图 2.3　潮汐摩擦。(a)月球引力使地球上离其最近和最远的海面起潮。但地球的自转会拖曳潮汐隆起向前,产生所谓的"潮汐拖尾",我们在看到月球引起的高潮之前,先看到它高悬在我们的头顶。(b)上图:两个潮汐隆起对月球产生了一个净拉力,这个拉力朝向下前方,并使月球加速。作用的结果是增加了月球的角动量,代价是地球自转角动量的减少。结果是,月球离我们越来越远了。下图:月球对潮汐隆起的拉力使地球产生了一个与它的自转相反的力矩,使自转变慢并使每天变长。因此,天空中的所有运动在我们看起来都更快了。(c)由于月球螺旋向外运动,月球穿越天空的速度明显变慢,每个月的长度增加了。但同时,地球自转变慢,令一天的时间变长,使得一个月的天数变少了。因此,看上去好像是一个月变短了。

图 2.4　庞加莱，同拉普拉斯一样，是最伟大的天体力学理论家之一。他也是一位探讨引力波存在可能性的先驱者。（承蒙美国物理学会埃米利奥·塞格雷图片档案馆惠允）

对于月球运动轨道理论这样一个复杂的问题拉普拉斯未能给出最后的定论，这并没有什么值得惊奇的。这对于天体力学和摄动理论也是一样。整个 19 世纪，对行星运动的理论和观测的研究一直在继续，并不断取得进展。实际上，在这期间，产生了牛顿引力理论最杰出的成就：预言（由勒威耶和亚当斯各自独立地）并［由伽勒（Johann Galle）］发现了海王星。到 19

世纪末，天体力学中的最有代表性的反常现象不再是关于离地球最近的星体，而是关于离太阳最近的行星——水星。根据标准的牛顿理论，对于未受摄动的行星轨道，每条轨道在回到近日点时都应该具有相同的角向位置，但观测发现，水星近日点每个世纪围绕其轨道发生43″的进动，而且这不能解释为受到其他行星摄动的影响。

多年来在牛顿理论的框架下提出了各种关于水星近日点进动的解释［关于这段有趣的历史，参看文献：罗斯维尔（Roseveare），1982；厄尔曼（Earman）和詹森（Janssen），1993；及詹森，2006］。最著名的解释是太阳和水星之间存在一个假想的火神星，它对水星的摄动可以用来解释这个异常的进动。19世纪末，几位天文学家进行了反复的观测和搜索，但始终没有发现这颗火神星。另一种可能的解释是，像18世纪月球的长期加速度问题一样，把这种现象归因于引力理论。在1908年，庞加莱——拉普拉斯之后最伟大的一位天体力学和摄动理论学家，提出了一个激进的（但是试探性的）建议：从快速运动的内行星的轨道发射的引力波，带走了运动行星的足够多的能量，引起近日点的进动。他的想法基于另一位法国著名天文学家蒂斯朗（François-Félix Tisserand）早些时候的计算工作。[6]

19世纪下半叶，麦克斯韦的电磁理论成功预言了电磁辐射的存在。受其影响，这一次庞加莱引入了引力波的观念。早在1905年，庞加莱可能就使用了引力波这个术语，但这个术语可能被更早使用过［见卡齐尔（Katzir），2005，仅供参考；他提到的最早的使用是1902年］。但是与拉普拉斯不同，这些早期的使用只是针对这样的事实，即在场论中，引力效应必须以有限速度传播（卡齐尔，2005，第22页）。

到1908年，重新解释伽利略相对性原理，使之兼容麦克斯韦的电动力学的努力，更加强化了辐射在场论中的支柱地位。

由于光速是这种新的相对论电动力学方程中的关键参数，所以，如果将这种新形式的相对论方程应用于引力，似乎就有理由推论出，一定存在某种形式的“引力辐射”，并且将以光速传播。正如在电学中，被加速的电荷会发出辐射，并使自身的运动减慢，非常类似地，当大质量的物体绕太阳做轨道运动时，可以预期部分能量会损失掉，并变成某种未知类型的辐射（庞加莱称之为 onde d'acceleration 或“加速度波”）。这样的效应或许可以解释已经发现的一些反常现象，例如水星近日点进动的问题。作为距离太阳最近的行星，因而也是运行最快的行星，可以预计在这种机制下，水星会比太阳系其他任何行星损失的能量更多，因此对其轨道的影响将表现得最显著。

当时，在关于（*从科学、方法和新力学*）能否及如何把相对性原理（意思或多或少是指我们现在所称的狭义相对论）应用于引力问题的讨论中，庞加莱非常熟悉拉普拉斯关于引力传播速度为光速的1亿倍的结论，不过庞加莱更愿意把它看作一个在很大程度上未经证实的结论，转而讨论现代相对论对引力所蕴含的意义：

> 前述理论［引力与静电力的洛伦兹统一］与天文学观测能取得一致吗？首先，如果我们采用该理论，行星运动的能量将通过*加速度波*不断地耗散，导致行星像在阻尼介质中运动那样做等加速运动。但这种效应极为微弱，以至于最精密的观测也无法揭示它的存在。天体的加速度相对较小，加速度波的效应可以忽略不计，运动可以看作是*准稳定的*。确实，加速度波的效应本身是不断累积的，但这种累积的速度太慢，其效应可能需要几千年的观测才能被觉察到……
>
> 这种效应在水星的运动中最容易被观测到，因为水星在太阳系行星中的运动速度最快。蒂斯朗以前做过类似

的计算……并发现,若牛顿引力作用与韦伯定律[一个19世纪的电动力学的非线性理论]一致,将导致水星近日点一个长期的14″的变化,它的方向与尚未得到解释的观测结果一致,但数值上偏小,因为观测结果为38″。(庞加莱,1908,第239—240页)

庞加莱基于洛伦兹(Lorentz)和亚伯拉罕(Max Abraham)相对论的计算,预言了一个较小的效应,这个效应又一次同观测到的效应意义相同,对于水星来说分别为每个世纪7″和每个世纪5.6″。似乎已经很清楚了,在这种情况下,庞加莱所用的加速度波一词就是我们今天所说的引力波。由于庞加莱还把加速度波这个词用来描述被加速电荷的电磁辐射,并使用了引力与电磁力的统一理论,因此,这种等同带来了一个小问题。但是,由于这种情况是因为把相对论原理扩展到引力和加速运动所造成的,因此我们能明确其含义:

概括来说,对于天文观测,唯一可以预见的效应[把相对论原理扩展到引力]是水星的近日点进动,它的方向与尚未得到解释的观测结果一致,但相当小。

这不能作为支持新动力学的证据……但也不足以作为反对它的证据。(庞加莱,1908,第242页)

(庞加莱关于引力相对论的更多想法,见卡齐尔,2005)

最终,近日点进动(像之前的月球长期加速度问题一样)被证明是一种守恒效应。爱因斯坦的新的广义相对论对它的成功解释,是这一理论初显身手的最显著成就,并使广义相对论成为20世纪最伟大的科学成就,也使爱因斯坦成了20世纪最著名的科学家。与拉普拉斯对月球长期加速度的解释不同,爱因斯坦的这个引人注目的结果从未被推翻。1938年,爱因斯坦同他的合作者们[见英费尔德和霍夫曼(Hoffmann)的论文第八章中关于爱因斯坦的讨论]基于广义相对论,创造了轨道运动的后牛顿理论,同时,他的另外一位同事,罗伯逊,利用新的理论框架,重新计算了水星的近日点进动,与天文观测中超出摄动理论的部分又一次吻合(罗伯逊,1938)。在20世纪50年代,迪克(Dicke)和其他人尝试把这种效应的一部分解释为太阳的较大的四极畸变效应,这将否定广义相对论所取得的一致性结论,取而代之的是,或许可以证明竞争对手的布兰斯(Brans)—迪克理论的正确性(布兰斯和迪克,1961;也可参见凯泽2006年关于这个理论的历史的叙述),但直到今天,这种努力还没有成功[威尔(Will),1993]。

在1916年之前,对引力波理论最有先见之明的评论可以在亚伯拉罕的工作里找到。亚伯拉罕与爱因斯坦差不多是同辈人,同爱因斯坦一样是一位卓越的犹太理论物理学家,但在德国科学界的反犹太的环境中,连找工作都遇到了困难。亚伯拉罕职业生涯的早期要比爱因斯坦更成功。虽然遇到一些困难,但毕业后他一直能够从事职业物理学家的工作。他是一位虔诚的电磁世界观的拥护者,在一个大统一计划中,寻求把一切物理都简化成从电磁场和以太中产生的现象。他把爱因斯坦所宣扬的相对论,看作一个严重的理性且专业的威胁。两个人从开始就是竞争对手,并一直如此。[7]爱因斯坦关于引力相对论的早期工作发表后,亚伯拉罕开始从事类似的工作,并在1912年产生了他自己的理论。他的理论遭到爱因斯坦的猛烈批判,并很快淡出了人们的视线。但他在论文中探讨了引力波的存在,并认为它在引力相对论中无足轻重。这样他成了引力波的第一位怀疑论者。

亚伯拉罕的论据是完全正确的,而事实上正如我们将会看到的,爱因斯坦也从他的理论中获益颇丰。尽管在亚伯拉罕的

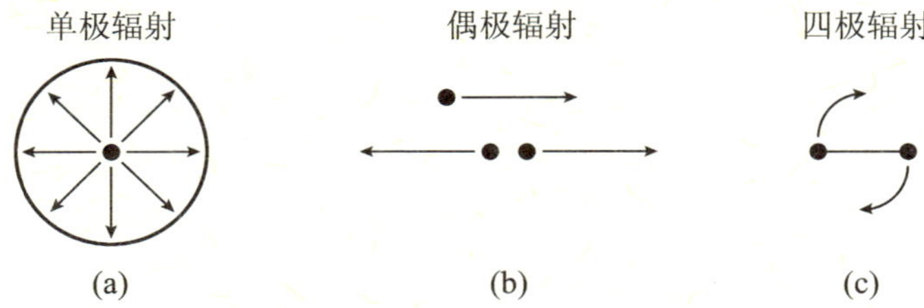

图 2.5　多极辐射。(a)单极辐射只能由完全球对称的源的变化引起。但是,如图所示的纯粹的放射式振动不会改变诸如电磁和引力这样的平方反比定律的场。如果一个源完全消失了,将会产生一个单极辐射,但电荷和质量守恒不允许这样的事情发生。(b)一个加速运动的源,例如沿一条直线前后运动的源,是一个偶极辐射源。源的变化只沿一条轴线进行(轴线有两极)。对于电磁学,这没有问题。但对于引力,由于动量守恒的要求,对每一个移动的物体,一定有一个动量相同的反向运动的物体,以致引力场完全抵消。(c)当源在两个轴向变化时(因此有四个极)就产生了四极辐射。典型的四极辐射源的例子是旋转的哑铃。撤走支撑,它们就变成一对双星。

那个时代,他在其领域中的主要问题上站在了错误的一边,这是他的悲剧,但他仍不失为一位卓越的物理学家。不管怎样,他是第一个认识到偶极引力辐射不可能存在的人。[这个讨论基于雷恩(Jürgen Renn)的历史研究(2006)]。

由于波在介质中是行进性的扰动,因此通过某种扰动或扰动机制,一定能找到波的起点或源。可以按照波源扰动的对称性质将波分类(见图 2.5)。假如波源是完全对称的,那么我们称该源只有一个“极”或称它为点源,这样的源的辐射被称为单极辐射(源本身被称为单极子)。例如,这类扰动可能就是一种收缩—膨胀的球面运动,它是各向同性的。现在设想一种往复运动,这是一种沿直线的扰动。这时就不再存在像单极子情况中那样的球对称了，但轴对称仍然成立。如果你绕着它的轴转动，一切都没有变化。这种源有两个"极"，轴的每一端都是一极，我们知道这就是偶极子，它发出的辐射称为偶极辐射。电磁学中最重要的辐射就是偶极辐射，大部分无线电发射机的辐射主要也是偶极辐射。我们可以给振动加上另外一个轴，从而产生四极辐射。这种振动的一个很好的例子就是水滴下落，由于颤动，它开始时又细又长，然后变得又短又胖。实际上这里还有八极和更高阶的辐射。这里所说的高阶不是指更高的频率，而是泛指一种典型的情况。一个源发出的辐射由各种多极辐射组成，最低阶的多极辐射发射的能量最多，高阶的多极辐射发射的能量逐级递减。因此电磁波是典型的以偶极辐射为主的波。但我们还需记住，也存在许多实际情况，其中源的高阶多极辐射比低阶多极辐射更强，不过，这种情况大多出现在源以相对论性速度运动时（接近光速），在 1912 年，人们尚不熟悉这种情况。

只要增加极数，我们就会发现辐射的强度会降低。一个发射八极辐射的电磁源一般也会同时发射四极辐射和偶极辐射，并且强度一个比一个大。单极辐射是什么情形呢？引力场和电磁场都不会因为一个球体源的收缩和扩张而发生变化。远距离的场也同样不受球体大小变化的影响（对遵循平方反比定律的力场来说，这个结论普遍成立，这是牛顿本人第一个推导出来的）。唯一改变场的办法是使球体的质量或电荷消失，或使之发生一定程度的数量改变。但质量和电荷的守恒定律告诉我们，这是不可能发生的（同我们在实际生活中对物体的感受一样）。所以在电磁辐射中，所允许的最低阶类型的辐射，即偶极辐射将占有主导地位。

亚伯拉罕认识到，电磁场和引力场之间存在着关键性的差别，而他的论据恰恰来自爱因斯坦。等价原理作为爱因斯坦理论的基石,在伽利略(Galileo)时代就已经认识到了,控制物体加速度的惯性质量和控制物体引力的引力质量总是完全相同的。这意味着(在牛顿引力背景下)物体总是以同样的加速度坠向地球,无论它多重,也无论它是什么制成的。让我们假设你想创造引力波,那么你就需要使一个引力场发生改变,因为当我们谈论一个波时,我们真正指的是在场或介质中的一些变化的前沿(就像把一个石子投入池塘,波纹冲击堤岸是在池塘边缘得到的第一个信息)。我们能做到的对引力场(如地球的引力场)的最简单的改变是什么?一个办法是,简单地使地球的一半消失。减少引力质量将使地球的引力场发生很大的改变,它将对例如月球轨道产生巨大的效应。当然只有当引力波到达月球时,月球才能知道这个变化,但这样的波就我们现在所知永远也探测不到,因为我们知道,由于质量守恒定律的存在,简单地使质量消失是不可能的(即使地球爆炸并全部转换成纯粹的能量,但能量也是有质量的)。这种类型的波我们称之为单极波,在电磁学中这种波也不存在,因为电荷守恒,你不可能让电荷消失。

如果不能让电荷或质量消失,我们至少可以移动它们,并因此导致它们产生的场的改变。但实际情况是,只有运动开始和停止时刻速度发生变化时才能产生引力波,匀速运动(惯性运动)是不可能产生电磁波和引力波的,但加速运动可以。沿着天线上下运动的电荷的总量(电磁学中的典型的偶极子)将明显地影响所产生的电磁辐射的强弱,此外,电荷运动的速度也很重要。不难理解,为了用偶极子产生电磁波,我们需要改变的关键量是电荷量与其运动速度的乘积。我们可以想象一个由两个物体组成的偶极子,使两个物体前后振荡。在引力情形下,产生场的"荷"是引力质量。根据等价原理,它同惯性质量一样。因此,"荷"与物体速度的乘积简单地说就是物体的动量。但动量守恒定律告诉我们，它是不能改变的。所以，单极子情形时的质量守恒和偶极子情形时的动量守恒要求，最低阶的引力辐射一定是四极辐射。[8]亚伯拉罕仅确定了不存在偶极辐射，并因此断定引力波不存在，因为毕竟在电磁学的情形中人们常见的通常是偶极辐射。无疑，他是第一个认识到引力波将是很难探测到的人，但正如我们将会看到的，他的判断是错误的，不过这在理论中也是无关紧要的。

有趣的是，爱因斯坦对他的理论的完成的第一个反应似乎也是断定引力波不存在。我们从他 1916 年 2 月 19 日写给他的同事施瓦氏(Karl Schwarzschild)的信中知道这一点。施瓦氏是德国最主要的天文学家，具有很强的数学背景，他找到了爱因斯坦方程的一个精确解，这使他声名鹊起，但不久之后，他就成了第一次世界大战的受害者。因为他和爱因斯坦讨论到这件事和其他一些事情，比如围绕爱因斯坦的一位天文学家同事的一个公开的辩论，爱因斯坦无意中写下了如下旁注：

> 从那时[11 月 4 日]起，根据最终理论，我对牛顿的情形进行了不同的处理。——因此，没有同光波类似的引力波。这也可能与标量 T 的正负号的单一性有关。(“偶极子”不存在。)(爱因斯坦，1998，文档 194)

我们看到，爱因斯坦像亚伯拉罕一样也认识到不存在“引力偶极子”。在自然界中，正负电荷都存在，但负质量不存在。从这个众所周知的事实，他得出了上述结论。引力只有一极，两个质量之间是相互吸引的，不存在排斥力或反引力。“标量 T 的正负号的单一性”是指这样的事实，即宇宙中没有负质量。爱因斯坦方程把爱因斯坦张量与应力能张量联系了起来，爱因斯坦张量表示时空曲率，应力能张量一般记为 $T_{\mu\nu}$，它的“迹”[9]

记为 T,表示一个物体的应力能(在广义相对论中,物体的能量,包括热能、动能及其他形式的能量,它的质量以及内部的机械应力和其他应力,均对它的引力质量有贡献)。爱因斯坦的这个意见同亚伯拉罕的关于偶极引力辐射不存在的论断是如何联系起来的呢?亚伯拉罕的证明依赖于等价原理,也就是说,在引力场中所有物体坠落的速度相同。如果有被正常物质所排斥的负质量的物质,第一个受害者就是等价原理,因为负质量物质在地球表面将向上坠落。如果负质量存在,通过一对正负质量物质制造一个能产生辐射的引力偶极子也许是有可能的。从爱因斯坦关于引力波的第一篇论文中的论据可以看出(该文作于写完这封信的几个月之后),爱因斯坦没有采取亚伯拉罕的方式,就此埋下了争论的种子。

爱因斯坦给施瓦氏的建议中,关于他的引力波不存在的"发现"的细节还不清楚。但显而易见的是,它并不是仅仅基于过于简单的偶极子的论据,他只是把它作为一个可能的潜在理由提了出来。也许我们能在对"牛顿的情形"的叙述中发现线索。在 1915 年 11 月到 1916 年 2 月的某些时间里,爱因斯坦致力于一些计算工作,这些工作使他感到引力波可能不存在。计算的本质将是下一章的主题。

第三章

引力波的起源

显然，从爱因斯坦场方程组第一次发表（爱因斯坦，1915）开始，精确求解就不是一件容易的事，因此自然地，应该寻找有用的近似方法在新理论的框架下进行计算。爱因斯坦方程组由 10 个非线性方程组成，到现在已找到了相当数量的解。但是很多都是物理上太简单或无意义的解，它们的真正用处常常是作为提供某种近似方法的基础，以便用来描述更为真实的情况。即使没有任何解，近似方法也可以提供一种途径，仍然可以完成有用的计算。这听起来会很奇怪，居然可以近似地得出一个实际上未知的解，但是此处，在广义相对论之前就已经存在的成功理论起到了非常重要的作用。如果有一种理论，我们知道它原则上是错误的，但实际上，它仍然可以对实验和观测提供一种正确的描述，那么，在广义相对论的基础上把我们的计算近似为旧理论的已知解，这似乎是继续进行下去的一种合理的办法。

作为例子，我们来看一下在广义相对论的发展中很早的也是最著名的计算。自从第一次开始着手发展引力相对论以来，爱因斯坦就希望这样一种理论将可以解释天体力学中最著名的异常之一，即水星的近日点进动。牛顿的万有引力理论要求，行星在闭合的椭圆轨道内绕日运行（这个定律最早是由开普勒发现的），用闭合这个词，是指行星反复地在空间中各自的轨道上以相同的路径运行，椭圆轨道因此在空间中将保持一个不变的方向（椭圆形的长轴一直指向同一方向）。行星和太阳的二体问题可以用旧的牛顿理论精确地解决。为了考虑到所有行星彼此间的引力相互作用,就需要用到摄动理论。在摄动理论中,这许多小的拉力可以看作大的太阳对行星拉力的小小的调整。这些摄动对行星的理想椭圆运动会产生影响,引起椭圆的进动。可以说,行星的轨道从来就不是闭合的,而是在每次最接近太阳时(称为近日点)回到一个不同的点,在每个轨道上不会准确地描绘出同样的路径。它的路径看起来仍然接近椭圆,但椭圆的轴在不断地改变着方向。每年或每个世纪该轴的运动角度由进动的速率决定。

在广义相对论中,即使是在今天也不能精确地求解二体问题。1915 年末,爱因斯坦在求解这个问题时,他甚至还不知道单体的引力场问题(比如太阳)的精确解。尽管如此,他通过把有关的量表示成水星的速度除以光速(v/c)项的级数展开形式,其他项由太阳引力场的强度决定,从而使计算工作继续进行下去。在相对论的各项中,都是相对于光速而言的,水星运动得非常慢,因此 v/c 是个非常小的量,远小于 1。类似地,在相对论各项中,即使在水星如此靠近太阳的地方,太阳的引力场也非常小。如果 v/c 非常小,那么$(v/c)^2$就更小,它的更高次幂代表的则是还要小的量。爱因斯坦在 1915 年对水星近日点进动的计算中,把所有的项归结为两部分,第一部分是与牛顿理论中的量相当的项,第二部分是包含$(v/c)^2$的广义相对论的修正项(没有 v/c 的“一阶修正项”)。所有阶数高于$(v/c)^2$的(或者,在太阳引力场中所有阶数高于一阶的)项都被忽略。虽然无法确保这些被忽略的项中的某几项或大多数项实际上确实并不重要,但展开项越小就越有可能是这样,而所有高阶的项都乘以一个非常小的量(回想一下拉普拉斯在计算月球的纵向加速度时犯了多么愚蠢的错误)。一般认为这类近似是后牛顿理论的近似,因为它们都包含了一系列对旧的牛顿理论结果的小的修正。二次方项$(v/c)^2$的修正被看作后牛顿理论的一阶项(因为没有v/c的修正项)。四次方项$(v/c)^4$的修正是后牛顿理论的二阶项。我们将要看到,由于引力波的存在引起的修正将直到五次方项$(v/c)^5$$\left(\text{后牛顿理论的 } 2\frac{1}{2}\text{阶项}\right)$才会出现在这种计算中。

1915 年末,其他物理学家读到爱因斯坦的第一篇关于广义相对论的论文时立即就意识到,精确计算是可能的,发表的第一个精确解是关于单体引力场的施瓦氏解(这就是现在我们所说的黑洞的解,当时认为它是恒星或其他物体的理想化的表示)。这为像水星这样的行星的轨道运动提供了一种更好的近似方法,水星比太阳质量小得多,因此它们总的引力场可以简单地看作是太阳质量引起的,然后再加上一些由于水星质量引起的小的修正(或摄动)。爱因斯坦在苏黎世开设了广义相对论的课程,1919 年当他在课程中证明水星近日点进动的计算时(爱因斯坦,2002),自然地使用了这种基于施瓦氏解的摄动方法,而不是他自己最初所用的相对论的近似方法。如我们将会看到的,直到很久之后的 20 世纪 30 年代,他用了一种更普遍的方法重新研究了这个运动问题。随着时光流逝,计算常常被更复杂的工作所代替,但是物理学家仍然有理由相信,早期的计算虽然粗糙但依然是正确的。比如,爱因斯坦仍然相信他的关于水星近日点反常进动的计算,原因之一就是他的结果已经由观测确定了。如果结果表明天文学的结果是错误的,爱因斯坦的计算也是错误的,但两者又碰巧都准确地再现了正确的结果,这样的巧合似乎太惊人了。

像牛顿引力理论和狭义相对论这些已有的理论,在多年的发展过程中获得了很多理论经验和深刻的领悟,这些被新的理论所继承显然是非常重要的。建立在广义相对论与牛顿引力

理论（牛顿或后牛顿理论）和狭义相对论（或相对论电动力学，经过所谓线性化近似）的相互对比基础上的近似方法是重要的，它不仅可以用于计算，还能使这种引力理论看上去是可信的，且与许多已知的对太阳系中的行星和其他物体运动的测量和观测相一致。在一年内关于场方程组的出版物中提出了两种重要的近似方法。在20世纪余下的岁月中，这两种方法在广义相对论的研究中担任了相当重要的角色，特别是在该理论应用于天体物理方面。在1916年的题为“引力场方程组的近似积分”（Approximate Integration of the Field Equations of Gravitation）的论文中，爱因斯坦在理论中引入了引力波的概念，还第一次发展了线性化近似方法。

在讨论这篇文章之前，回顾1916年初开始的爱因斯坦对施瓦氏的评论将是有益的，我详尽地引用了这个评论：

> 正如我已经意识到的，在我11月4日的论文中的评论……根据新的 $\sqrt{-g}=1$ 的测定，已经不再适用了。根据条件 $\sum \frac{\partial g^{\mu\nu}}{\partial x_\nu}$ 选择的坐标系已不再适合 $\sqrt{-g}=1$。从那时起，根据最终的理论，我已经用不同的方法处理了牛顿的情况。——因此，不存在与光波类似的引力波。顺便说一句，这可能也与标量 T 的符号的单一性有关。（“偶极子”不存在。）
>
> 对令人感兴趣的交流致以诚挚的问候和感谢。
>
> 你的
>
> A·爱因斯坦

在这一段评述中我们看到，在爱因斯坦探讨引力波时，他发现坐标的特殊选择是非常有用的。广义相对论得名于这样的事实，即在引力场中，同一套方程组支配着任何物体的运动，且与物体和观察者如何运动无关。换句话说,无论你的观察点是什么,如爱因斯坦1905年在狭义相对论的论文中已经表明的那样,你如何测量时间和空间主要取决于你的观察点,或者说"运动状态"——同一套方程组描述了你体验到的物理学。当然,如果你想用这些方程组计算一个真实的人能够测量的东西,由于测量取决于人的观察点,在计算中就必须选取一个观察点。这个观察点就体现在计算中的几何坐标上。虽然爱因斯坦方程组不依赖于任何坐标系,但在进行计算的时候,对于一个确定的可观察的结果,还是需要采用一个确定的坐标系。坐标的选取是非常重要的。原则上讲,可以由理论家一时的兴趣随意选取一个坐标系,但实际上只有一些坐标系适合要处理的问题。如果坐标系选取不当,计算可能就无法完成。更糟糕的是,正如我们将会看到的,一个蹩脚的坐标系或参考系的选取将使人们得出完全错误的结论(例如,一个坐标系可能实际上并不对应于一个可观察点,而你又打算在你的计算中采用这个坐标系)。坐标系将反映出,例如,一个假定存在的观察者是不是在做加速运动,或者他是处于引力场中还是在空中飘移着。

从1915年11月开始,在关于广义相对论的早期论文中,爱因斯坦采用了有时被称为幺模的坐标,他似乎认为这些坐标已经非常一般性地简化了,以至于在他的理论计算中把它们作为"通常"的选择。这就是说,某个与度规的行列式有关的量可设定为单位,所以$\sqrt{-g}=1$,这意味着,比如,称为张量密度的量在数值上就等于得到它们的张量。爱因斯坦大概是希望这样可以使许多计算步骤大大简化。

虽然爱因斯坦和其他人在那时对坐标系的含义及其在广义相对论中的作用已有很好的概念上的把握,但是他们还没有多少时间在它们的用法上找到好的感觉。以前的理论,比如牛顿的万有引力理论,假定了唯一的坐标系,相对于它,其他的都是参考的,虽然实际上很多重要的问题都会因为参考系的选择而改变,如在哥白尼(Copernicus)的日心体系和托勒玫的地心体系的冲突中那样。具有讽刺意味的是,广义相对论现在宣称,托勒玫的地心体系也是完全可以接受的,甚至对于处理一些实际问题来说,它是更可取的。只是千万要记住,从那种角度看宇宙只是人为的选择。

也许并不令人惊讶,爱因斯坦假设可能存在一种可以简化一大类计算的坐标系,因此在早期论文中他极力推崇幺模系。11 月 4 日的论文,是他那个月的第一篇论文,其中提出了一个场方程组,它非常接近但又不同于他在那个月末所采用的场方程组的最终形式(而且一直沿用至今)。11 月 4 日论文[1]中的场方程组非常类似于真正的爱因斯坦方程组,它可用来做某些计算,以得到正确的结果,比如,爱因斯坦就用该方程组对水星近日点的进动做了计算。但是对施瓦氏,爱因斯坦特别提到,他当时习惯采用的幺模坐标与那篇论文里提到的其他坐标的约束条件"不再一致",在那里$\frac{\partial g^{\mu\nu}}{\partial x_\nu}=0$。这个评论是有趣的,因为后面的条件类似于爱因斯坦最终在引力波工作中所用到的条件。但是,1916 年 2 月他又说,自从发现了场方程组的最终形式后,他已经"用不同的方式处理了牛顿的情形",大概是参考了用最终的场方程组对牛顿阶近似的重新计算,并修正了他的坐标选取。结果他相信了"不存在与光波类似的引力波"。

从这个评论我们无法准确地知道,是什么使他相信引力波不存在。如果他的计算只包含后牛顿理论近似,那就不奇怪他应该已经得到了这个结论,因为一致的广义相对论的牛顿阶近似不是非常适合描述引力波。人们必须付出很多努力,去寻找证据证明在这种近似中引力波的作用。

此处的重点是，爱因斯坦的理论被认为是度规理论：它使用了度规来描述指定的观察者将如何进行时间和空间的测量。这种度规一般记为 $g_{\mu\nu}$，它是一个张量，可以写成一个 4 行 4 列的矩阵，或是写出其全部的 16 个分量。这种张量构成了爱因斯坦方程的一侧，即左侧，它描述了时空的弯曲（在方程这边的量称作爱因斯坦张量）。每个分量代表一个独立的方程，但这 16 个方程中，由于方程组的对称性，有 6 个方程是重复的，仅剩下前面提到过的 10 个独立的方程。张量的基本特征是它们可以从任何一个坐标系以某种方式转换到任何其他的坐标系而保持某些重要的量不变，即所谓的不变量。这些不变量的值对所有观察者都是一样的。

表示度规张量分量的常规方法是用时间维度和其他 3 个空间维度标记其中的一行（由于前面提到的对称性，因而还有其中的一列）。这种表示是坐标选择的一部分，且应该记住，广义相对论是如此宽泛，如果愿意，也可以选择 2 个类时维和 2 个类空维。

在使用广义相对论的牛顿理论或后牛顿理论近似时，就损失了这种理论的度规特征。原因是，领头项仅仅来自爱因斯坦方程组的一个分量。因此，由于牛顿理论是我们现在所说的引力的标量理论，其中的引力场可以用一个简单的数而不是张量的 10 个或 16 个分量来描述。[2]当然，这就意味着，广义相对论的牛顿近似并不保留相对论的空间和时间的连接特征，虽然在描述引力的很多方面都没有困难，但在描述传播到距离产生它们的物理系统很远处的引力波时确实产生了问题。在牛顿近似中，源系统的引力波按照著名的平方反比定律衰减，而实际上，在远离波源的地方引力波衰减得没那么快。如我们将看到的，远离所有源的时空结构对引力波的表示是至关重要的，而在牛顿近似中，理论的这种结构特点往往是缺失的。

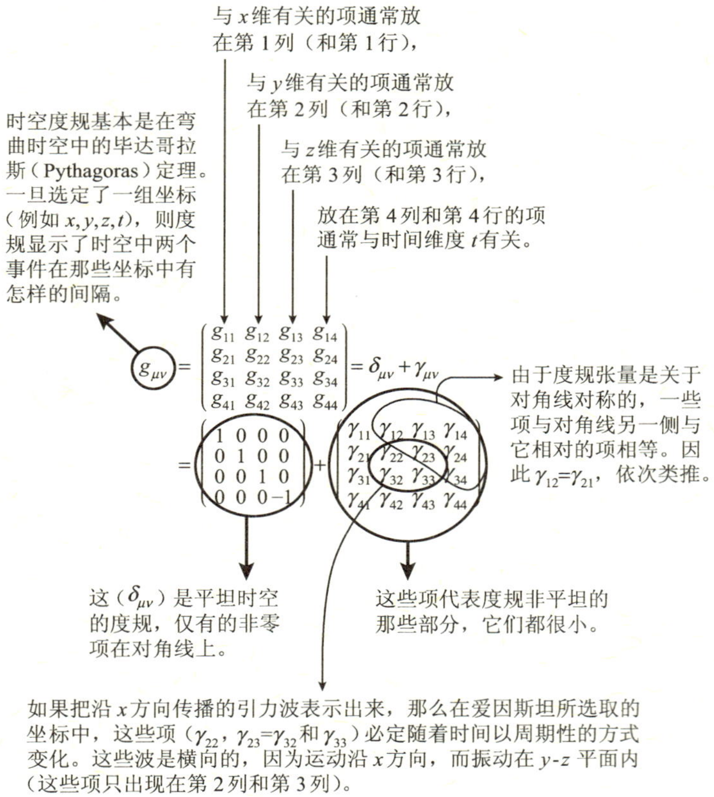

图 3.1　广义相对论的线性化近似。

在后牛顿理论近似中找到引力波存在的证据不是不可能的，但需要付出很多的努力。把爱因斯坦方程组的解简化为 v/c 的幂级数展开式时，与 v/c 根本无关的那一项表示的是牛顿的引力定律。[3] 如果寻找描述有限传播速度对引力影响的项，如拉普拉斯所做的那样，可能就会像他那样发现 v/c 这一项，但实际上在广义相对论中，牛顿理论的结果中并没有这个修正项。

后牛顿理论的一阶修正是包含 v/c 的平方的项，也就是说，和狭义相对论一样，是 $(v/c)^2$ 这一项。重要的是，一般来说，和拉普拉斯那一项一样，v/c 的奇次幂项是非守恒的。它们与物质系统的能量损失有关系，现在我们会认为可能是引力辐射带走了损失的能量。v/c 的偶次幂项是守恒的。因此，例如，描述水星近日点进动的是 $(v/c)^2$ 项，它是守恒项。这意味着，虽然这个项使水星轨道缓慢地围绕太阳旋转，但它并不像引力波发射会导致能量损失那样使水星随着时间推移而越来越靠近太阳并且最终落到里面。下一项将是包含 v/c 的 3 次幂项，但在广义相对论的后牛顿近似中也不存在这种项。在更守恒一些的 $(v/c)^4$ 项之后［指后牛顿的 2 次项，因为计数的惯用单位是 $(v/c)^2$］，最后会发现表示引力辐射作用的非守恒项只是在 $(v/c)^5$ 这一项。爱因斯坦在 1916 年的计算中当然没做到这一步。因此，如果他确实寻找过拉普拉斯类型的非守恒项，他肯定会注意到它们在低阶不存在。他对此会特别有兴趣，那是因为如庞加莱已表明的，这样的项可能影响水星近日点的进动，因为随着水星缓慢地向着太阳旋转，它的近日点很可能随之移动。广义相对论对水星近日点进动的预言和天文学家的观测惊人地恰好一致，这是爱因斯坦和其他人相信理论的正确性的重要原因，也正因为如此，爱因斯坦可能已经对任何会影响它的项给予了非常密切的关注。虽然纯粹是猜测，但爱因斯坦很可能从水星的运动不存在任何非守恒的摄动得出结论：水星不能发射引力波，因此引力波很可能不存在。正如结果看到的那样，水星运动得太缓慢了，所以不能显现出任何可测量的引力辐射效应。

由此爱因斯坦似乎猜测，从这个理论得出的引力辐射不存在的结论，可能同与电磁力的类比中的一个明显的类比失效有关：对拉的引力不存在一个推的伙伴；也就是说，实际上不存在对正常质量产生反引力作用的负质量。

因此我们看到,引力波是否存在的问题是爱因斯坦完成了他的理论后提出的第一批问题中的一个。由此我们可以看到与电磁场类比的启发性,但我们也可以看到爱因斯坦是持怀疑态度的。他确定引力波不存在,并猜测其原因在于两种场论之间的相似是不完全的。

在得到结论后的几个月里,爱因斯坦的态度又发生了完全的转变。原因是他发展了另一种近似方法,这种方法是基于狭义相对论而不是牛顿理论。如后来看到的那样,那种方法适合用一种牛顿理论所不适合用的方法来描述引力波,即所谓线性化近似方法。爱因斯坦发现,引力波是这种方法本身所固有的,当时是天文学家德西特(Willem de Sitter)的建议使得这个发现成了可能。德西特是爱因斯坦为数不多的几个荷兰同事之一,他很早就对爱因斯坦的新理论产生了浓厚的兴趣,对早期的广义相对论作出了很多重要的贡献,特别是在宇宙学领域。在他们之间,针对爱因斯坦的宇宙学思想进行了长期的争论,实际上两人关于线性化近似的往来信件在他们争论的初期就出现了。德西特对相对论进程的最大贡献可能在于,1916 年他在一本英国天文学期刊上发表了一篇关于这个课题的论文,把这一理论介绍给了英国天文学家,当时正在进行的第一次世界大战一度阻断了英国和德国科学家之间的任何直接联系。德西特因此对发生在 1919 年的激动人心的对相对论的验证作出了贡献,当时一个英国观测队证实了爱因斯坦的预言:星光会因为太阳引力场而偏折自己的轨迹[见斯坦利(Stanley)2003 年的观测队报道,和沃里克(Warwick),2005,关于在广义相对论的细节传播到英国的过程中德西特的作用]。

广义相对论线性化近似背后的思想是要找到一种能保留理论度规性质的近似方法。狭义相对论也可以理解为一种度规理论，但代表的是平坦的或者说是欧几里得（Euclid）几何学的时空。如我们所知，在广义相对论中，在引力存在时，认为时空是弯曲的。当然，如果引力很弱，那么弯曲的量就很小，实际上在日常经验中我们知道，地球上时空是非常非常接近平坦的。由于近似方法需要一个小的量，可以用它来展开成幂级数，把广义相对论的度规 $g_{\mu\nu}$ 写成平坦的狭义相对论的度规（$\delta_{\mu\nu}$）与一个所有分量都是小量的度规（$\gamma_{\mu\nu}$）之和是合理的（因此，$g_{\mu\nu}$ 是非常接近平坦的）。这样，我们就可以把爱因斯坦方程组写成 $\gamma_{\mu\nu}$ 的幂的形式。只出现 $\delta_{\mu\nu}$ 的项与狭义相对论的结果一致，对此做的第一阶修正将是 $\gamma_{\mu\nu}$ 的第一阶或线性阶的修正。整个广义相对论最大的困难之一是它是非线性的，只包含 $\gamma_{\mu\nu}$ 的线性（即一阶的）项的方程组很容易求解，因此把这种方法称为线性化近似。1916 年年中，爱因斯坦在一篇论文中提出了线性化近似，并将引力波引入了广义相对论。

线性化近似不像牛顿近似那样适合处理行星轨道的运动问题，但它有一个很大的优点，即爱因斯坦方程组可以写成非常类似于狭义相对论中电磁力的麦克斯韦方程组的那种形式。因为新理论的一个困难在于，需要花时间去建立能指导复杂计算的物理直觉，所以把方程组重新写成更熟悉的，即使是近似的形式通常也是很有帮助的。一个灵活的坐标系的选择帮助爱因斯坦把方程简化成了他所希望的形式。一开始，爱因斯坦处理线性化方程组时似乎还在使用他的幺模坐标，但没有取得什么进展；不过，当他在 1916 年 6 月 22 日非常感激地写信给德西特时，已经取得了突破：

> 非常受人尊敬的同事：
>
> 看了你的来信我非常高兴，也很受鼓舞。因为我发现，如果放弃坐标选择的条件 $\sqrt{-g}=1$，第一种近似的

引力方程组可以用推迟势精确地解出来。你的质点的解就是这种情况的特定的结果。显然，在坐标系的选择上，你的解和我原来的解是不同的，但并非本质的不同。

（爱因斯坦，1998，文档 227）

爱因斯坦感谢德西特展示给他一种不同的坐标选择，这使他不用再做进一步的近似（如他所说的“精确地”）就解出了引力的线性方程组。此外，他可以用推迟势方法解这些方程组，推迟势在电磁辐射理论中扮演着核心的角色，在我们的故事中也将扮演同样重要的角色。当然，势仅仅是源产生的场的另一种说法，此处爱因斯坦指的是质点源。如果我们假设源是运动的，我们应该怎样描述它在远处产生的场或势呢？是否应该从源当前所处的位置来确定场？如果是，场的传播就是瞬时的，就有超距作用理论。如果我们假设，场的任何变化都需要用有限的时间从源传播到远处的点，那么我们必须假设，像拉普拉斯在前场论时代在他的计算中所做的那样，在远处的场或力似乎必然来自发出场的时候源所在的位置。这个位置叫做推迟位置，它产生的场称为推迟场或推迟势，场被发射的时间称为推迟时间。如果我们可以解决一个质量体在推迟位置的情况，那么我们就可以处理质量体在运动甚至是加速时的情况。记住，质量体引力场的施瓦氏解只适用于物体静止的情况。水星的运动只能在近似的条件下做处理，即假设水星围绕着太阳缓慢地运动。但是我们想要处理的是物体的运动或加速运动快到足以产生可观引力波的情况。为了做到这一点，我们真的希望能求解含有推迟势项的方程组。

在 1916 年年中发表的关于线性化近似的论文中，爱因斯坦简洁地描述了他取得的进展：

> 我们将表明，这些 $\gamma_{\mu\nu}$（小的摄动量）可以用一种电动力学中计算推迟势的方法来计算。从中可以得出，引力场以光速传播。得到这个通解之后，我们将研究引力波以及它们是怎样产生的。结果表明，我建议选择的参考系对有一阶近似的场的计算并没有什么优势。天文学家德西特的来信提醒了我，他找到了一种参考系的选择方式，和我以前给出的不同（1915，第 833 页），得到了质点引力场的更简单的表达方式。（爱因斯坦，1916，第 688 页）

因此，现在类比已从仅仅是暗示而到达了在两个方程组之间的准确的对应，其中一个是描述电磁场的矢量方程组，另一个是在线性化近似下描述引力场的张量方程组。使用与在电磁场情况相同的步骤可以发现，从这两个方程组都可以得到波动方程。如果电磁场的波动方程描述了众所周知且已经从实验上充分了解的电磁波，则似乎就可以合理地推论，引力波方程描述的应该是引力波，它是由于引力场的振动形成的，并以光速传播。

爱因斯坦导出了他的波动方程的解，方程是预期用来表示平面引力波的。平面引力波是指波的波前是平面而不是曲面。可以把它们看作离它们的源非常远的波，以源为中心的球壳从任何一点来看都似乎是平的，就如同站在地球上时，地球看起来是平的那样。接下来，爱因斯坦又把波按不同的对称分为 3 种类型，并把这 3 种类型分别称作纵波、横波（与其他介质中熟悉的纵波和横波类似），以及一种起因于第 3 组条件的“新对称型”的波。

搞清楚这类波是否携带能量是很重要的。借助一个在这篇论文的第一部分中导出的赝张量，爱因斯坦进一步计算了这些波传递的能量。他发现，“只有最后一种命名为‘新类型’的波才传递能量”。这意味着什么呢？谈到一种实际上并不携带能量的波有什么意义吗？甚至怎样才能知道这种波是否存在？这显然使爱因斯坦大为困惑，他与德西特讨论了这个问题(接着上面引用的那封信)：

> 人们可能认为选择 $\sqrt{-g}=1$ 的坐标根本不是自然的，可是，我已经给后者找到了一个有意思的物理理由。我把 $\sqrt{-g}$系统表示为 K，把德西特的一般性的系统表示为 K'。现在我们来探究平面的引力波。

这样，我们在系统 K 中所看到的任何东西，都是从由爱因斯坦以前喜欢用的幺模坐标所表示的有利的观察点所看到的。系统 K'是指德西特所用的坐标选择，爱因斯坦发现，从计算的角度来说它非常有用。下面还会谈到，这些坐标有时也指各向同性坐标，因为在这些坐标中，光沿所有方向的速度都是相同的(在广义相对论中，光速不是常数，如我们在大家熟知的结论中看到的，光在引力场中沿弯曲路径传播)。爱因斯坦继续写道：

> 在系统 K'中我发现了 3 种波，可是只有其中的一种与能量传输有关。相比之下，在系统 K 中，却只存在携带能量的这一种波。这意味着什么呢？这意味着现实中从系统 K'得到的前 2 种波并不存在，它们只是坐标系的以伽利略空间为背景的类波状运动的模拟。因此，($\sqrt{-g}=1$)系统排除了模拟没有能量的引力波的波状运动的参考系。不过，系统 K'在一级近似下对场方程积分还是有用的。我对您的月球的文章很好奇，无论如何，您对广义相对论这么感兴趣我真是非常高兴。
>
> 向您致以真诚地问候，您的忠实的
>
> A·爱因斯坦

因此我们开始看到，这种坐标的选择是一件多么富有技巧的事。德西特的各向同性坐标在实际计算中更可取，但它似乎会使人误入歧途，因为它们有“类波状运动”，这使它在时空中根本不存在波的情况下看起来却似乎存在波。换句话说，从这样一个参考系去观察，会发现表现出引力波特征的物体之间的距离有周期性的变化，但其实那是观察者本身的非惯性周期运动的结果。另一个观察者可能看不到这样的运动，但他们都会同意第3种波显然存在，而且由于这种类型的波看上去是携带能量的，所以爱因斯坦得出结论，它才是真正的波，而其他2种类型的波只是表观现象而已。此处，坚持与电磁学的类比的努力显示出它具有潜在的缺陷，因为人们必须引入“模拟没有能量的引力波的波状运动的参考系”。

因此，如果引力波像后来人们所说的那样，是“时空弯曲中的涟漪”，那么在使用某个坐标系的时候，没有涟漪的平坦空间怎么会看起来像是波状的呢？如果对平坦的空间是怎么仅仅由于坐标系的引入就会看起来像是波状的还不太清楚的话，你可以扮演一个对海草和海藻的运动性质感兴趣的海洋科学家，考虑一下以下的情形。

假设在你的实验室里有一箱海水，里面有一些海草，你会注意到海草从来就不运动，因为水箱里的水没有流动。海草没有肌肉，似乎是惰性的而且是不会独立运动的。但这种表观现象可能是不真实的，所以为了确认你的假设，你决定去做些测量。毕竟客观地讲，科学总是与测量有关的，测量结果不会欺骗观察者。你拿一根棒每隔一秒钟测量一下从海草到水箱壁的距离，结果发现它从来就不会变化。这使你相信你直觉得到的印象并没有错。

假设现在你去海边，在那里你注意到岸边附近悬浮在水中的海草总是来回摆动,反复做着相同的运动。海草在它自然的栖息地会具有运动的能量吗？不难发现,这种海草的表观运动实际上是由于它所处水域的周期性运动而引起的。实际上,海草是水中有波的很好的见证。虽然在水面上的水波容易辨认,但如果在水面之下看大量的水,则只有通过海草或其他悬浮在水中的物体的运动才会告诉你水是运动的(假设你不随着水一起运动)。

你决定进行一系列的测量。首先,你把一个小浮标放置在水面,每隔一秒钟测量它到岸边的距离。在0秒时它离岸边10英尺(1英尺约为0.3米),1秒后是9英尺,又1秒后是8英尺,但3秒之后,它又回到9英尺,在4秒后它又在10英尺处了,这样以不变的节奏一直继续下去。因为假设小浮标的运动完全是由于水的运动而引起的,于是似乎逻辑上可以假设,海草相对于它所悬浮其中的水也保持不动。为了确认这一点,你观察海草和小浮标之间的距离,果真,海草从不改变它和小浮标之间的距离。显然,相对于它所悬浮其中的水,海洋里的海草并不比水箱里的海草做更多的运动,它仅仅是参与了水的波状运动。这种对海草相对于小浮标的运动位置的测量是探测波是否存在的一种绝佳的方法。当然,对于海草和小浮标之间的距离远远小于波长时的情况是个例外,在这种情况下,它们会一直彼此步调一致地运动,对波的同一个部分的上下运动作出反应。

你决定在海草的波坐标里做一系列新的测量。为了这么做,你测量每秒离岸的距离,但在1秒时你在总数上加1英尺,在2秒时加2英尺,3秒时又加1英尺,在4秒时就不加了,然后在5秒时,又加1英尺,这样一直继续下去。结果,如果海草只是随着水运动,你将总是得到离岸10英尺的修正结果,它完全不随时间变化。在远离陆地的地方,测量海草相对

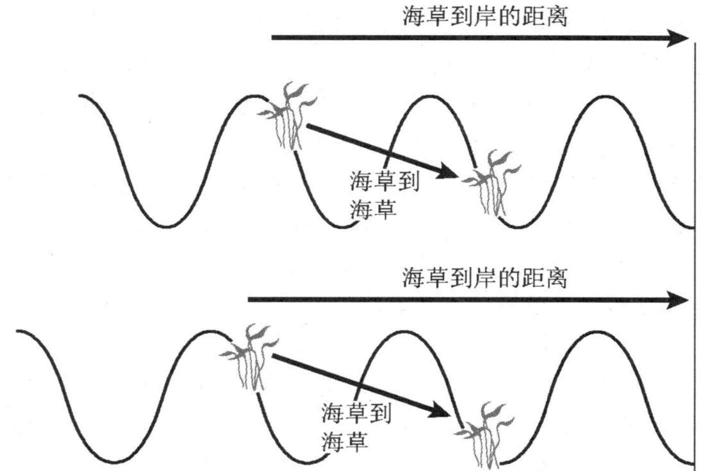

图 3.2　海草的波。随着海草在波中运动，一株海草和岸之间的距离在变化，两株海草之间的距离也在变化。这两种变化都是波存在的迹象。远离陆地的时候，从原则上讲，只要有一个覆盖整个海洋的坐标系，这种离岸距离的测量还是可以使用的。但这也会越来越接近于要犯错误了，因为人们实际上看不到坐标。另外，有很多种不同的坐标系可以选择，但必须小心，要始终如一地使用一种取定的坐标系以避免混乱。

于海岸运动的办法不是探测水波存在的好方法，不过在海洋中试图找到陆地时，海岸导向的坐标系，当然还是人们喜欢采用的，第二章讨论的经度的全部目的就是给水手们提供一种在这样的坐标系里标出他们的位置的方法。

现在假设你回到没有波的水箱，并决定让你的助手重复你第一次的实验，只是为了确认一下。我们假设助手困惑了，而且认为你想用新的在岸边所用的那种“修正”的测量方式。于是，助手要做的就是测量水箱里的海草每秒的位置，然后，在第 1 秒测完后给位置加 1 英尺，在第 2 秒后加 2 英尺，在第

3 秒后加 1 英尺,如此一直继续下去。换句话说,使用了波的坐标,但实际上根本没有波。助手把测量的清单放在你的桌子上,早上回来的时候你对该清单中所包含的东西感到非常惊讶。你发现了一个周期性的变化,开始是 10 英尺,然后是 11 英尺,12 英尺,然后又是 11 英尺,如此继续,而不是水箱里的海草那样典型的不改变位置的情况。你的水箱里是否真的存在你从来都没注意到的波?你的助手可能多少有点迟钝,但他的测量一般都是非常可信的。

你走回水箱向里面看,绝对没有任何波的迹象。水的表面是平的,没有听到波或涟漪拍击水箱壁的回声,特别是海草看起来根本不动。是表象欺骗了你吗?你取出你的测量棒,海草离水箱的壁总是保持 10 英尺,这使你很满意。再仔细阅读了一会儿助手的数据之后,你终于明白发生了什么。他使用了波坐标,这样,直接从这些数字来看,水箱里似乎有波,但是实际上却什么也没有。这样的结果表明,不仅表观现象可能欺骗你,测量也可以欺骗你,实际上测量远不是那么客观。事实上,如爱因斯坦在 1905 年第一次认识到的,没有什么东西比测量更带有主观性,因为有测量就有观察点或参考系,不确定坐标系,再多的测量也没有意义。在这种情况下,助手走过来说服你说,当你的水箱表面像个薄煎饼那么平的时候,水箱中是存在着波的。那么存在于时空本身中的波又是怎样的呢?特别是,当我们从未测量过这种波的时候,我们怎样才能简单地看出时空是否平坦呢?这正是在引力波研究中所遇到的挑战。

在 1916 年论文(可以想象,在亲自给普鲁士科学院提交论文后,爱因斯坦只考虑到了不含能量的引力波问题的解)结尾所加的附录中,爱因斯坦又谈到了这一奇怪的结果，即不传递能量的引力波是可能存在的。原因是它们并不是“真实的”波，而是“表观”波，表观波起源于所采用的参考系，其坐标原点存在实波状的起伏振动。（第 696 页）

提到两个坐标系哪个更可取的问题，他在附录中提出了下面结束性的评论：

虽然不限制坐标系的选择对一阶近似计算是有利的，但是我们的最后结果表明，在“幺模”条件限制下选择坐标仍然具有深层的物理原因。（第 696 页）

后来爱因斯坦在与同事米（Gustav Mie）的通信中阐明了他对这些坐标的“深层的物理原因”的立场。米是在临近 1916 年的几年里追求统一场论方法的少数物理学家（他们中的大多数像米一样是德国人）之一，他比大多数人更能欣赏广义相对论的长处，也能在比当时大多数物理学家更高的水平上挑剔它。对理论宣称的真正的“广义”相对论，他印象平平。对米来说，在惯性（非加速的）运动和非惯性（加速的）运动之间仍然存在理论上固有的明显差别，尽管在形式上是“协变”的（正如前面提到过的，协变性是指不论观察者的参考系或运动状态如何，场方程组保持同样形式的性质）。爱因斯坦坚信，不存在绝对的运动状态；只有相对于其他物体的运动才是可测量的。当我们处于非加速运动状态时，我们总是可以自由地假设我们处于静止，这个公理就是爱因斯坦所称的相对性原理。等效原理在广义相对论中扮演了一个基本的角色，因为它表明，任何处于加速运动状态的人都可以随意地假设，在适当强度的引力场中他们实际上处于静止状态

（就像飞行员或宇航员感受到极强的离心力时，他或她会将之归因于“几个 g 的拉力”，意指有几倍于重力加速度的力作用在地球表面的物体上）。但是，米说，对物理学家来说加速状态与处于引力场中的状态之间有明显的差别。在前一种情况下，物体会产生辐射，如果物体是带电的，就会产生电磁波，此时的引力波可以忽略；但在后一种情况下，物体是静止的，它不会产生辐射。如我们将看到的，这个微妙之处在后来关于引力波是否存在的辩论中还会再次出现。如果加速的物体会产生辐射，那么，在像广义相对论这样的理论中，我们何时会认为物体是在加速呢？

因此对米来说，广义相对论并不全是像一些更“哲学化的”人所吹捧的那样。另一方面，令他印象深刻的是它作为一种物理理论的成功。按照米的思维方式，一个坐标系有一根看起来“在扭动”（或者说“在不停地滑动”）的棒，一个坐标系有一根看起来是直的棒，不能简单地认为这两个坐标系是同样有用的。当然，直的棒看起来还是直的那种坐标系比那种时空本身在其中不停地扭动的坐标系更真实。米又进一步宣称，一些坐标系会引起引力场或其他场的发生，但是这些场的出现并没有因果性解释，尽管这些场并不会导致物质系统的任何不能解释的行为。我们自己也可以观察到，由于引力波纯粹是由场构成的，一种表观引力场，如爱因斯坦1916年的论文里出现的那种，可能被认为是这种场的一个例子，它没有源或其他因果解释，并且由于它不把能量传递到任何地方因而并不对物质产生影响。

1918年2月5日，在写给爱因斯坦的一封长信中，米提到他已经把扭动的棒作为广义协变性的荒谬性的一个“特别的例证”。2月8日爱因斯坦回复了他：

> 我完全不同意你关于弯曲的(乱动着的)棒的考虑。能得到同样可观测结果的所有物理描述(碰巧)从根本上说是等价的,只要所有的描述都是基于相同的物理定律。为了清楚地描述,坐标的选择可能是非常重要的,但实质上却是完全没有意义的。由于人对坐标的选择而存在"任意的引力场"这的确没有任何意义,场本身不能表明其真实性,它们只是描述现实的分析辅助工具。实际上,人们只能通过坐标的消失来发现后者。绝对空间的幽灵又出现在你的棒的例子中。(爱因斯坦,1998,文档460,詹森翻译)

如爱因斯坦在此处强调的,在现代相对论场论中,场本身实际上并不是可观测的,这是很重要的观点。用几种不同的方法做同一种包含场的计算是完全可能的,在每一种方法中,描述场和与场有关的量,例如场的能量,会非常不一致。但是在每一种情况下,对与物体有关的一系列物理事件的描述将会是一致的。不同的计算方法将涉及坐标系的不同选择,或者在大多数其他场论中我们所谓的规范的选择,比如在电磁学中。如爱因斯坦所说,规范或者坐标选择的目的是使计算更容易进行。因此爱因斯坦采用了德西特的考虑各向同性坐标的建议,但是即使如此,得到的结果也难以解释。在这种坐标系中,很容易把普通时空误认为引力波,这个事实表明,无论这样的坐标系多么有用,它仍然有误解的倾向,因为它只是看世界的方法中的一种。在处理引力波这种纯粹由场构成的实体时尤其如此。从某种意义上讲,如爱因斯坦所观察的,我们可以说场不是"真实的",因为仅仅通过数学上的重建我们就可以使它们以任何想要的方式运作。但我们也不能随意地完全忽视它们,因为它们与物质作用的方式完全由这种条件下的物理学规律决定,而且所有观察者必须在本质上有一致的看法。可以通过坐标选择来使引力波做各种各样奇怪的事情,但它们与物质作用的方式总是必须有物理意义的。由德西特建议的坐标选择仍然按惯例在引力波理论中使用这一事实表明,米的"不停地滑动的时空"不能在物理学中发挥真正作用的这种直觉是错误的。[德西特的坐标选择现在称为德东德(de Donder)规范,而且它有一个甚至更重要的推广,称为简谐规范,适用于所有非线性理论。]

涉及爱因斯坦1916年论文的下一个插曲阐明了本章中已经讨论过的许多主题,也使我们为许多即将到来的辩论做好了准备。结果表明,爱因斯坦在他这篇关于引力波的论文中犯了一个严重的错误,这花了他两年的时间来改正。爱因斯坦全集项目中我的同事及前辈詹森揭密了爱因斯坦是如何完成这些修正的。这关系到芬兰物理学家努德斯特伦(Gunnar Nordström),他是早期的相对论先驱者之一,他实际上是第一个发展完全自恰的相对论引力理论的人,比爱因斯坦还早一年,他的工作曾得到爱因斯坦本人的大力帮助,而且也是爱因斯坦把努德斯特伦的理论写为现在所知道的数学形式的。

在他的论文中,爱因斯坦希望计算引力波从一个物质源可以带走多少能量。为了做到这一点,他需要一种在引力场中描述能量多少的方法。我们刚才讨论了场量如何随着坐标系的选择而变化,引力场的能量也不例外,爱因斯坦很早就意识到了这一点。所以,虽然他用张量描述物体的应力能,使得整个系统的应力能是个不变量,不会随坐标变换而变化,但他却选择了一个称为赝张量的量来描述引力场的能量。赝张量表面上看起来是个张量,但缺少那种对所有坐标变换都保持不变的不可思议的性质。在相对论的早期,有几个相对论者因理论的这个方面的问题(它是非常有争议的)而对爱因斯坦颇有微词,但爱因斯坦并不为这些反对意见所动。他认识到，根据等效原理，如果把我们所居住的房子想象成一艘正在加速穿过太空的火箭发射舰，就总有可能把引力场看成只是一个加速系统。那么，如果可以通过坐标的正确选择而使引力场消失（至少在给定的地点），则那个场中的能量也必定消失（当然，为了满足所讨论的整个系统能量守恒，这些能量必定还会以另外一种形式在其他地方再次出现）。由于引力波中的能量必须用赝张量描述，这就常常会带来问题。但是现在，爱因斯坦的问题更直接：在1916年的论文中，他在计算赝张量的形式时因粗心而犯了错误。

回忆一下，在这篇论文中爱因斯坦的方法包含了把时空的度规写成平坦空间的度规和一个记为 $\gamma_{\mu\nu}$ 的度规之和的形式，$\gamma_{\mu\nu}$ 的分量很小，表示由于引力场所引起的时空的微小弯曲。他接着又引进了一套新的量，记作 $\gamma'_{\mu\nu}$，它依赖于 γ，各向同性坐标系被强加给 γ'，并且通过与普通的电磁矢量势类比而将 γ' 作为引力场处理。因此，引力波本身将由方便的 γ' 的形式来描述。但是，当爱因斯坦定义他的赝张量的时候，他错误地使用了 γ' 而没有使用最初的度规 γ，这意味着他推导出的赝张量是不正确的。幸运的是，尽管他犯了错误，但他得到的一些结论实际上是正确的。比如，他得到了适合的赝张量，他还发现两种不真实的波不传递能量（可是如我们将会看到的，对现实来说这决不是个确定的论点）。但当他推导引力波物质源辐射能量的表达式时，他再次得到了一个错误的公式。在1916年的论文中得到的辐射公式最惊人的一点是，它允许来自单极子源的能量辐射。

亚伯拉罕在此之前就认识到，物理学的基本考虑要求具有单极或偶极对称的运动源不能发射引力波（例如，膨胀和收缩的球状源在整个过程中就是一个单极源的例子，而沿着某一轴旋转的一个完美的球状行星就是一个偶极源的例子）。因此，爱因斯坦的公式允许这种辐射会引起亚伯拉罕或任何现代相对论者的怀疑。但显然，爱因斯坦没有意识到这个困难。如果回过头去看爱因斯坦给施瓦氏的信，我们会发现他自己非常想搞清楚的是，引力的偶极源不存在是否与引力波"不存在"相关。但似乎他从未沿着这个已经远远超越尝试性探索的思路进行下去，否则，他可能会立即意识到他在 1916 年的线性化计算中已误入歧途。直到看到努德斯特伦第二年写给他的信，爱因斯坦才第一次模糊地意识到有些东西搞错了。

努德斯特伦感兴趣的是，在爱因斯坦的理论中如何计算体质量的问题。在引力理论中，像体质量这样一个基本量的计算还会存在困难，这似乎很奇怪，但它却很好地说明了这种场论的难以捉摸，它已经成了一个给相对论者带来很大麻烦的问题。广义相对论是非线性理论，因为如果引力场含有能量，那么它就具有质量（回忆一下相对论里最著名的方程 $E=mc^2$），这样能量本身就会产生引力场。因此，体质量的加倍就会使引力场的强度增加 2 倍以上，因为较大的场本身会对其他物体产生吸引力。这意味着，体质量的计算依赖于你如何提出这个问题，如果你想要计算物体的质量，就不仅必须把物体内的所有物质相加（即积分），而且还必须对所有有引力场能量的空间进行积分。努德斯特伦发现，有一种方法可以解决这个问题，从而可以通过仅仅对物体本身所占有的空间积分来计算该物体的质量。如努德斯特伦于 1917 年 9 月 22 日在给爱因斯坦的信里所详细勾勒的，这种思想的自然结果是，在围绕物体的所有时空中，不存在储藏在引力场中的任何能量。这似乎是个相当奇怪的结果，因此努德斯特伦决定再核对一下。手头的一个有用的工具就是爱因斯坦在他的关于引力波的论文中导出的赝张量，它当然可以被用来计算静止源的场能量。但由此而得到的结果是，场的能量是非零的。

在给爱因斯坦写信提出这个矛盾的过程中，努德斯特伦发现了问题的根源。他使用的坐标系与爱因斯坦论文中所用的坐标系不同。努德斯特伦用的是爱因斯坦在大多数早期论文中所使用的幺模坐标（努德斯特伦特别仿效了一篇论文，也发表在 1916 年），而在那篇导出赝张量的引力波论文中使用的是各向同性坐标。根据这种认识他重新做了计算，确实得到了源的引力场非零的结果，但这还是与同样的坐标系中采用爱因斯坦的赝张量所得到的结果不一致，之间相差一个因子 2。这样，努德斯特伦就提出了两个问题，一个是一般性的问题，即描述引力场中能量的赝张量方法是否真的有什么用处（“我必须说，把[赝张量的时间—时间分量]解释为[引力场的]能量密度，现在对我似乎不像以前那么有用了”）。另一个问题是特殊的，它涉及在努德斯特伦与爱因斯坦的结果间仍然存在矛盾的原因（“也许这种不一致是由一种不正确的近似引起的”）。

爱因斯坦的回信没有保留下来，但从 10 月 23 日努德斯特伦的下一封信中可以看出，他确实回过一封信。由此似乎可以看出，爱因斯坦很可能尝试过进行努德斯特伦的计算，并断言他没发现幺模坐标中静止质量的场的能量为零。努德斯特伦在回信中重复了他的计算，显然确信爱因斯坦一定是犯了个错误，而实际上是他自己错了。看起来，爱因斯坦从这个插曲中吸取了三个教训：首先，假设一个坐标系可以给出比其他坐标系更值得信赖或“直觉的”现实图像是危险的；第二，借助赝张量表示在引力场中不存在能量并不意味着那个引力场“不存在”；第三，他的赝张量，还有他 1916 年的辐射公式是不正确的。如我们将看到的，引力波是否传递能量完全以赝张量计算为基础，所以这个争议本身是含糊的。

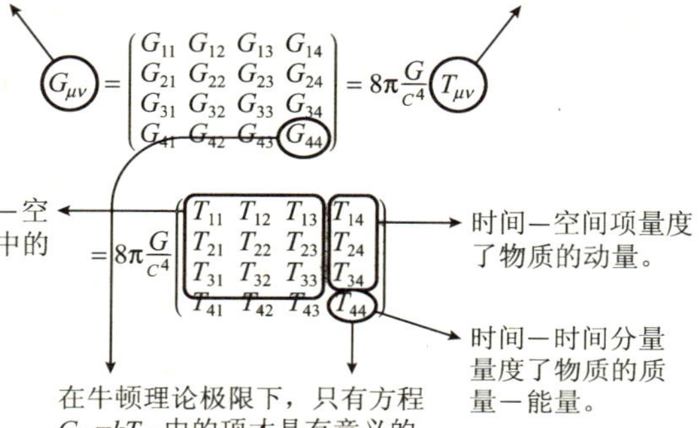

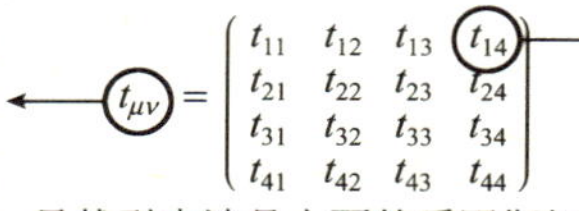

图 3.3　爱因斯坦的方程组和赝张量

虽然我们没有他们交流的其他信件，但爱因斯坦显然在第二封信（1917 年 10 月 23 日）之后不久很快就采纳了努德斯特伦的观点，因为在 1918 年 1 月底他提交了一篇新的论文，重复了 1916 年论文的主要观点但改正了赝张量推导中的错误。这篇论文的主要结果——著名的四极公式在引力波的历史上发挥了核心作用。这个公式即修正了的辐射公式，它表示由引力波源所辐射的能量数量。显然，四极公式因该公式与源的四极矩的变化有关而得名。由此可以确认，在引力波理论中多极辐射的最低阶是四极辐射。更高阶辐射也是可能的，如八极辐射，虽然爱因斯坦没有考虑这种辐射，但比四极辐射更低阶的多极辐射不存在。在20世纪后半叶及更长的时间里,对这个公式的修正或适用性的分歧始终处于引力辐射争议的风口浪尖,但是,就像我们已经看到的,爱因斯坦能够改正他1916年论文中的错误并发现四极公式,这纯粹是他意外的幸运。[4]

第四章

思想的速度

在 1918 年“论引力波”的论文中，爱因斯坦重申了他 1916 年论文中的全部论据，并做了一些修改，使人确信他的各向同性坐标对解决这个问题的用处。他再一次确认波可以分为三类，其中两类不传输能量，即使用修正的赝张量也是如此。爱因斯坦进而令人信服地证明，正如他已在 1916 年年底的论文中所表明的，不携带能量的波仅仅是由于坐标的选择所导致的人为产物。他指出，可以从闵可夫斯基(Minkowski)平直空间通过一个简单的坐标变换，得到这些波的度规。这样，他令人信服地证明了这些“波”仅仅是在弯曲或转动的坐标系中看到的平直空间。现在，没有任何必要再把幺模坐标牵扯进来，也没有必要仅仅依赖于这样的事实，即，赝张量表明这些波不携带能量(对此，就像努德斯特伦的经验所证明的，假设它们不存在是没有可靠依据的)：

> 那些引力波不能传输任何能量，因此，它仅仅是在无场系统通过坐标变换而产生的；它们的存在(在这个意义上)不过是种表象而已。(第 161 页)

这里我们要说明的是爱因斯坦的“无场”的定义，它是指它的度规对应的是狭义相对论中的“平面”度规，也称为闵可夫斯基度规。这样，引力场又一次被认为是时空的弯曲。如果没有弯曲，就没有场，也没有引力波。后面我们将再一次看到，强调时空弯曲是为了证明，对描述引力波来说，它比受与电磁学类比的启发而倾向于继续在波中寻找能量的方法更可靠。引力波一定传输能量，可是能量常常是在一个波长范围内不同的位置以不同的形式出现的。用专门的术语来说，引力场的能量是非定域的，这一点在理论发展的早期就认识到了。

人们也可能会想到，这些假想的波是真正平坦的波，是彻底平静的波。但是实际上，它们还将有一项伟大的使命，它们像幽灵一样萦绕着德东德规范，它们的存在反映了坐标选择的缺陷。这些不仅被1916年后早期的相对论者反复提及，直到20世纪60年代，费恩曼[《关于引力的演讲》(*Lectures on Gravitation*)，第52页]还引入了这些假想波，称它们为“规范波”，这个术语反映了他本人在电磁学和量子场论方面的背景。看上去，几乎每一位基于电磁学类比而钻研线性化引力波理论的学者，都可能会“重新发现”这些不存在的波。

1919年，外尔(Hermann Weyl)在他的具有广泛影响的关于相对论的教科书《空间，时间，物质》(*Raum*, *Zeit*, *Materie*)的第三版中，引入了有关引力波的章节。他采用的处理方法显然是基于爱因斯坦关于引力波的两篇论文中的一篇。根据爱因斯坦的线性化近似的方法，他把场同样分解为三种类型的波，外尔称为纵向—纵向波、纵向—横向波和横向—横向波。按照爱丁顿(1922年)的方法，这里将三类波分别简记为LL、LT和TT波。前两种对应于爱因斯坦在1916年“发现”的假想波。TT波，也是爱因斯坦于1916年发现的，就是我们今天所说的引力波，无独有偶，这种波仍然常常被称为TT波，这是对于横向无迹规范通常采用的表达方式。奇怪的是，外尔的讨论到此为止，使LL和LT波保留了同TT波相同的地位。似乎在外尔看来，它们同TT波一样真实。

这一点非同寻常，因为爱因斯坦在他 1918 年的论文中清楚地阐明了外尔所说的 LL 波和 LT 波仅仅是简单的平坦空间，根本不能代表线性化方程的波动解。外尔一定没有仔细阅读这篇论文，因为如果他不同意爱因斯坦的结论，在这一点上他不会保持沉默。显然，虽然外尔决定采用爱因斯坦的近似方法来处理引力波，但并没有严格遵从这篇论文，而是自己提出了看上去简单明了的论据。考虑到各向同性坐标系的奇特性质，用爱因斯坦的描述方式，使时空具有曲折或"抖动"的特性，这样做不可避免地使他发现了同样的假想波。编写教科书的仓促的快速工作方式，而不是研究论文中的严谨的分析方式，使他没有注意到这些波的可疑之处，而爱因斯坦在试图计算这些波传播的能量时则注意到了这一点。

很难说清楚关于 LL 和 LT 波的这种混淆持续了多久（爱因斯坦自己在 1936 年同罗森合作的论文中放弃了它们，这将在第五章中详细描述，此前，他还会顺带提及它们）。幸运的是，另一位广义相对论早期发展的杰出人物紧随其后出现在了这个缺口，他就是爱丁顿。爱丁顿是当时最出色的天体物理学家，星体内部结构的现代理论的发现者。他是广义相对论在英语世界的推广者，特别是在 1919 年，他领导了一支英国远征考察队前往非洲观测日食，另一支英国远征队同时前往南美洲与之协同作战，证实了广义相对论最著名的预言：光线通过太阳引力场时会发生弯曲。20 世纪中期，由于美国取得了科学界的领导地位，英语成了科学界的通用语言，他 1922 年的教科书《相对论的数学理论》（*The Mathematical Theory of Relativity*），成为数十年中最著名的英语教科书，对这个领域产生了极大的影响。

爱丁顿在这本教科书中表达了他对引力波的看法，使他因此而获得了第一个引力波怀疑论者的名声。正如我们将看

图 4.1　爱丁顿，现代天体物理学的奠基人之一。他对广义相对论发展的主要影响是通过他的著名的教科书，在这本书中他的怀疑论观点贯穿始终。（承蒙美国物理学会埃米利奥·塞格雷图片档案馆，塞格雷收藏惠允）

到的，虽然他没有断言引力波不存在，但他的观点准确无误地反映出他对与电磁波类比的怀疑态度。

对于引力波和电磁波两者之间的类比在细节上是否正确的关注，引发了爱丁顿的怀疑。他问道：引力波的传播速度和光速一样吗？我们已经讨论过物理学家的想法，为了物理规律的一致性，引力波应该以光速或不超过光速的速度传播，这可以从麦克斯韦理论得出。这种思想有助于对引力波一定存在的信心的建立。爱丁顿由此推测，爱因斯坦倾向于假设引力波的传播速度为光速 c。在他的教科书中，爱丁顿紧随爱因斯坦的论点（但没有重复外尔的错误，甚至没有提到"假想"波），但也表达了他对爱因斯坦方法的不满，在他看来，爱因斯坦预先假定了引力的速度：

> 关于相对论中的引力波以光速传播的陈述，我确信，完全是基于上述研究[就是说，从根本上是基于爱因斯坦对问题的表述]；但我们将看到，这只在传统意义上是对的。如果坐标的选择满足的某种条件没有清晰的几何学上的重要性，传播速度就是光速；如果坐标稍有不同，则传播速度就会完全偏离光速。结论成立与否取决于坐标的选择，目前所能判断的是，为了得到一个简化的结果，这里使用的坐标是有目的地引入的，这个结果从引力波以光速传播这一点上可以看出来。这样，论证就陷入了一个怪圈。（爱丁顿，1923b，第 130—131 页）

爱丁顿进一步建议，考察时空弯曲本身如何在空间中传播，可能是更富有启发性的继续方式。他断言："处理这个问题似乎并不存在重大困难，而且这项研究物有所值。"

爱丁顿接受了自我挑战，在随后的几年中，写了两篇关于引力波的论文。在第一篇论文中，他考察了引力波自身的辐射和传播，在接下来的第二篇论文中，研究了对引力波源的反作用问题，或称为源的"运动问题"。在这个过程中，爱丁顿确认了问题的关键所在，这些成了几十年后在这个课题的辩论中的主战场。

下面看一下他在 1922 年的第一篇论文中是如何开头的：

> 引力场扰动的传播问题，在爱因斯坦 1916 年的论文中已经进行了研究，并且在 1918 年的论文中再次进行了讨论。从他的讨论中可以推断出，质量分布的变化会产生引力效应，并以光速传播；但我认为，对于传播速度的问题，爱因斯坦是相当模糊的。从他的分析中可以看出，如果希望引力势以光速传播，坐标必须加以选择；但除了作为这个任意选择的结果，问题中根本找不到光速。到目前为止，就我所知，绝对物质状态的传播——改变的时空曲率——迄今为止还未讨论过。（爱丁顿，1922，第 268 页）

这里我们注意到，从一开始，爱丁顿就把注意力集中在波的时空曲率上（他称为“绝对物质状态”），把它作为波的物理行为的最佳向导。爱因斯坦选择谐和坐标系的目的是期望把线性化的引力场方程变化为非常接近电动力学中的场方程的标准形式。这样做的结果，根据爱丁顿的说法，不出所料，他发现波现象以光速移动。爱丁顿不知道爱因斯坦为了证明它，是否已经假设了引力波与电磁波的相似性。为检验其中的一个方面，爱丁顿在遵循爱因斯坦的谐和规范的规定的同时，明确保留了传播速度 V 作为一个参数，以在一定程度上放宽爱因斯坦的假设条件。这样做给他提供了几个线性化方程的解的条件，这几个条件对应于描述三种类型的波的条件，如前所述，这三种类型的波先由爱因斯坦导出，后又由外尔导出，但在爱丁顿的版本中，额外的参量 V 占据了显著位置。他继而问道，这些波是否真的以单位速度传播（单位速度即是与光速相等的速度，按照惯例，这个速度被相对论者设定为 1，以便用相同单位量度时间和空间）。他导出 TT 波的条件与爱因斯坦和外尔相同，还外加了一个新的条件：$V^2=1$。他还重新得到了爱因斯坦和外尔的对于LT和LL波的条件，但在这两种情况下，均外加了参数V的条件，V依赖于描述“波”的度规分量。但是，由于仅通过坐标的变化就可以改变这些分量的值，所以V可以通过坐标的变化而任意改变。仅对于TT波的情形，V的限制条件是$V^2=1$，与坐标无关，此时速度有独立的意义。像爱丁顿的一个很著名的陈述中所说的，LL和LT波“仅仅是坐标系中的曲折运动，唯一与它们相关的传播速度是‘思想的速度’”（第269页）。

因为他那著名的“思想的速度”的评论，同时代的相对论者常把爱丁顿与后来的怀疑论者归为一类。然而，我们不应忘记，爱丁顿仅仅证明了某些假想类型的波不存在，这与现代的正统科学的观点完全一致，他并没有说所有的引力波都是以思想的速度传播。在我们现在的故事中，不管怎样，我认为爱丁顿可以被看作引力波怀疑论者的典型。他的出发点是，对一个先验假设的毫不客气的怀疑，这种先验假设认为这样的现象存在，并表现得跟电磁类比一样。他以怀疑的态度开始，对任何事情都不想当然。在关于四极公式的论文中，他做了重新推导，并修正了爱因斯坦1918年论文中因子2的一个小错误，在论文结尾的评论中，他仍然表达了对线性化分析能否应用于天体系统的谨慎。他利用四极公式计算了原子和双星的衰变率，但作了说明：

> 但这两个应用可能都不太适宜——对于原子，由于量子条件使其情况复杂，而我们的分析中没有考虑这一点；对于星体，因为张力（现在是引力）为一阶小量，使问题超出了我们的近似范围。但引力辐射（如果有）似乎很可能不超过[由四极公式]给出的值。

> 很清楚的一点是，对于转动系统的小的引力辐射，实践中没有发现反对的理由，理论上我也看不到不承认它的理由。

必须认识到，怀疑论者并没有全面抵制电磁场类比的应用，他们仅仅是以特有的方式研究它，更加强调类比不成立的地方，而不是成立的部分。他们倾向于利用类比的负面意义，而不是正面意义。举个例子，爱丁顿真的希望在线性近似中引力波以光速传播，但出于谨慎，他检验了任何与熟悉的电磁场情形的不同之处。如他所说：

> 这是我们自己给自己提出的主要问题的答案——与坐标系选择无关的绝对的引力的影响是否以光速传播。这可能是一个不可避免的结论。如果我们有一个绝对的引力摄动，它完全与产生它的源物质分离，那只有一件事可能发生。它不能静止不动，因为没有绝对静止；它一定是运动的，因为只有一个速度是独立于参考系的，它没有其他选择，只能接受这个速度。我们的直接计算证实了这个预言。（第 272 页）[1]

我们应该记住，爱丁顿关于引力波以光速传播的论点，自然只能应用于线性化近似所描述的非常弱的引力波。还不能一般性地证明任意强度的引力波总是以这个速度传播的（实际上有这样一种感觉，它们并不总是这样，因为时空曲率的发散将导致部分引力波作为主波的“尾部”延迟到达，虽然这不是因为这部分波走得较慢，而是它们反向走了一会儿，因此比主波走的路程较长）。在同一篇论文的后面部分，爱丁顿试图构造一个球对称的引力波，在遭遇了失败后，他花了一些篇幅来讨论“声波[可以有球对称]和引力波的类比不能成立的原因”（第276页）。

尽管爱因斯坦从一开始所做的坐标选择，成功地促进了用类比方式研究引力波的工作，给出了对引力波的令人信服的描述，但它也留下了一个陷阱，在扭曲坐标的形式上的不严谨，使得其中的平坦空间也能显示出波动。爱丁顿则凭借他天生的怀疑态度，轻易地躲过了这个陷阱。他没有想当然地认为波按唯一的速度运动，并快速排除掉了这类假想品种，只要利用几何学的论据，指出它们只代表平坦的空间，其黎曼张量为零，就能完全剔除这类假想的波。因为黎曼张量描述了时空曲率，当它所有的分量都为零（消失）时，时空是平坦的。这是最稳妥的与坐标无关的确定不存在引力波的方法，这同海草的情形一样，检验没有波浪的最简单的方式是看一下水面。外尔可能在他的处理方式上有些冒进，直接掉进了陷阱，而爱因斯坦则凭借他不寻常的直觉，小心谨慎且费力地绕过了这个圈套。

这样，爱丁顿站在了怀疑论的传统上，该传统始于亚伯拉罕，而其中的象征性人物是物理学家邦迪，他把爱丁顿看作广义相对论方面的良师益友。这是一种传统，它展示了很多科学中最好的东西：顽固地拒绝任何想当然的东西，极富洞察力地识别看上去最显而易见的概念中所给的肤浅假设，对任何结果的局限性保持一双谨慎的眼睛。这是一种传统，可能激怒一些人，然而与任何科学传统一样，它的最杰出的代表（包括爱丁顿和邦迪在内），不管怎样都受到了几乎全世界的尊敬。在引力波受到关注的范围内，这是一个传统，为了一个观点站得住脚，在数十年里不得不进行激烈的较量，因为引力波日益成了显而易见和不可避免的思想之一。

我们可以从爱丁顿的《相对论的数学理论》（爱丁顿，1923a）一书中对他的思想方法获得最清晰的印象，其中他谈到了双星是否因为引力辐射导致轨道衰退的问题。这次，他对怀疑论者持怀疑态度，从他的谈话中判断出这一点在当时已广为人知。这本教科书拥有大量的读者和广泛的影响力，爱丁顿别具特色的研究相对论的方式方法也传递给了后辈物理学家：

> 对于两个奇点或两个粒子的场，爱因斯坦方程的解还没有找到。最简单的情形是考察两个相同的粒子绕着以它们的质心为圆心的圆轨道的运动。显然应该存在有两个奇点的稳定解，但无穷远处的条件同单粒子的情况不同，因为对应于稳定解的轴构成了所谓的转动系统，这种解还没有找到，甚至这样的稳定解可能不存在。我认为还没有证明两个物体可以环绕运动而不辐射引力波能量。在讨论辐射问题时，存在回避实质问题的倾向；限于两个粒子一致地旋转，然后计算产生的引力波，并证明穿过无穷大球体的引力能量的辐射为零，这样的讨论并不充分。这说明一个稳定解并非明显地与其自身不一致，但也没有证明其可能性。
>
> 爱因斯坦理论中的这个二体问题，与牛顿理论中的三体问题一样，对于数学家来说仍然是一个尚未解决的严峻挑战。（第 95 页）

关于这一点，有趣的是，爱丁顿暗示一些相对论者预言双星不辐射引力波，尽管它们有变化的四极矩，看来是一个理想的引力波源，而这些人持这种信念的动机似乎是，在这样一个系统里辐射阻尼的存在将彻底消除找到双星问题的稳定的、不随时间变化的解的可能性，在牛顿天体力学的经典摄动方法中这种类型的解处于核心地位。换句话说，它被想当然地认为，双星的轨道不因引力辐射而发生衰退的解是可能的，确实也是需要的。因此，在这个早期阶段，对双星辐射阻尼问题，怀疑论占据主流位置，尽管爱丁顿严重的怀疑态度使他无法接受任何肤浅的论据。他暗示，到 1923 年，已经有许多人在尝试。

除了技术因素使双星轨道不发生衰退的观点受到推崇外，我们可以推测，另一个动机怂恿人们相信二体问题稳定解存在的原因同爱因斯坦本能地选择静止宇宙观是一样的。这里有一个古老的偏见，宇宙总体来说是静止的、不变的。天文学家可能有种成见，他们支持不发生衰退的天体系统，就像在拉普拉斯时代那样，当引力波作为辐射产生源已经变得很明显时，他们还是选择对它视而不见。还须记住，由引力辐射引起的驱动恒星和行星系统的衰退的项，是以系统速度的 5 次幂阶项的形式出现在后牛顿运动的方程中，发现这些项花费了一些时间。还有一个可能很自然的原因，在早期的计算中出现的都是守恒项，因此人们会认为只存在这种项。正如爱丁顿所言，不管怎样，这仅仅意味着，已经做的工作不足以回答稳态解和衰退解中哪一个是正确的。

在 1922 年的论文中，如爱因斯坦已经做过的，爱丁顿再次推导了四极公式。从时间上说，他可以说是第一个正确地写出该公式的人，因为爱因斯坦在他 1918 年论文的计算中，犯了相对来说不太重要的另外一个错误。爱丁顿的四极辐射公式与爱因斯坦的四极辐射公式相差一个因子 2。爱丁顿是对的，并在这一点上修正了爱因斯坦的错误，他的研究更进了一步。如果我们直接研究在考虑了引力相互作用的推迟性质时，线性化方程如何控制一根自旋的杆的运动，而不是研究像自旋的杆这种波源产生的引力波，情形会是怎样？是否可能直接得出源的能量损失而根本不去涉及远处的波？爱丁顿在他 1923 年发表在《哲学杂志》(*Philosophical Magazine*)上的论文中对这个问题发起了冲击。在广义相对论研究中,这可能是第一篇从运动问题的角度研究系统对辐射的反作用问题的论文。爱丁顿不再借助于能量平衡来专注于波本身的研究,在他的论文中把计算杆的不同部分之间的引力效应对杆的转动的影响作为研究方向。在计算中通过假设引力从杆的一端传到另一端需要一定的时间,就可用类似于拉普拉斯的计算方法发现,杆的拉力对杆自身施加了一个力矩,这个力矩使杆的转速逐渐变慢。这种方式导致的能量损失可以假设以引力波的形式辐射掉了。自旋杆的一端对另一端施加的力称为推迟力,因为它看起来是来自于杆的远端的早先的(在时间上推迟了)位置,而不是现在的位置:

> 在这个方法中,我们不再关注由近而远的波,在分析想象中,假设这些波带走了能量[波源系统损失的]。(这些波足够真实,但它们的能量赝张量在相对论中不被看作真正的能量。)现在我们从另外的具有某些历史意义的方面来考虑能量损失。如果引力的传播不是瞬时的,则滞后效应就会引入与系统运动方向相反的切向力。这是拉普拉斯在考虑天体系统中引力以有限速度传播时希望得到的效应;从它的非明显性可推断出,这不是拉普拉斯寻找的速度的一阶效应(正比于 v^2/c^2);结果表明,这实际上是 3 阶的剩余拉普拉斯效应(正比于 v^6/c^6)。杆中的粒子彼此间由于杆的旋转而产生的[引力]吸引力,并不精确地沿着杆的瞬时方向,由此产生的力矩将缓慢地破坏杆的转动。在适当的时候我们将会说明,现在的结果不能解决拉普拉斯的天体系统的问题,因为这个效应仅局限于内聚系统。(爱丁顿,1923b,第 1112—1113 页)[2]

在这篇论文中，爱丁顿重新给出了四极公式，与他早些时候的论文相一致。但又一次地，其研究的结果仍然无法通过实验检验。

现在我们遇见了主要的兴趣点，在论战的后期，辩论的焦点集中在引力波和双星中辐射阻尼的存在性上。应用线性近似描述弱引力波是很直接的想法，但还不完全清楚，如何找到不随坐标选择而变化的方法来计算它们传输了多少能量。对于波穿过源将如何影响源的问题，也没有任何很好的想法，它们与物质将发生怎样的相互作用？当然，这个问题早期没有受到关注的原因之一无疑是因为引力波异常微弱，并不指望真正能探测到它们。因此它们与物理系统的相互作用的实际问题没有受到重视。

爱丁顿提出了波与其源的相互作用问题，称为反作用，或辐射反作用。很清楚，这里主要的兴趣在于双星是否因为产生引力波而遭受轨道衰退，也就是所说的辐射阻尼。实际上正是因为这个问题使波携带能量的问题提了出来。值得注意的是，早期可能存在的偏见赞成这样的观点，即双星的运动不会因为辐射而被阻尼，这也是后来辩论的中心问题。早期的计算涉及线性近似，按照爱丁顿的分析，这确实不足以解决这个问题，因为这个近似假设引力场非常微弱，物体在场中的运动不受它们的引力作用。但是对于双星、行星系统，或其他束缚系统，情况恰恰相反。需要更好的近似来解决这个问题。

另外，我们还有两个不同策略的选择。一个是计算波从波源带走的总能量，然后证明波源一定损失了相同的能量，再计算相应的结果。如前面引文中所述，爱丁顿已经表示了对这条研究途径的少许怀疑，而这条途径后来又在几个研究课题中受到更严重的批判。最有说服力的反对理由是，从一个假定没有引力波的轨道开始（所谓的测地线轨道），然后从它的能量中减去基于波的轨道的能量,在这种轨道上的星体将产生假设的结果。对于这一点,我们在后面还将作较详细的讨论。我们怎样知道这样的星体运行的真实轨道,如果在这种星体始终没有能量损失的情况下,可以实现引力的迟滞效应而又没有“辐射”效应伴随发生?也许真正的轨道,作为与虚构的测地线轨道相对的轨道,根本不辐射能量。换句话说,这里显然需要做一个完全自洽的计算。爱丁顿在计算自旋的杆时所做的这种计算是解决这个问题的一条途径,从中可以真正得出系统具有减速效应的自相互作用。正如我们将在双星中看到的,完成这样的计算是非常、非常困难的。在本书余下的部分中,这个故事将伴随始终。

第五章

引力波存在吗?

爱因斯坦有很多物理学上的知己,他可以通过最亲密的方式与他们讨论工作,尽管到了 1936 年,他最好的朋友之一埃伦费斯特(Paul Ehrenfest)去世了,而其他朋友像爱因斯坦本人一样正处于流亡之中。爱因斯坦这些亲密朋友中的一个就是玻恩(Max Born),像爱因斯坦一样,由于纳粹党掌权,他不得不逃离德国。在给老朋友的一封(可能写于 1936 年年中)信中,爱因斯坦盼望的一位新的合作者将要到来,他以前同玻恩合作的工作曾引起过爱因斯坦的注意;同时,爱因斯坦还说到了一个令人吃惊的结果:

> 下个学期,你的临时合作者英费尔德将来普林斯顿工作,我盼望着与他进行讨论。我与一位年轻的合作者一起得到了一个有趣的结果:引力波不存在,虽然在一级近似的情况下曾假设它们是肯定存在的。这说明非线性广义相对论场方程能够告诉我们比我们迄今为止所相信的东西更多的东西,或不如说,更多地限制了我们。(玻恩,1971,第 125 页)

爱因斯坦提到的年轻合作者是他的助手罗森,爱因斯坦和他一起工作了两年,并写了两篇重要的论文。一篇是著名的爱因斯坦—波多利斯基(Podolsky)—罗森(EPR)论文,文中构想了一个悖论,对量子力学的哥本哈根解释提出了挑战。在那篇论文中,爱因斯坦对新的量子力学发动了最后的拦击,它被物理学家辩论和深思了几十年。另一篇论文引入了“爱因斯坦—罗森桥”，就是我们现在所说的虫洞，并通过索恩的工作和萨根(Carl Sagan)的小说《接触未来》(*Contact*)，与时间旅行联系了起来。爱因斯坦于1933年永久离开了德国，在30年代中期，他生活在新泽西州的普林斯顿。新成立的一所高等研究院为他提供了一个基金，用于资助相继与他合作研究的年轻助手们，研究主要集中在寻找引力与电磁学的统一场论。对另外的一些课题，他也继续保持着兴趣，其中之一就是引力波。他的许多助手后来在物理学领域都取得了很大的成就，尽管在后来的岁月中，他们的研究方向通常不再是与爱因斯坦合作时的研究方向，但正如我们将看到的，引力波是一个例外。不管怎样，在罗森与爱因斯坦的合作时间即将结束时，他们对这样的问题满怀兴致：平面引力波看起来是什么样子的？

如果我们想象一个引力波的点源，我们将看到向外传播的波前是以波源为中心的球面，但其他形状或其他对称性也是可能的。例如，当源是一条线(我们可以把钢琴的琴弦作为例子)而不是一个点的时候(显然，这是理想化的)，我们预期波前的形状是一个圆柱面。对于天文学的情形，自然我们期待，相比于它们到地球上的我们的距离，大多数源将非常小，我们可以把它们看作点源，它们产生球面波前。实际上从地球上看，这些源太远了，它们的波前的球面对我们来说也将不明显。因为球面的半径太大，曲率太小，所以这种球面波前看上去就像是平的，这种波就像是平面波。真正的平面波的源应当位于无穷远处，但对于我们的研究来说，遥远的星体就可以看作距离我们无穷远。所以，如果我们想探测引力波，特别是在天文学中，我们最感兴趣的可能就是平面波。实际上，爱因斯坦在他早期关于引力波的论文中已经选择了平面波，

图 5.1　爱因斯坦，摄于 20 世纪 30 年代。[承蒙美国物理学会埃米利奥・塞格雷图片档案馆，西蒙（Francis Simon）收藏惠允。西蒙拍摄]

但那些论文研究的仅仅是近似的线性化的引力方程。现在，他希望找到一个平面引力波的精确解，它能完全满足广义相对论的非线性场方程组。

爱因斯坦把一篇他和罗森撰写的题为"引力波存在吗？"

(Do Gravitational Waves Exist?)的论文投到《物理评论》(*Physics Review*)。[1]爱因斯坦本人对这个问题的回答是否定的,这一点我们可以从他给玻恩的信上看到。在他的事业的这个阶段,爱因斯坦准备相信引力波是不存在的,这一点非同寻常,特别是考虑到他把它作为其广义相对论理论的第一批预言之一。我们可以从作为爱因斯坦助手的罗森的继任者英费尔德的自传中了解一些这个结果的惊人本质。英费尔德在1936年的秋天来到普林斯顿。他是土生土长的波兰人,但由于他的犹太出身,在自己的国家找不到教授的职位,他于是便在一封信中直接求助于爱因斯坦。由于爱因斯坦了解他不久前同玻恩在剑桥的成功合作,他得到了职位,虽然这个时期爱因斯坦的助手大多是更年轻一些的人,而英费尔德已经近40岁了。他与爱因斯坦的合作成就了他的事业和名声。他们合写的一本科普书确保了他作为爱因斯坦最知名助手的名声。但当他到达普林斯顿时,英费尔德很难使自己相信爱因斯坦关于引力波不存在的想法。如英费尔德所记述的,到1936年,对任何物理学家来说,尽管他们都没有看到,甚至大多数人认为引力波永远也不会被观测到,但它们不存在的结论还是很难使他们接受。他在普林斯顿与爱因斯坦的第一次会面中,爱因斯坦向他和一位当时在场的意大利著名数学家列维-奇维塔(Tullio Levi-Civita)解释,为什么他不再相信引力波的存在。列维-奇维塔是场论数学(张量运算)的奠基人之一,场论数学是广义相对论的基础,并使之成为可能。在相对论的早期,他曾对爱因斯坦使用赝张量描述引力场能量提出批评。现在,在这两位巨人面前,英费尔德看到了有趣的一幕,“镇定”的爱因斯坦和“打着手势”的列维-奇维塔站在黑板前,“用他们认为是英语的语言交谈着”。尽管有最初的怀疑,但英费尔德很快使自己相信,就他自己的证明方式来说,爱因斯坦是正确的，就像物理学家喜欢做的那样（英费尔德，1941，第259—265页）。

面对这个新结果，并不是每个人都那么容易被说服。爱因斯坦先把论文投到《物理评论》发表，但被退回了，并附了审稿人的评审报告（EA 19-090），主编客气地提到："非常乐于看到您对审稿人的各种意见和批评的反应"［约翰·T·泰特（John T. Tate）写给爱因斯坦的信，1936年7月23日，EA 19-088］。相反，爱因斯坦极为愤怒地回了一封信，收回了论文，对审稿人的意见不予考虑：

> 亲爱的先生：
>
> 我们（罗森先生和我）曾提交给你一篇手稿用于发表，而没有授权你付印之前交给任何专家过目。我看不到这样做的必要，去征求——总之是错误的——你们的匿名专家的意见。基于此，我宁愿把论文发表在其他地方。
>
> 恭敬地，
>
> 顺便提一下：罗森先生目前在苏联，在这件事上已经授权我代表他。（爱因斯坦写给泰特的信，1936年7月27日，EA 19-086）[2]

泰特，10年前以相对年轻的年纪当上了主编，他致力于使《物理评论》成为世界顶级的物理学杂志。对于爱因斯坦的反应，他回答说，他对爱因斯坦收回论文的决定感到很遗憾，但声明不能将杂志的评审过程置于不顾。特别是，他"对于作者不愿意在发表前交给编辑委员会过目的论文，不能接受在《物理评论》上发表"（泰特写给爱因斯坦的信，1936年7月30日，EA 19-089）。爱因斯坦非常恼怒，他从此再也没有在《物理评论》上发表论文。[3]

Wir (Herr Rosen und ich) hatten Ihnen
unser Manuskript zur Publikation gesandt
und Sie nicht autorisiert, dasselbe Fachleuten
zu zeigen, bevor es gedruckt ist. Auf
die (übrigens irrtümlichen) Ausführungen
Ihres anonymen Gewährsmannes einzu-
gehen sehe ich keine Veranlassung.
Auf Grund des Vorkommnisses ziehe ich es vor,
~~Ich sehe mich durch dies Vorkommnis veranlasst~~, die Arbeit anderweitig
zu publizieren.

Mit vorz. H.

P. S. Herr Rosen, der nach Soviet-Russland
abgereist ist, hat mich autorisiert, ~~alle
die Publikation betreffenden Schritte~~
ihn in dieser Sache zu vertreten.

图 5.2　爱因斯坦写给《物理评论》主编泰特的愤怒的信。（承蒙耶路撒冷的希伯来大学惠允）

说句公道话，爱因斯坦对于采用匿名评审的习惯可能并不熟悉。在 20 世纪早期，相比《物理评论》，德国杂志对所发表的论文的要求要低得多。英费尔德断言，与英国和美国的通行做法不同，德国的态度是“一篇错误的论文也比根本没有论文好”（英费尔德，1941，第 190 页）。相对论者，欧洲流亡者中的一员兰措什（Cornelius Lanczos），在 1936 年写给爱因斯坦的信中谈到了“美国杂志普遍的严格评审”，例如《物理评论》（翻译并引用于豪沃什，1993，第 112 页）。《物理学

图 5.3　泰特，1926—1950 年任《物理评论》主编，使该杂志成为世界顶级的物理学杂志。（承蒙明尼苏达大学档案馆惠允）

杂志》(*Annalen der Physik*)在 20 世纪的头 10 年是德国顶尖的物理杂志，研究该杂志出版政策的历史学家指出："该杂志的退稿率相当低，不高于 5% 或 10%"[容尼克尔(Jungnickel)和麦科马赫(McCormmach)，1986]。他们描述了编辑在退回已经成名的物理学家的稿件时的勉强心境(第 310 页)。由于爱因斯坦早期从 1900 年到 1905 年的全部论文都发表在《物理学杂志》上,而他经历的"严格的评审"就发生在收到兰措什的信后不久,因此对他来说,这必然是一件很令人震惊的事。但与此同时,爱因斯坦在评论他人的工作时却又是坦白而直接的,尽管是在私下里。从 1914 年开始,作为普鲁士科学院院士,他经常受邀对投到科学院学报的文章是否适合发表提供意见。在一个正在出版爱因斯坦论文集的爱因斯坦全集项目(普林斯顿)中,爱因斯坦所做的这些小的回顾被称作 Wertlos 文件(Wertlos 出自德文,意思是"无价值"),并在文集中频繁出现。爱因斯坦自己作为院士,发表论文从未受到质疑和修改。任何一点儿不周到在他看来一定都是巨大的怠慢。

与罗森合作的这篇论文其后被接收并发表在费城的《富兰克林研究所学报》(*Journal of the Franklin Institute*)上,但在爱因斯坦以前发表过文章的期刊当中,这是一家相对较小的刊物。论文发表在 1937 年年初的一期上,用了不同的题目,并且其结论发生了根本性的改变。从爱因斯坦在 1936 年 11 月 13 日给期刊编辑的信中可以看出,论文曾以原稿的形式被接收。他解释说,论文需要做根本性变化的原因是,在论文中推导的方程的"结果"之前被错误地臆测了(EA 20 - 217)。

是什么使爱因斯坦得到了令英费尔德如此惊异的结论?在着手寻找平面引力波的精确解时,他和罗森发现,如果不在描述波的度规中引入奇点,就没有办法找到这样的解。这肯定一丁点儿都不是他们所希望的,但像优秀的物理学家们面对意外情况时一样,他们试着转而寻求它所带来的好处。事实上,他们感到他们能证明方程根本不存在常规的类波周期解(罗森,1937、1955)。他们没有找到爱因斯坦方程的解,他们得到的是一个代表引力波的解不存在的证据。这是一个更加重要的且激动人心的结果。为了能对这个结果有所领会，我们需要先讨论一下奇点这个术语。

奇点是一个数学术语，当一个场或一个函数中的某点处的值为无穷大时，这个点就称为奇点。奇点的出现一般说明在计算中出现了某些不正常的事，但这完全是解释的问题。就它们所指向的实际存在的物理现象而言，一些奇点被认为是"真实的"。一个著名的例子是位于黑洞中心的奇点，该点的时空曲率变成无穷大。实际上，即使早在黑洞被正确认识之前的爱因斯坦时代，就有这样的看法：场的奇点可认为是点质量存在的地方。从牛顿开始，理论学家的人为创造就常常出现在物理学中。但引力波的场应该不包含任何质量，除非作为波源。事实上，一个平面引力波只有一个理论上的位于无限远处的源，根本不会在常规的时空中出现。因此，爱因斯坦和罗森得出结论，奇点的存在是反常的，是整个解中存在某种不当之处的一个迹象。

现在众所周知，如果时空中不存在奇点，我们就不能构造一个单一坐标系来描述平面引力波。但同时也认识到，这样的奇点并不是真实的。这就是我们所知晓的坐标奇点。它告诉我们，不是我们的解存在错误，而仅仅是坐标存在错误，这完全是另外一回事。拿通常的纬度和经度坐标系中地球的北极作个例子，北极的经度是几度？每条经度线都通过北极，它的经度可以是 0 到 360 度中的任何值。任何答案都没有区别，因为计数系统在这里失效了，它是奇点，但北极作为一个地方没有任何奇怪之处。仅仅是坐标系存在不足，而不是我们对地球形状的理解有问题。选择一个不同的坐标系来描述北极是轻而易举的，但会在地球的另外某点遇到同样的问题。这完全依赖于一时的需要。爱因斯坦是最早认识到坐标奇点和物理奇点间关键性差别的学者之一，但在30年代，还没有数学工具可以区分这二者。它是一个需要通过频繁的尝试并反复出错才能解决的问题。战后，这个问题通过法国人利什内罗维兹（André Lichnerowicz）等数学家们的工作才得到解决。正如数学家们所说，对于相对论时空中的奇点的研究变得更严密了。在把方程的解中无害的坐标效应当成真实的物理反常现象处理的过程中，爱因斯坦和罗森因不够谨慎而犯了太多错误。他们没有想到，尝试一个可以覆盖全部时空的万能坐标系的要求是有些过高了。

在1936年8月，相对论者罗伯逊结束了在帕萨迪纳的休假年回到普林斯顿，同年10月份（如果我们从英费尔德的记述判断，英费尔德到达普林斯顿的那天有一场家庭足球比赛）就与新来的英费尔德建立了友谊，罗伯逊是那个时期在宇宙学的新领域中最出色的人物之一。那个时期是后来的大爆炸理论的奠基时期，宇宙学被看作只与广义相对论有关联的物理学的一部分。罗伯逊生性活泼开朗，乐于尽其所能地培养敌人。用英费尔德的话说，"喜欢恶意诽谤"他的同事们。在推进英费尔德的事业上，他差不多和爱因斯坦做的一样多，帮助英费尔德找到了第一份真正的学术工作。他告诉英费尔德，他不相信爱因斯坦的结果，而且他的怀疑比英费尔德的更加坚定。自然，那个结果是错误的，他们一起检查了英费尔德的论证，发现了这个错误（英费尔德，1941，第241页）。当与爱因斯坦交流这个结果时，他同意了，并修改了论文中的证明，然后通知了《富兰克林研究所学报》出版社（英费尔德，1941，第244页，及爱因斯坦写给《富兰克林研究所学报》编辑的信，1936年11月13日，EA 20－217）。

说来奇怪，英费尔德说，当他告知爱因斯坦，他和罗伯逊已经发现了他（英费尔德）自己版本的证明中的一个错误时，爱因斯坦回答道，他在前一天晚上很巧合地在他自己的证明中也独立地发现了一个（更细微的）错误（英费尔德，1941，第245页）！很遗憾，英费尔德在书中没有给出关于这些错误的任何细节。爱因斯坦确实告诉我们，他只是认识到他的证明是错误的，但仍未找到他一直在寻找的引力波解。不过他认为已比原来的更接近答案了。也似乎正是这个时候，罗伯逊作出了关键性的贡献，至少罗森在后来1955年的文章中的记述是这样的。（虽然在爱因斯坦和罗森发表的文章的附注中对罗伯逊的帮助表示了感谢，但没有说明帮助的程度［第54页］。）看上去罗伯逊发现了可以通过改变坐标来处理奇点问题，这说明爱因斯坦和罗森正在研究代表柱形波的一个解。有了这个技巧，麻烦的奇点可被归属至时空中心轴处，人们可以期望在这里找到柱形波的波源（正在发射这些波的振动的"弦"）。把奇点与物质源相联系是相对普遍并被广泛接受的，虽然爱因斯坦自己和其他一些人经常对此持严重的保留态度［厄尔曼和艾森施泰特（Eisenstaedt），1999］。聊胜于无，爱因斯坦高兴地把他的论文题目改为"关于引力波"（On Gravitational Waves），并在其中发表了他无意中偶然发现的这些柱形波。具有讽刺意味的是，只要爱因斯坦看一下他当初草率地不予考虑的审稿人的报告，几个月前就可以发现这个疏漏了，因为"匿名专家"发现，通过在柱面坐标中构造爱因斯坦—罗森度规（如我们今天所称的爱因斯坦方程的解），度规表面上的困难就被克服了，而且可以用来描绘柱形波（审稿人报告，罗伯逊文集，加州理工学院，7.12柜；及EA－19－090，第2、3、5页）。

但爱因斯坦不是一个在难为情上浪费时间的人。英费尔德记述了一些有趣的情节，爱因斯坦按计划在普林斯顿有一个关于他的新"结果"的演讲，时间就在他发现他的证明中存在错误的次日。他还没有同罗伯逊谈过他解决困难的办法，所以被迫在演讲中演示了他的证明的无效性，并以如下的陈述作为结束语："如果你们问我引力波是否存在，我必须回答：我不知道。但这是一个极为有趣的问题"（英费尔德，1941，第246页）。爱因斯坦很少因为个人的自尊心而影响到他的工作。当他们一起写那本畅销书时，英费尔德告诉爱因斯坦，他万分小心，因为他不能"忘记你的名字将出现在书上"，

> 爱因斯坦大笑之后回答道："你不必这样谨慎，在我的名下同样有一些有错误的论文。"（英费尔德，1941，第316页）

关于爱因斯坦如何认识到自己在引力波不存在的证明中的错误，最近刚刚发现了一条有趣的证据。在伯格曼（Peter Bergmann）后期（他差不多和英费尔德同时期成为爱因斯坦的助手）的文件中，留存着带有爱因斯坦笔迹的部分论文草稿，题目是"关于旋转对称的静止引力场"（On Rotationally Symmetric Stationary Gravitational Fields），论文没有标明日期，但从开篇部分很容易判断它的日期：

> 直到最近的证明才使人相信，对于线性近似引力场方程的每一个解，都对应一个精确解，它可以从一系列的近似中重新获得。然而最近，我和罗森先生指出，线性化方程的平面波解并不对应任何精确解。从这一点我们可以怀疑，在其他情况下，精确解的多样性比从线性化方程中得到的似乎更有限。因此，引力场方程的积分问题需要得到更为深入的关注。
>
> 这种考虑让我开始了对于旋转对称情况的研究。这

再次表明，解的多样性远比我们根据线性化方程所期待的多。（EA 80 -974.0；作者译自德文）

这篇文章一定写于1936年的6月到10月间。留存下来的论文共11页。论文在爱因斯坦方程精确的旋转对称静态解不存在的证明开始的地方突然结束了。爱因斯坦一定是发现了他与罗森早前的文章有错误才停止了论文工作，这是一个合理的推断。我们可以猜想，是接下来的工作催生了他对原来论文的怀疑。或许他开始感到，静态旋转对称引力场的不存在不是一个很好的结果。通过细致的检查，他可能已经觉察到他们的证明并不能令人信服，同样的理由也可以应用于引力波情形。值得注意的是，在接下来的论文中，场的旋转对称与柱形波的相似性最终成了早先论文的反例。

不管怎样，对这篇论文的介绍之所以特别重要，是因为爱因斯坦坚持认为，只有当广义相对论方程的精确解可能对理论允许的可能解增加更为严格的限制时，它才会变得真正令人感兴趣。当然，这正是在本章开始时引用的他给玻恩的信中所表达的观点。当时，只要广义相对论能对具有更深远意义的大统一理论的理解更为深入，爱因斯坦就会对此感到兴趣。按照他的观点，大统一理论最终一定会取代广义相对论。在这样的努力下，且有许多可能性展现在他面前，能使他找到正确路径的关于约束条件的任何线索都是无比宝贵的。实际上，对于后来的理论家也一样，如我们将看到的，在相对论中发现根本性新物理的可能性往往在对意外结果的期望之中，例如，引力波终究是不存在的。

虽然，柱形引力波的解现在记在了爱因斯坦和罗森的名下，实际上奥地利物理学家贝克（Guido Beck）在之前的1925年已经发表了这个结果，但对他的论文，除了他的学生豪沃什之外,相对论者们完全没有人知晓,而豪沃什在50年代后期才进入这个领域。在英国数学家鲍德温(O. R. Baldwin)和杰弗里(George B. Jeffery)于1926年发表的文章中,以及在爱因斯坦论文的审稿人的报告中,均讨论到这样的事实,即当采用无穷大波前描述平面引力波时,度规参量中的奇点是不可避免的。正如审稿人的评述,虽然波本身有些畸变,但在无穷远处"场本身是平坦的"(罗伯逊文集,加州理工学院,7.12柜;及EA-19-090,第9页)。很清楚,审稿人对文献资料的通晓超过了爱因斯坦本人,然而爱因斯坦在这一点上的马虎是出了名的。自然地,爱因斯坦—罗森发表的论文中没有直接引用任何其他的论文,而只是提了一下其他几位作者的名字。当与英费尔德一起工作时,后者建议搜集其他科学家以前的工作的文献资料,对此,爱因斯坦大笑着答道:"噢,是的,要通过各种途径搜集。我在这方面常犯错误。"(英费尔德,1941,第277页)

有关这篇论文故事中的一个自然的疑问是:谁是那位审稿人?审稿报告有10页,显示出审稿人对于引力波相关文献资料的通晓,即使不是完美的,也是非常出色的(审稿人知道鲍德温和杰弗里1926年发表的论文,但不知道贝克1925年的论文)。转发给爱因斯坦的复印件是打印出来的,拼写是美国的习惯(behavior而不是behaviour,neighborhood而不是neighbourhood)。因此,作者很可能是美国人,并对广义相对论有着强烈的兴趣。这个时期只有很少几个美国人符合这个条件,包括奥本海默(Robert Oppenheimer)和托尔曼(Richard Chase Tolman),这两个人当时都在加利福尼亚。而怀疑自然而然地落在了罗伯逊本人身上,毕竟,在1936年秋天他与英费尔德交谈时,似乎对爱因斯坦论文中出现的问题已经有了解决办法。当罗伯逊还在加州理工学院学术休假时,报告本身已经完成了，因此他当时并不在普林斯顿。加州理工学院位于洛杉矶附近的帕萨迪纳，是罗伯逊就读的研究生院，他最后又回到那里做教授。难道他没有在那里写那篇评论，而只是在那年晚些时候返回普林斯顿后通过私人途径才接近了爱因斯坦？

遗憾的是，20 世纪 90 年代中期，当我第一次与《物理评论》联系时，被告知他们没有 1938 年以前的记录。虽然泰特娶了他的秘书为妻，这种情况一般会使老的文件得到更完整的保存，但他的私人文件显然没有留存下来。好在罗伯逊自己的文件在加州理工学院得以保存，我读研究生期间第一次查阅这些文件时，在其中发现了一封写给泰特的信，时间是 1937 年 2 月 18 日，信中写道：

> 你没有告诉我你的最著名的投稿人去年夏天递交的那篇论文，但我将告诉你接下来的事情。这篇论文投到了另一家期刊（甚至连你的审稿人指出的一两个数值错误都没有修改），然而当校样返回时，其中的证明被完全修改了，因为在这期间，我已经使他相信原来的论述证明了同他的想法相反的东西。
>
> 你可能有兴趣看一下 1937 年 1 月的《富兰克林研究所学报》上第 47 页的文章，并对比一下文章的结论和你的审稿人的评审意见。（加州理工学院，罗伯逊文集，文档 7.13）

现在我们可以判断出罗伯逊就是那个审稿人。在发现爱因斯坦对他写的评审意见完全不予理睬后，他利用同在普林斯顿可以接近爱因斯坦的机会，用更易于被接受的方式与爱因斯坦交流了他的建议，相对而言，这种方式可能比作为论文匿名评阅人少了一些挑衅性。很明显，罗伯逊没有告诉爱因斯坦他评审了论文，他甚至没有告诉与他交情颇深的英费尔德。一旦我们知道了罗伯逊之前认真读过爱因斯坦的论文，英费尔德对他们之间的一次讨论的描述便不禁令人莞尔：

> 第二天我在范氏大楼［普林斯顿大学数学系系馆］遇见罗伯逊并告诉他："我现在坚信引力波不存在。我相信我能用很简洁的方式证明它。"但罗伯逊还是怀疑："我不相信，"他还建议进行一些更详细的讨论。他拿着写了我的证明［英费尔德自己对爱因斯坦和罗森的结果的证明］的两页纸，通读了一遍。"想法不错。在你的演算中一定存在一些小错误。"他开始快速高效地检查了我的论证的每一个步骤，即使是最简单的步骤，然后把写在黑板上的结果与我写在纸上的进行比较。开始部分的检查结果很漂亮。我惊奇于罗伯逊如此迅速准确地完成了全部的运算。但在接近完成时，出现了一个小的差异。（英费尔德，1980，第 267 页）

罗伯逊于 1937 年写给泰特的信是我能找到的罗伯逊就是审稿人的唯一的确凿证据，直到 2005 年爱因斯坦年，在一位同事的帮助下，我与《物理评论》的现任主编布卢姆（Martin Blume）取得了联系，对于评审报告，他有了一个令人兴奋的发现。记录 30 年代和 40 年代审稿信息的日志被找到了，并且要感谢布卢姆博士透露了日志中的相关部分，这个发现证实了罗伯逊确实是审稿人。日志显示了一篇论文投稿到《物理评论》后直到发表过程中的每一个步骤的日期，并写有审稿人的名字，这里的名字就是罗伯逊。虽然正常情况下，查证期刊审稿人是高度机密的事情，但因为所有当事人都已经过世，布卢姆博士愿意证实我的猜想。期刊收到文章的日期是 6 月 1 日，拖延了一个多月后，在 7 月 6 日发给了罗伯逊，返回给泰特的时间是 7 月 17 日。5 天之后(7 月 23 日),审稿意见发给了爱因斯坦,这个日期可以从上文引用的泰特写给爱因斯坦的信中得到证实。

1936

NAME	DATE IN	REFEREE	DATE IN	TO AUTHOR	TO N.Y.	ISSUE	RE-JECTED
[illegible]	5/24	[illegible] 6/4	6/18				6/1[illegible]
Einstein & Rosen	6/1	Robertson 7/6	7/17	7/23			
[illegible]	[illegible]				4/14	MAY 15, 1936	
[illegible]	[illegible]28		4/6	4/8	4/17/36	JUNE 15, [illegible]	

图 5.4 《物理评论》的日志,日期从 20 世纪 30 年代开始。其中的一行记录显示,爱因斯坦和罗森的论文的审稿人就是罗伯逊。[承蒙布卢姆及《物理评论》惠允]

被这个发现所鼓舞,我又重新回到罗伯逊的档案,看一下他在那个夏天的活动。尽管他们同在普林斯顿工作,但有一点似乎是引人关注的,在论文酝酿期(如果我们假设是在 1936 年的上半年)的那个阶段,他们并没有私人接触。令我感到意外的是,在我 10 年前的上一次访问之后,档案中增加了更多的材料,收藏已经被重组了。与之前我已浏览过的给泰特的信放在一起的,大部分是罗伯逊和泰特之间关于这篇论文的真实的通信!可以确认,罗伯逊在爱达荷州的莫斯科就收到了论文,在他离开加州理工学院回普林斯顿之前访问了那里。泰特写给罗伯逊的附有论文的原信仍然没有找到,下面是 7 月 14 日罗伯逊写给泰特的回信中的话:

亲爱的泰特:

那么,这的确是一项工作!如果爱因斯坦和罗森能够证实他们的结果,这将构成对广义相对论的最重要的批评。我非常仔细地研究了整件事(我这样做主要出于

> 自己的良知!),但无论如何也不能认为他们已经证实了它。很长时间以来我们就知道,在广义相对论中尝试处理无穷远平面引力的摄动时的确遇到了困难——即使在经典理论中,势能在无穷远处也存在同样的状况——而就我所知,并不存在另外的、更严重的反对爱因斯坦和罗森的理由。我只能建议你把我的评论意见交给他们,供他们考虑,为此,我已经写了一系列的"评论",一式两份,如果你愿意,可以发给他们。另外一个选择是原文发表,只处理一下评论(a)和(b)中指出的排版印刷错误。这样的一篇论文必将导致在引力波这个领域的大量的工作,这可能是件好事——只是希望那时的文章不要太多,以致把你冲出家门!如果你决定把我的评论发给作者,请发给他们写在白纸上的那份,写在黄纸上的那份供你留存。

在罗伯逊的档案里,与这封信放在一起的是一张单页的报告封面,它没有发给爱因斯坦,而出示给作者的那份10页的已经泛黄的原稿则保存在爱因斯坦的档案里(整个报告的抄本,包括封面,见附录A)。

在日期为7月23日的回信中,泰特感谢罗伯逊"仔细阅读了论文",并用通常的方式奖赏了他的这位勤勉的审稿人——交给他另一篇不易处理的稿件。

在给爱因斯坦的信中,泰特小心地避免这样的声明,即期刊接收论文的过程中,编辑委员会或其他人的匿名评审是必须的步骤。事实上,日志(再一次感谢布卢姆博士提供的信息)的记录显示,爱因斯坦和罗森先前的两篇论文(包括与波多利斯基的一篇)都没有送审。至少这两篇论文的审稿人姓名一栏是空白,而对于EPR论文的情况,从作者那里收到稿件的第二天就送到纽约发表了。因此,关于引力波的论文很可能是爱因斯坦第一次真正遇到的匿名的同行评审系统，那时在美国期刊界已开始这样做（不管怎么说，它还只是我们今天所知的评审系统的一个雏形，还没有像现在这样作为一个普遍的规则）。

有趣的是泰特选择了将这篇论文送审。毕竟，前两篇论文确实是有争议的。EPR 论文是爱因斯坦发表的最有争议的论文。爱因斯坦—罗森桥是正在进行的与西尔伯斯坦（Ludwig Silberstein）的论战的一部分（豪沃什，1993）。爱因斯坦和罗森 1935 年给《物理评论》的信就是同一个辩论的一

图 5.5　罗伯逊，触怒了爱因斯坦的一篇评审报告的作者，但他的意见最终被证明是正确的。［承蒙美国物理学会埃米利奥·塞格雷图片档案馆，《今日物理》（*Physics Today*）收藏惠允］

部分,而泰特之所以愿意发表这两篇论文是源于他自己的意见。不管怎样,一篇论文声称证明了引力波不存在显然给他敲响了警钟。在今天,我们很容易想象,那时大多数物理学家都不太关心广义相对论,对其所知甚少,但是,引力波显然在理论上已被广泛接受,尽管缺少实验的支持。这样的一个意外的结论当然需要仔细检查。值得一提的是,从收到论文到转呈给罗伯逊之间有一个多月的空白,这无疑暗示了泰特当时的犹豫,甚至也可能是编辑作了第一轮讨论的证据。

一段与后来的诺贝尔奖得主范弗莱克(John van Vleck)有关的轶事可以说明,泰特从事编辑工作经常凭直觉。那是在矩阵力学的早期关于一篇1926年的论文的审稿工作。“故事由泰特在《物理评论》办公室给他[范弗莱克]看这篇手稿所构成”[尼尔(Nier)和范弗莱克,1975]。一般情况下,泰特不愿意放慢重要工作的发表速度。很确定,看上去他对爱因斯坦的稿件有很好的直觉。他迅速发表了爱因斯坦的两篇广为人知的论文,而选择罗伯逊作为第三篇论文的审稿人,避免了一次公开的尴尬,因为即使一篇相对无关痛痒的论文发表,都会引起媒体的注意。不管怎样,爱因斯坦不大可能非常在意这件事。然而,泰特还是为此付出了代价,从那以后,他再也没有收到“他的最著名的投稿人”的稿件。

这个插曲发生时,罗森一直在苏联。爱因斯坦帮助他在基辅找到了职位,甚至在7月初代他写了一封信给莫洛托夫(Vyacheslav Molotov),从信中我们知道罗森8月份才离开美国。在突然宣布回到美国的家中之前,他一直保持着同爱因斯坦的通信联系,在信中他对苏维埃体制充满赞誉(罗森给爱因斯坦的信,1938年7月31日,EA 20-227)。虽然罗森在信中解释回来的原因是感觉“对自己的工作和能力不满意”,我们可以猜想,这主要是写给信件检查员看的,他真正的动机源于他富有先见之明的离开苏联的愿望,那是最糟糕的时期,当时斯大林的大清洗运动排斥外国知识分子。

他给爱因斯坦的信中透露出,不仅爱因斯坦与英费尔德同时且独立地发现了论文中的错误,罗森也是。我们不难想象,当他知道论文发表在另一本期刊而不是当初他和爱因斯坦投稿的刊物时他的惊讶。1937 年 2 月,他满怀焦虑地给爱因斯坦写了信:

> 亲爱的教授:
>
> 我刚刚从朋友处收到了一份报纸,其中的一条消息说,我们的文章在您修改后已经发表在《富兰克林研究所学报》上。我们还没有拿到期刊,而报纸上的消息自然不那么可靠,但我从中感觉到您没有收到我一段时间以前给您的信——可能因此没有得到您的回信。信中提到的事情之一就是,我指出了我们的结论是不正确的。(罗森写给爱因斯坦的信,1937 年 2 月 26 日,EA 20 - 218)

在这里顺便提一下,一个物理学家在报纸报道的新闻中知道他的合作者把他们深奥的论文重新投稿到一家影响较低的期刊上,这样的事是多么稀有。当罗森真正读到发表的文章时,他并没有因为事情发生了转变而特别高兴。对他来说,修改后的文章似乎回避了一个中心问题:“在正式发表的文章中,错误[按我们的推理]避免了——但以回避问题为代价。提出的问题是:平面波存在吗?而给出的答案是:是的,柱形波存在。”于是,在同一年(1937 年),他在苏联的期刊上发表了一篇论文,完成了据推测可能是爱因斯坦—罗森原始版本论文的主要论证过程,以此说明由于度规中存在不可避免的奇点,平面波不存在。战后,邦迪、皮拉尼及鲁滨逊(Ivor

Robinson）证明了罗森的奇点不是真正的奇点，平面波在相对论中确实存在。

爱因斯坦收回了他的引力波不存在的证明意味着他的怀疑消除了吗？可能不是，或只是一定程度，而不是全部。即使引力波存在，双星系统就一定辐射引力波并因此损失能量而导致轨道衰退（不管多么慢）吗？即使是在正式发表的论文的版本中，也花了很长的篇幅来讨论这个问题。爱因斯坦的回答是：未必。爱因斯坦说，如果我们假设任意的向外辐射的能量有第二个系统的入射波与此相匹配，且作用在该源上，那么，即使一个源发射了波，也不一定必然会阻尼源的运动。用专业术语讲就是，即便有波辐射，用一半超前势加一半推迟势就可以防止源系统被阻尼。用作者的话说，"这导致了一个包含在驻波系统中的无阻尼运动机械过程"（爱因斯坦和罗森，1937，第48页）。

这意味着什么？势是指一个源产生的场的表示，不管是电磁场中的带电粒子，还是引力情况下的质量体。推迟势表示其效应是以有限速度传播的势。之所以称为推迟势，是因为另一个物体感受到的势是源在某个早先的"推迟"时刻产生的势，它依赖于场的效应传过两体之间的距离所花的时间。这只是由于传递信息的场的时间取为源在当前位置的时间。信息到达总有一个滞后。超前势是这样的，接受体感受到的是源在其运动中的将来某一点处产生的场。在时间反演中，推迟势与超前势是同一概念。显然，超前势违背了我们的因果观念，违背了事件发生的顺序。原因应发生于结果之前，这没什么可说的。在场论中，超前解和推迟解同样有效，这是场论的一个特征。这样的理论称为时间反演对称性理论。

爱因斯坦和罗森在这一点上参考了里茨（Walter Ritz）的工作，里茨是爱因斯坦的瑞士朋友，同时代的人。里茨曾批判过电动力学理论，原因是，超前势的概念与我们的真实经验完全背道而驰，它甚至不应该被承认为电动力学方程的解（里茨，1908）。他认为“真实的”电动力学方程不应该允许这样的解。这种怪异性的一个例子是，如果自然界存在这种势，波看上去会退回到过去。它们开始于无穷远处，从各个方向汇聚到现在的接受器，而不是从源沿各个方向传到无穷远处。这样的波是带来能量而不是带走能量。

如果能像爱因斯坦所建议的，让场方程的解由相同的超前势和推迟势组成（半超前势加半推迟势），那会怎样呢？如果那样，出射波造成的能量损失和入射波带来的能量增益会达到平衡，将出现里茨曾反对过的永动机。双星系统将永远不会衰退，像古人所想象的那样永远缠绕着运行下去。实际上，波本身看上去还是不动的，互相之间达到了精确的平衡，所以我们可以把它说成是驻波势。这难道不也违背我们的自然经验吗？里茨问道。时间之箭总是指着一个唯一的方向，虽然看起来从场方程一定能得出两个方向同样有效。可是，爱因斯坦谈到了这种可能性，似乎他把它当作似乎是真实的情形。[4]

荷兰物理学家蒂特罗德（Hugo Tetrode）也是爱因斯坦的熟人，他在 1922 年的论文中曾讨论过驻波势。爱因斯坦和罗森提到里茨的名字时，也提到了他。当时，经典波方程的这种解似乎能解释原子中绕核运动的电子不会连续辐射的问题，连续辐射引起的轨道衰退将导致原子的快速坍塌。蒂特罗德进一步指出，在量子框架下，辐射的发射和吸收似乎是彼此依赖的，而并不是吸收依赖发射，但发射不依赖吸收。这提示他，传统的对于吸收成为发射的条件的恶感应该丢弃了：“当太阳变成宇宙中唯一的天体时，它将不再发光”（蒂特罗德，1992，第 323 页）。蒂特罗德的理论可以看作超距作用理论，因为两个势的组合的净效应是在假设远离的两个物体所感受到源的场没有时间推迟的前提下得到的。

虽然里茨认为只有推迟势是合理的,然而,他所倡导的这种微粒说常与超距作用理论联系在一起,因该理论认为,一个源发出的光参与了源的运动。这意味着展开的光的球面波前的中心定位在源的当前位置(假设源作匀速运动),而不是定位在推迟位置,因为光与源一起运动。这样,光看上去是从当前的位置发出的,这正是超距作用理论的特征(见图 5.6)。可能正是这个原因,让爱因斯坦在这里把里茨和蒂特罗德划为同类,虽然乍看上去他们的观点是有分歧的。众所周知,在 1905 年前,爱因斯坦研究狭义相对论期间,对于微粒说进行了大量的思考。

在爱因斯坦写这篇论文的第二年,惠勒也在普林斯顿工作,当时他还是一位年轻的场论学家,后来成了继爱因斯坦之后最有影响的相对论理论家。完全是巧合,他也试图发展电磁学的相干超距作用理论。他和他的学生,后来的诺贝尔奖获得者费恩曼一起,从显然超出因果关系的半超前势加半推迟势着手,来描述有大量可能的接收体的源。他们发现,这不过是宇宙中多个吸收体的存在使方程分解成只含推迟势的解。情形是这样的,吸收体通过发射它们自己的场来对信号作出响应,它反作用于源上这个反作用抵消了超前势,从而打破了势的对称,只有推迟势留存下来,这样,时间就恢复了它的方向。正如蒂特罗德提到的,发光的能力依赖于有东西能看到它。更令人印象深刻的是,从一个纯粹的时间对称计算开始,得出完全符合我们的自然经验的结果,这样也就回答了里茨的反对意见。

惠勒的大部分职业生涯是在普林斯顿度过的,他在自传中说道,在 40 年代末,当他和费恩曼向年长的爱因斯坦讲述他们的研究成果时，老物理学家回应道："我一直相信，电动力学在事件沿时间向前走和往回走之间是完全对称的。不存在什么基本的规律使事件只沿一个方向行进。观察到的事件的单向性带有统计学的原因，它之所以改变方向，是因为宇宙中存在大量彼此之间相互作用的粒子"（惠勒，1998，第 167 页）。爱因斯坦在 1908 年已经把这个意见写进与里茨的一个简短声明中（两个朋友之间的分歧的协议），其中说道，场方程对于时间的方向是完全中立的，只有在相互作用的系综里，例如在热力学中，才可能导致时间之矢。

我们该怎样理解前面引用的爱因斯坦和罗森论文的第 48 页有关半超前势加半推迟势的那段论述呢？如果引力波最终存在，我们为什么要怀疑它们是从双星系统发射的呢？这种主张的特色使我们联想到爱丁顿的书中归纳的一种态

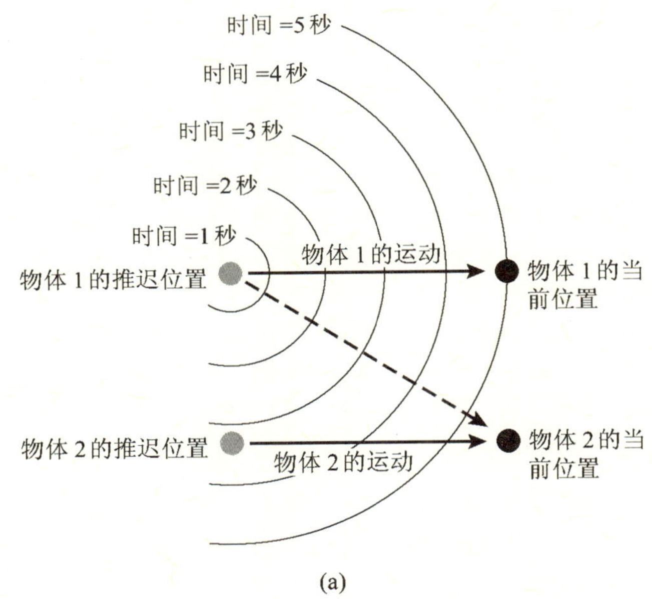

(a)

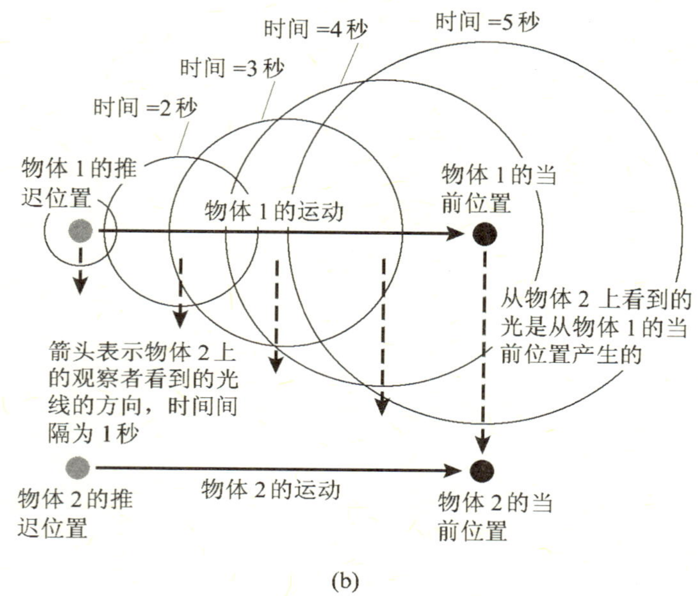

图 5.6　里茨的超距作用理论。

（a）同心圆代表物体 1 发射的光的波前，间隔为 1 秒。箭头代表在一个与物体 1 平行移动的物体上观察到的光线的路径，间隔为 1 秒。如果光没有参与源的运动，那么扩展开的波前的中心始终保持在它被发射时的位置，而在另一个平行运动的物体上看到的光是从推迟（过去）的位置上产生的。

（b）每一个相继扩大的圆表示物体 1 发射的波前，时间间隔为 1 秒。箭头表示物体 2 上的观察者看到的光线的方向，时间间隔为 1 秒。如果光参与系统的运动，像在微粒说中那样，那么扩展开的波前的中心将沿物体 1 的运动路线运动。

度，它是在第四章中被提及的，这里我们重温一下早期的这种偏见，即对于双星彼此围绕的运动应该存在没有引力波的牛顿理论中的静态、恒定的解。我们能确定地认为这一段出自爱因斯坦之手，因为论文的修改版是在罗森去了苏联之后很久才写的。即使这一部分是从论文最初的手稿中留下来的，提及里茨和蒂特罗德的段落也一定是爱因斯坦的手笔。今天的我们很难想象，爱因斯坦当时会论证引力波辐射不会导致双星系统阻尼的工作，很明显，电磁理论的类比使人想到，推迟势是正确的物理选择，无论通过何种论证都可以得到这个结论。但我们不得不承认，那些在爱因斯坦身边的人，英费尔德（1960 年）和罗森（1979 年）似乎都把这个作为自己的论点。据他后来的一个学生安杰伊·特劳特曼（Andrzej Trautman）的说法，英费尔德经常声明，爱因斯坦支持他（英费尔德）的双星不辐射引力波的论点。1979 年，罗森发表了一篇题为“引力辐射存在吗?”（Does Gravitational Radiation Exist?）的论文，它使我们回忆起他和爱因斯坦的一篇从未发表的论文。他在文中论证说，惠勒和费恩曼的结果适用于电磁学，但不适用于引力场。他的计算试图证明，对于辐射吸收体来说，引力场太弱了（众所周知，它远弱于电磁场），不能有效地反作用于源，使半超前加半推迟的场成为单一的推迟场。所以，在引力的情形下，宇宙中大量的物体彼此之间由于引力场产生的耦合过于松散而无法打破方程中固有的时间对称性。正如英费尔德直到临终时还在一直坚持的，这个结果将致使双星系统不发射引力波（罗森则断言，任何东西都不能发射引力波，根本原因在于任何东西都不能有效地吸收引力波）。不过，驻波解的引力波场还是存在的，所以探测引力波或许还是可能的。这是对这种立场作出的最精彩的辩解。可怜的罗森，他由于经常大胆地挑起争论，曾经成为物理学界的牛虻，但这一论证来得太晚了，没有对这些辩论产生实质性的冲击。需要补充的是，惠勒和费恩曼的吸收体理论本身虽然受到广泛的称赞和众多讨论，但一直没有在电磁理论和引力理论中成为辐射物理学的常用工具，所以罗森的辩解几乎没受到多少关注这并不令人惊讶。

为研究关于驻波这一段的写作动机，我们可回到爱因斯坦 1916 年的论文，那是他第一篇关于引力波的论文。在推导出引力波源引起的能量损失这一错误公式之后，爱因斯坦在结尾处写道：

> 尽管如此，由于电子在原子内的运动，原子不仅应该辐射电磁波，还应该辐射引力波。由于在自然界这不太真实，看来量子理论不仅需要修改麦克斯韦的电动力学，也需要修改新的引力理论。

虽然爱因斯坦在这里提及了他的错误的“单极”引力辐射公式，但很明确，总的来说，原子中的电子也将按照 1918 年论文中的正确的四极辐射公式发出辐射，在那篇论文中他给出了类似的意见。这里还可注意到爱因斯坦的推理中明显的类推风格。尽管电磁辐射阻尼为什么没有导致原子衰退是一个谜，但相比之下，它们受到的引力辐射阻尼将变成无穷小。当爱因斯坦说它“在自然界不太真实”的时候，他并不是担心这个事实没有经过实验检验！在电磁学的情形中，它是真实的，接下来在引力的情形中也一定如此。

爱因斯坦当时自然希望，如大多数后来的物理学家所做的，量子引力理论将逐步取代广义相对论。但到了 1936 年，我们都知道，对于当时已经出现的新的量子理论他的态度完全转变成了反感。他那时希望往相反的方向走，把广义相对论发展成统一场论，这将使新的量子理论边缘化，或至少可以解释它。或许，回过头来看他的理论中的一部分时，他已经看出了需要做些量子修正，他想使原子中电子的无阻尼轨道运动的老的经典解释复兴，那就是电子的运动以某种方式由驻波势控制。1916 年的爱因斯坦还在寻找一个领域，希望能在其中取得有助于新量子理论的进展，但到了 1936 年，大失所望的爱因斯坦看到新量子力学的窘境，想转而从可能的经典理论中寻找突破口。

20 世纪 50 年代，对量子引力理论的浓厚兴趣使人们对广义相对论重新产生了兴趣，也产生了关于引力波的工作。举个例子，皮拉尼（绝对是非怀疑论者）记述道：

> 研究［引力辐射］理论的主要动机是为引力场的量子化做准备。（特劳特曼、皮拉尼和邦迪，1965，第 368 页）。

具有讽刺意味的是，尽管在量子引力的研究中，引力波一直没有取得大的突破，但这种新的兴趣为经典广义相对论注入了新的生命，这无疑是令它的创立者非常欣慰的一个结果。

至此，爱因斯坦个人对引力波的探索结束了。他留下了丰富的但却是模糊的遗产。一方面，他是第一个描述这个现象的人，描述源发射的引力波的能量公式将永远与他的名字联系在一起；另一方面，从 20 世纪 30 年代开始，不管怎样，他的观点的精妙之处到今天还难以理解，这似乎极大地影响了他的助手英费尔德和罗森，使他们倾向于怀疑论。他们特别怀疑引力波是否会从双星带走能量。在他们使这些观点系统化的过程中，很难知道爱因斯坦是否对此给予了同样的关注，因为大部分接下来的辩论发生在他过世之后。但英费尔德和罗森通过他们自己还有他们学生的工作，对引力波理论的未来发展产生了极大的影响，而且可以相信，与爱因斯坦一起工作的经验已经在他们的心中萌生出了这些问题，后来他们又对这些问题的解答作出了贡献。但在1937年,这都是将来的事。战场已经布置好了,但将在其上拼杀的战斗号角还没有吹响。

第六章

引力波及广义相对论的复兴

爱因斯坦和罗森并不是找到表示引力波的广义相对论方程组精确解的第一人，20 世纪 20 年代中期的其他科学家已经做了很多工作。他们的工作不为爱因斯坦所知的部分原因是，正如英费尔德所发现的、也是众所周知的他对文献的忽视，这一点在后来的岁月里变得更加明显。也正是由于这个简单的原因，从 20 世纪 20 年代中期到 50 年代中期，广义相对论研究中断了 30 年，关于引力波精确解的早期论文在战后也因此被相对论者所遗忘。在爱因斯坦完成广义相对论后的最初 10 年里，有许多研究人员从事这个理论的研究，他们大部分来自德国或邻国（特别是瑞士和荷兰），这也是这一理论得到迅速发展的时期。但在 20 世纪 20 年代中期，随着量子力学的出现，广义相对论在物理学中几乎完全黯淡了下来。问题的症结部分在于，需要用广义相对论对其作出正确解释的实验极端缺乏（艾森施泰特，1986a，1986b，1993，2006，对广义相对论发展史上这一阶段的叙述）。而在量子力学中，出现了大量的不断发展的实验领域，例如从原子理论这种已确定的领域到原子核和粒子物理这样的令人兴奋的新领域，与此同时，广义相对论只与有兴趣但程度有限的宇宙学领域有关，而与其他领域几乎都没有什么关系（虽然观测宇宙学在 20 世纪的第一个 10 年就已经开始，但直到第二次世界大战后才有真正的发展）。

实验工作无法开展，这让理论家们感到这个领域相当地没有前途,他们更愿意做那些在有生之年能有合适的机会得到实验验证的计算。完全不必惊讶,在1925年到1955年这30年间,活跃在相对论(除非另外声明,都是指广义相对论)领域的大多数人都是数学家。在数学中,证实不是来自实验而是来自严格的定理的证明。数学家认识到,相对论是一种相当适合他们的工作方式的物理学理论。它的优美而规范的结构在很多方面是19世纪数学的直接产物。在20世纪中期,相对论在几所大学的数学系找到了避难所,并完成了很多重要的工作,但有一件事没有很好地继续下去,这就是像双星这样的系统引力波辐射的课题。完成这个任务需要的一类近似方法不会促进那些可严格证明的定理的表述,因此它对数学家或是对有数学思想的物理学家并没有吸引力。从本质上来说,这种近似计算可能是错的。如果真是错的,通常只有通过实验或观测这种唯一的途径才能发现,或者通过别的更近似的计算来检验它们。如果无法进行实验,那也就失去了开展计算工作的重要动机。

在相当长的时间里,在相对论领域占主导地位的都是数学背景很强的科学家,这种情况对后来围绕引力波理论的争论有很重要的影响。当这个理论回到物理学主流的时候,不可避免地产生了一种文化的冲突。很多相对论者的数学背景造成了长期存在于物理学家中的一种态度,即广义相对论实际上是与物理学没什么关系的数学的一个分支。即使是像我这样新近培养的相对论者,也曾听到过关于广义相对论并不是真正的物理学的一部分这种有影响的评论。另一方面,对于主流物理学是否已转向相对论的方向也存在争议。当今像超弦理论这样一些蓬勃发展的理论物理研究领域与实验的联系更少,而且与数学的联系甚至比20世纪中期的相对论更多。

在广义相对论复兴中扮演重要角色的相对论者后来回顾了这个领域在20世纪30年代和40年代独具的这一特征。利什内罗维兹于1937年开始从事相对论研究,那时

> 相对论者群体是一个奇怪的组合,有一小部分是专业的物理学家,爱因斯坦的朋友或学生,例如泡利(W. Pauli)、英费尔德、霍夫曼和福克(V. Fock)(苏联);有一小部分是专业的天文学家,如勒迈特(G. Lemaitre);还有一小部分是数学家,如列维-奇维塔、德东德和达尔穆瓦(G. Darmois)……这时热衷于量子力学的物理学界认为,相对论者是不重要的……这种状态一直持续到1955年由泡利主持的伯尔尼会议。(利什内罗维兹,1993,第103页)

通常认为伯尔尼会议标志着广义相对论作为一种理论的命运转折点(艾森施泰特,1986a,1986b)。此次会议是为纪念狭义相对论发现50周年、广义相对论发现40周年而举办的。巧合的是,这次会议正好是在爱因斯坦去世的那一年举办的。虽然有纪念的一面,实际上大多数与会者是对相对论研究感兴趣的物理学家,他们激动于、也许甚至惊讶于能遇见这么一大批志趣相投的相对论的热衷者。

伯尔尼会议的组织者梅西耶(André Mercier)在组织会议前曾因为其他物理学家的消极态度而有些犹豫,这些物理学家感到

> 广义相对论理论已经多少成了一种游戏,其中涉及的问题本质上都属于数学问题,已经失去了与可接受的"真正的"物理问题的联系,实际上在这个领域工作的大多数科学家都不是或不再属于实验室而是属于数学学

院。（梅西耶，1993，第 110 页）

因此，直到 50 年代末，广义相对论在物理学界仍然处于边缘位置，所拥有的只有分散在许多国家（美国、法国、德国、英国、爱尔兰、苏联、波兰和以色列，只列出了最重要的国家，排名不分先后）的少数研究团体。结果是，相对论者之间的联系非常少或者就没有联系，而且由于这个学科缺少学会基础而使得问题更加严重。没有专门的广义相对论期刊、研讨会和会议为研究者提供专门的论坛，以便他们能了解彼此的工作。

由于这个原因，到相对论随着伯尔尼会议的召开而开始复兴的时候，很多在战争期间已经完成的引力波方面（实际上，还有与双星系统有关的运动问题）的工作都已经被遗忘了，不过，20 世纪 20 年代和 30 年代完成的一些主要工作还是简要地按次序被提及了。爱因斯坦和罗森发现的平面引力波精确解的首次发表要归功于鲍德温和杰弗里。他们的论文发表于 1926 年，有趣的是，论文花了大量的篇幅去证明外尔教科书中的错误的纵向—纵向和横向—纵向波即使在精确的理论（相对于线性化近似理论）中也是实际的平坦空间，以及如爱丁顿所指出的那样，平面横波才代表实际时空弯曲的传播。另外，论文更多地集中在电磁波（光）在弯曲的时空中的传播问题上，这些是爱丁顿也强调过的；以及显然与天文学和物理学的其他领域有关的课题上，这一课题在第二次世界大战后继续得到了广泛的研究。相对论者所称的柱面波的爱因斯坦—罗森解实际上由奥地利博士生贝克早先发表过。和许多科学家一样，获得博士学位后，贝克就从相对论转向量子理论或电动力学的研究了，这种转变在当时非常典型。量子力学刚刚诞生，而相比之下广义相对论似乎是个冷门的研究领域。和欧洲的许多物理学家一样,随后贝克忍受了流亡的痛苦,在纳粹掌权时被迫逃离自己的祖国奥地利。他在战争期间被扣留在法国,最终逃到了南非。他的学生豪沃什在法国曾和他一起工作过,后来,他在很大程度上只能通过豪沃什间接地去影响这个领域。多年后豪沃什转向了相对论,如我们将会看到的,在围绕辐射问题的争论中,豪沃什扮演了主要角色。

在两次战争期间,对引力波研究最有影响的贡献是著名的俄国二人组朗道和利夫希茨(Evgeny Lifshitz)作出的。在著名的关于经典场论的教科书中,他们直接提出了来自双星系统的引力辐射问题,并得出结论:根据爱因斯坦的四极公式,这样的系统会辐射能量。[1]他们的书于1941年在俄国出版,并在1948年出版了第二版。对大部分物理学家而言,当时的广义相对论仍然处于低潮时期。该书的第一个英文版于1951年出版,译自俄语第二版。由于朗道在苏联太杰出了(和其他对引力波的存在持有类似见解的人一样,如更晚一些的福克),因此在那里对引力波没有什么怀疑论者,因此我将集中在该英文版以及对它的反响上。[对这些著名教科书更广泛的讨论,参见霍尔(Hall),2005。]

这本教科书虽然有影响,但它对引力波的处理也是有争议的。实际上,对它的态度存在如此严重的分歧,使之成了在科学争议过程中遇到的不可调和的观点分歧的一个著名例子。这种情况也反映了相对论群体本身的一种深层次的分歧,这种分歧源于这个群体的双重本质,一边是基于物理学,另一边是基于数学。当然,在大部分物理学家忽视它的时期,这种双重本质曾经成为这个领域的定义性特征。

朗道和利夫希茨的《理论物理教程》(*Course of Theoretical Physics*)也许是20世纪物理教科书中最著名的一个系列,《经

图6.1　20世纪中期最卓越的物理学家之一朗道（常称为道）和他的学生利夫希茨。［承蒙美国物理学会埃米利奥·塞格雷图片档案馆，《今日物理》收藏惠允］

典场论》（*The Classical Theory of Fields*，俄文书名为 *Teoria Polia*）是其中最重要的几卷之一，它们对很多国家的几代年轻物理学家都有影响。它们以覆盖面的广度及其深度而著名，这是朗道在物理学各个领域才华卓著的确凿证据，同时它们还以写作风格的简洁而闻名，这是利夫希茨（他是朗道的门徒之一）的杰作。这套书是为教育最优秀最聪明的人而设计的，因而决不迁就读者的无知。其中一卷包含了对引力波发射问题的尝试,技巧上超过了当时的许多研究文献,这也许是有抱负的教学观的一种体现。在英文版第一版中,弱引力场的情况是这样讨论的:

> 接下来让我们考虑任意体产生的相对于光速来说以低速运动的弱引力场。由于物质的存在,引力场方程将与简单的波动方程$\Box h_i^k=0$的形式不同,即在等式的右边有来自物质的能量—动量张量。我们把这些方程写成如下形式
>
> $$\frac{1}{2}\Box\psi_i^k=-\frac{8\pi k}{c^4}\tau_i^k \tag{6.1}$$
>
> 这里我们引入了$\psi_i^k=h_i^k-\frac{1}{2}\delta_i^k h$来代替$h_i^k$,$\tau_i^k$表示辅助量,它是从精确方程组$R_i^k-\frac{1}{2}\delta_i^k R=\frac{8\pi k}{c^4}T_i^k$[爱因斯坦方程组]转到我们考虑的弱场近似的情况下得到的。容易证实,分量τ_0^0和τ_α^0是直接从T_i^k的对应项中取出我们所感兴趣的各阶量得到的;至于分量τ_β^α,它们除了包括从T_β^α得到的项之外,还有来自$R_i^k-\frac{1}{2}\delta_i^k R$的第二阶的项[爱因斯坦张量]。(朗道和利夫希茨,1951,第327页)

这里要说明的是,由于一般的线性化波动方程根本不包含波源的信息(严格地讲,平面引力波实际上没有源,因为它们不是在单一的位置产生的),我们可以引入一个近似的波动方程,在方程的右边包含有物质源的信息,左边保持描述波本身的熟悉的形式。该方程仅限于弱场和低速情况,但是可以断定,源本身可以是满足这些条件的任何东西,包括双星系统。而描述源的这个张量是从完整的爱因斯坦源张量(在精确的爱因斯坦方程组中使用的,对这种类型的系统不能通过

解析解）经过复杂的一系列步骤构成的，对此，该书用一整段篇幅进行了简短描述。为了正确构建近似的源项，必须把精确的源张量（来自精确的爱因斯坦方程组）中的高阶项，以及爱因斯坦场方程组中的某些其他项丢掉。那么，什么是正确的形式呢？这个问题的答案在关于引力波那节的开头就给出了：

> 计算运动物体以引力波的形式发射的能量需要考虑的是在"波场区"的引力场，即在距离与辐射波的波长相比大得多的地方。
>
> 原则上，所有计算都与我们在电磁波中的计算完全类似。[前面所示的]弱引力场方程与[电磁学的，教科书前面的章节中已给出的]推迟势的方程形式上完全一致。因此，我们可以立即写出它的一般解……（第329页）

如果我们有足够的技巧，就可以按照朗道和利夫希茨的方法构建一个方程，继续进行辐射计算，这种计算非常类似于他们在该书的前面的章节中所给出的关于电磁辐射阻尼的计算。对于如何做到这一点，讨论得异乎寻常的简洁。在英文版第二版中（1961），对于带有源项的近似波动方程的构建移到了引力辐射阻尼一节的开头，加强了论证。整个讨论仍然只有3页出头。

如何理解这一点呢？大体上讲，人们有两种看法。一种看法是，认为这种解决问题的方法似乎合乎逻辑，并因其所导出的方程以及所得到的最终结果与来自电磁场情况的经验相符合而感到它是值得提倡的。而另一种看法，却是对这种随意地保留或删去某些项的做法感到震惊，对于用这种方式得到最后熟悉的答案表示极度怀疑。如果人们认可这种方式，就会担心如下的情况发生：希望找到表面看起来似乎合理的结果的渴望指导着计算的过程，而这个计算是包含了重大错误的。每个人都有过这样的经验：由于特别肯定地认为自己是对的而错得一塌糊涂。在物理学中常发生这样的事。对朗道和利夫希茨的结果的意义的看法是不一样的，对有些人来说，看来类似的解这么易于得到，是值得怀疑的，而对其他一些人来说，如果存在任何一个小的迹象，都暗示着这样的分析可能是正确的。

对朗道和利夫希茨的计算存在异议的人数可能至少与该理论历史上的怀疑论者的人数一样多。例如，朗道和利夫希茨声称，计算完全是普适的，实际上源做何种运动都没有关系，因为这种运动已经包含在小心地构建的源项里了。原则上，似乎这种恒星的轨道运动能产生四极辐射，但如果实际求解场方程组，看看它们的运动是如何被限制而产生一个不同的结果，又会怎样呢？该理论预言，在引力辐射不存在的情况下，该恒星将沿着弯曲时空的测地线，即从一处到另一处最短路程的"直线"运动。地球就是这样沿着测地线绕着太阳运动的。我们在地球表面散步时可以沿着测地线走一条直的路线，但实际上是弯曲的。这些测地线无疑包含了其四极矩不断变化的轨道上的恒星。但如果以一种新的物理上正确的，且不产生四极辐射的非近似的方式，而允许辐射改变物体的路径，那又会怎样？轨道和辐射阻尼间难以捉摸的相互作用是否会消除辐射？朗道的追随者此时会说，啊哈，但我们知道，精确地说双星系统实际上确实是在这些测地线里运动的。换句话说，我们关心的仅仅是物理学还是该理论的内在逻辑论证？

贝克的学生，主要的怀疑论者之一豪沃什曾经指出，在朗道和利夫希茨采用的这种线性化近似中，双星的轨道路径实际上根本不是场方程的一个解！也就是说，那种引力的束缚运动只能在精确的爱因斯坦方程组的解中找到，这种线性化方程并不允许这样的一个解。因此，朗道和利夫希茨采取的这种方法（实际上，爱因斯坦在1918年的论文里以及试图把它应用到以双星作为源的任何人所采用的也都是这种方法）特别是对于（假设）引力波不存在的精确方程组来说，采用某种近似方案，同时又坚持使用基于另一种不同方案的运动的解，在数学上是不合逻辑的。“物理学家”可能会认为这么做是对的，因为这或多或少是双星实际运动的方式，而且物理学家的目标是在尽可能多地保持物理学的同时简化数学。“数学家”（记住，根据所受的训练和意愿，豪沃什无疑是物理学家）则不赞成这种模糊两种非常不同的近似方法的明显不合逻辑的做法。

几位相对论者同我讨论时说，一旦读过朗道和利夫希茨的书，他们就再没对引力波的存在或者是双星发射有过任何怀疑。而其他人却表示，他们根本就没信任过朗道和利夫希茨。那些赞赏朗道和利夫希茨的人并非仅仅因为既合理又熟悉的结果就那么轻信，他们并未把与电磁学的类比看作可以盲从的东西。实际上，虽然在很多重要方面非常类似，但引力问题中的计算与电磁学的情况并不相同。朗道和利夫希茨自己也注意到了这一点：

> dE/dt 的表达式［下面将给出］包含了 $1/c^5$，这表示孤立系统的能量损失只出现在 $1/c$ 的第五阶近似中，在前面的四个阶次的近似中系统的能量保持常量。由此可知，引力场中的一个系统可以用拉格朗日量描述，这直到四阶项 v^4/c^4 都是正确的。而相比之下，在电磁场的情况中拉格朗日量只到二阶是正确的（这与后面提到的电磁

辐射的能量损失包含 $1/c^3$ 这个事实有关)。然而,由拉格朗日量中的这些辅助项产生的影响完全被忽略了。[拉格朗日量的二阶后牛顿理论近似在脚注中给出,但"没有给出公式的推导"。](第 331 页)

朗道和利夫希茨可能发现这个技巧有意思,但由于总的来说没多大关系,他们就不再讨论它了,因为展开式的附加项在引力情况中可以看作是守恒的,对已知的系统实际上并不产生可测量的影响。因此,这对物理学来说没有什么兴趣,但对理论家来说可能是感兴趣的。实际上,由于辐射效应出现在更高阶的项,所以在读到同一页上如下的叙述时就会毫不惊讶了:

> 总辐射是在各个方向的,即单位时间系统的能量损失[由下式给出,这是一个四极公式,因为 $D_{\alpha\beta}$ 是源的四极矩,式中它是关于时间的三次微商]
>
> $$-\frac{dE}{dt}=\frac{k}{45c^5}\left(\frac{d^3D_{\alpha\beta}}{dt^3}\right)^2. \qquad (6.2)$$
>
> 需要指出的是,这种能量的损失在数值上即使对于天体来说也非常小,因此,即使是在宇宙的时间尺度里,它对运动的影响也可以完全忽略(例如,双星一年里的能量损失为总能量的 10^{-12})。

没有办法探测引力辐射对任何已知系统的影响,这阻碍了对朗道和利夫希茨工作的直接论战的爆发,这无疑也阻碍了作者发表单篇论文以给出他们计算的细节。如果在 20 世纪 50 年代有人以不同的态度研究一下这本著名教科书中的计算,他们就可能找出字里行间的错误,从而使长期的论战提前爆发。

在第二次世界大战期间，物理学很多领域的工作都暂时搁置了下来，但战后初期许多学科就蓬勃地发展起来了。部分原因是物理学家应用了战争期间在其他领域学到的技能和技巧，例如射电天文学的诞生就是如此。还有一个原因是，纯科学研究那时可获得比战前多得多的资金。物理学研究者的人数(特别是在美国)经历了非同寻常的增长。美国成为了理论物理研究的中心，不仅因为为数众多的重要的欧洲物理学家移居至此，还因为战前就接受过训练的卓越的一代物理学家的出现。到50年代中期，随着狭义相对论与量子力学以量子电动力学的形式统一起来的巨大成功，广义相对论完成同样工作的时机似乎已经成熟。此外，天体物理学的发展也揭开了引人注目的宇宙新前景，它开始揭示出以前无法想象的强引力场的存在。开始有更多的物理学家对广义相对论感兴趣，他们中的许多人能够负担得起大群学生和助手来协助完成雄心勃勃的研究计划。按照物理学其他领域的水平，相对论虽然仍旧是一个很小的领域，但它经历了从个人的或小组的研究者到由一两个资深理论家领导的大的协作组和“学派”的质变，每个这样的组里总会有几个重要的年轻科学家参与。另外，到目前为止，受过经典的和数学训练的人在这个学科中还占有首要地位，这个领域的很多新手都是刚从新的量子理论这个战场上来的物理学家，他们具有完全不同的见解。

关于战后阶段广义相对论研究经费的经济来源也很有趣。从20世纪50年代中晚期到70年代初期(这段时期之后，1969年通过了曼斯菲尔德修正案，该修正案劝阻国防部资助缺少直接军事应用的基础学科的研究[参见凯维勒斯(Kevles)，1977，第414页]，很多资金都来自美国空军(USAF)。从雷达及其大量应用到原子弹本身，所有国家的军方对物理学家战时贡献的重要性都有深刻的印象。由于军方没有办法确定下一种超级武器会从哪里产生，对他们来说明智的方法是资助物理学的所有领域，因此，即使像相对论引力这种高度抽象的学科也开始得到军方资助。空军苦于缺乏对相对论的理解，而相对论者也没能彻底了解空军想从他们这里得到什么。从这种对资金的不同看法上就可以说明他们彼此间的这种误解。虽然我并没有看到有关数字，但对空军来说，这当然是微不足道的。而另一方面，几位物理学家在回忆那个时期时都对我强调说，当时，相对于空军规模更大的资助，国家科学基金会（NSF）只被看作第二位的选择。NSF 本身在战后刚刚重新恢复，部分目的是为了抵消战争期间的军事对基础研究的影响（凯维勒斯，1977，第 344 页）。至少在美国，军方采取了明智的措施，把资金的管理掌握在该领域的科学家手中。他们在俄亥俄州代顿附近的赖特-帕特森空军基地的航空研究实验室组织了一个相对论研究小组，而且，对外面研究者的资助也由该基地的科学家掌握。戈德堡（Joshua Goldberg）是参与该项目的科学家之一，他写了一段关于这个非凡插曲的说明（戈德堡，1993）。如他所指出的那样，空军从与专家的联合中获益匪浅，使他们免遭吹牛者所声称的欺诈性的重大科学突破的欺骗。很多相对论者推测，空军本身被迷惑了，他们对反引力的描绘或是类似的科幻小说式的突破抱有天真的期望。戈德堡本人回忆，“我们拿反引力装置的兴趣开了很多玩笑，这无疑会对空军很有价值”（戈德堡，1993，第 100 页）。他指出，由于他的一项职责是评价研究提议，“毫无疑问，我给空军节约的钱超过了我薪水的很多倍”（采访）。

无疑从总体来说，军方从它所资助的但又有潜在独立思想的批判性组织，即艾森豪威尔（Eisenhower）所谓的“军事—

工业—科学”联合体中获益良多(此处我指的是作为一个整体的理论物理,而不仅是相对论)。在第二次世界大战战后初期,海军马上就开始了对基础科学的直接资助(参见凯维勒斯,1977),而且按照戈德堡所说的(1993,第100页),该基金包括了在空军的资助到来之前对相对论的一些资助。为避免由军方增选科研群体,1969年蒙大拿州参议员曼斯菲尔德(Mike Mansfield)提出修正案,阻止军方资助纯科学研究。自此以后,在美国对相对论的资助主要来自国家科学基金会(NSF),之前它的资助相对于空军只能位列第二。修正案还意味着,北大西洋公约组织国家的研究小组不能再像以前那样获得来自美国的基金的资助。

显然,在任何科学领域的发展过程中基金都起着重要的作用。引力波理论领域在这一点上是幸运的,从1956年到1963年,戈德堡负责美国空军对广义相对论研究的资助。戈德堡本人在引力辐射研究中非常活跃,如我们即将看到的,而且还做了很多事情,资助诸如伦敦国王学院的邦迪和皮拉尼这样的小组。虽然美国以外的小组也可以获得美国空军的资助,但美国空军的钱不能用来资助来自社会主义国家的科学家,因此制约了利用这些基金在伦敦小组与华沙的英费尔德小组之间的便利旅行,他们之间的相互联系是非常广泛的(皮拉尼,采访)。直到20世纪70年代,航空研究实验室本身一直是一个活跃的研究小组的家园。作为他最早的基金之一,戈德堡用空军的资金资助了由德威特组织的查珀尔希尔会议,这次会议所起的作用可以与唤醒对相对论兴趣的伯尔尼会议相提并论。关于这一点,在下一章我还会谈到很多。这两次重要的会议成了成功的广义相对论和引力(GR)系列会议的先驱,直到现在这些会议还在继续举办。在这期间可能获得资助的科学家的广泛程度,可以由查珀尔希尔会议的会议文集中列出的其他资金表中得到证明,资金提供者中包括国家科学基金会和美国陆军军械研究室(德威特,1957,第iv页)。

另外,这次会议的举行也是美国北卡罗来纳州立大学新创建的场物理学院的落成典礼。这个学院是在北卡罗来纳州的实业家巴恩森(Agnew Bahnson)的经济资助下成立的,他曾就反引力机器的可能性与德威特和惠勒二人联系过[塞西尔·德威特-莫雷特(Cécile DeWitt-Morette),私人通信]。惠勒曾鼓励德威特把巴恩森的兴趣引导到更有用的方向,德威特夫妇与他合作在查珀尔希尔建立了一所学院。由于得到多方的资助,因此,会议本身可以说就是一个在战后时期出现的非同寻常的军事和工业共同对引力感兴趣的典型例子,这对引力研究领域非常有利。另一个对反引力感兴趣的实业家是马萨诸塞州的巴布森(Roger Babson),他在新罕布什尔州的新波士顿创立了引力研究基金,该基金以每年一度的引力方面文章的奖金而闻名(更多关于巴布森的资料,参见凯泽,2000)。无疑,在开始赞助这个领域时,这位实业家心中似乎充满了对反引力装置的幻想。相对论者完全无法满足一些赞助人过分的期望,虽然这似乎并没有特别影响他们之间的关系。但是随着时间的推移,军方和工业方面对资助引力理论研究工作的兴趣大大减少,因为越来越清楚的是,他们的工作中见不到触手可及的重要应用。

曼斯菲尔德修正案只在一年的时间里有效,但是修正案同时得到来自自由派与保守派国会领导人的支持,它有助于巩固新的政治舆论导向,即基础科学研究,特别是那些在大学里进行管理的研究不应该属于军事的范畴,而应属于像国家科学基金会这样的民间机构资助的范畴(凯维勒斯,1977,第414页)。从1973年到最近,国家科学基金会引力物理学基金的主要控制者是艾萨克森(Richard Isaacson),和戈德堡一样,他也是对引力波理论作出过重要贡献的相对论者,他以前也曾在赖特-帕特森基地工作过。尽管由于曼斯菲尔德修正案以及美国政府资助的新倾向导致了对理论物理资助的全面降低,但对引力波理论来说,运气不错,研究资金的主要来源还是掌握在对此大力支持且颇有见地的人的手中。

在主要的基金机构有专业人士,但这个有利条件并不能确保这个领域的每个人都得到他们需要的或是他们认为自己所需的资助程度。对于基金资助的方向和课题选择产生了抱怨,在实验方面它们对研究方向的影响是非常显著的,研究小组和研究计划非常依赖于各种(通常是政府的)基金部门的慷慨资助。即使在理论方面,研究运动问题或辐射反作用问题需要大量的计算,因此对博士后和助手的资助对研究小组和研究计划能否完成也会产生很大的差别。一些不太热门的研究项目(如快运动近似与慢运动近似相比,哪个更优先)在这一点上就有可能处于不利的地位,但影响程度很难估计。对于资助不足以满足特定的研究项目需要的每一个抱怨的答复是,申请资助的人本身实际上并没有使他的项目更有价值。需要提醒的是,本书中提到过的所有人都参与了引力波之外的研究课题,而且很多人都是在其他研究中更出名的。然而,他们中的大多数人仍然对引力波感兴趣,即使在这个课题得不到丰厚的资助时也仍然继续着他们的研究。这个领域最著名的学者之一邦迪曾说过,引力波工作是他最引以为豪的研究(邦迪,1990,第79页)。

鉴于个人观点的不同,基金部门的政策对研究方向的影响有可能是负面的,不过引力波理论这个领域却似乎大大得益于它与基金机构的密切关系,特别是我们还记得这个领域曾经是多么弱小和孤立。LIGO 是国家科学基金会资助过的最昂贵的项目，就这一点来说，毫无疑问，艾萨克森为引力波领域目前引人瞩目的地位肯定曾经作出过很大贡献。

在20世纪60年代，广义相对论开始与天文学和天体物理学联系起来，而把宇宙学这个专门的课题搁在一边。以前，天文学影响过广义相对论（通过爱丁顿的远征和水星近日点的问题）。但是，现在这种关系开始变化，这是这两个学科各自内部发生的重大转变的结果。第二次世界大战的军事需求对射电观测的实践和理论的极大推进，导致了战后初期射电天文学的快速发展［埃奇（Edge）和马尔凯（Mulkay），1976］。值得注意的是，射电天文学的发展又导致了重大的新的天文现象的发现，于是天文学家和天体物理学家期待着广义相对论能对这些发现作出一些可能的解释。类星体和脉冲星都是超出了天文学家的光学经验的新类天体，它们的质量似乎都非常致密，应该具有非常强的引力场，所以很自然地就想到了广义相对论，以寻求对这类新天体现象的理论理解，由于这类现象正好处于强场领域，所以广义相对论非常强烈地背离了经典的牛顿理论。

同时，也许部分地受到了这个领域之外的不寻常兴趣的影响，相对论者开始作出各种各样比以前更具体得多的理论预言。黑洞思想的发展（以及惠勒对这个名字的创造）就在这个时期，它超越了长久以来就知道的、由施瓦氏发现的爱因斯坦方程组的形式解。[2]引力波的情况也是如此，在理论上变得更为清晰，尽管它们仍然顽强地处于实际可探测范围之外。引力波的本质和影响只是慢慢地通过理论家在20世纪50年代、60年代和70年代所做的非同寻常的工作而被揭示出来的。也许相对论和天体物理学交叉渗透的最重要的一个标志是，尝试为类星体源找到一种解释。这实际上导致了相对论天体物理学这个新领域的诞生，以及对它起到促进作用的新的一系列研讨会的成功举办。最初由英费尔德以前的学生席尔德(Alfred Schild)策划的第一届得克萨斯研讨会,被认为明确地提出了类星体难题。实际上,当时引力波作为一种可能的星体能源机制的组成部分还被提到了。

毫无疑问,这种发展表明了对引力波态度的明确变化,从前它被视作广义相对论里无足轻重的东西,从实验或观测的观点看,是一种永远都不重要的现象。正如该领域中的一位重要人物所指出的,"引力相互作用的微弱使得引力辐射很可能不能成为直接观测的学科"(皮拉尼,1962,第199页)。类星体被看作一个问题,这是因为如果它们特征性的大的红移被认为起源于宇宙学,它们必定拥有来自相当紧凑维度的史无前例的巨大能量输出(以年为时间尺度,从它们亮度的变化推断)。当时福勒(William Fowler,1964)提出,它们可能是通过引力波发射的能量,这是对这种以前未被赏识的现象潜能的一个新的发现[也可参见库珀斯托克(Cooperstock),1967],这也表明天体物理学家已经意识到现代引力理论潜在的实用性。虽然引力在天文学和天体物理学中仍然扮演着核心角色,但大多数天文学家没受过广义相对论的训练,也没有这方面的经验,记住这一点很重要。牛顿的万有引力理论直到20世纪60年代都完全能满足他们的需要,只是再经过几十年之后,他们中的很多人对诸如黑洞和引力波这些完全由纯场构成的、根本不包含任何物质的实体才变得完全轻松自如。

引力坍缩这一独特的论题,导致了广义相对论作为天体物理学的重要附属领域而出现。类星体发射出极其巨量的射电和光学辐射,从20世纪60年代初期开始,大质量或特大质量恒星的坍缩就成为这种巨量辐射源的广受欢迎的候选者,这一点钱德拉塞卡(Chandrasekhar)早在20世纪30年代就提出过，而且奥本海默及其合作者还对此进行过研究，但后来被忽视了。1963年，伯格曼（从20世纪30年代开始就是爱因斯坦的助手之一，他是第一所重要的广义相对论学校的创立者）和席尔德（英费尔德在多伦多的学生之一）呼吁，希望举办一个关于这个课题的研讨会，其中的一个目标就是努力避免引力坍缩成奇点的灾难。引力坍缩成奇点是指，坍缩后恒星的全部质量将集中在空间中的一个无穷小的点上（回忆一下爱因斯坦和罗森的声明，奇点的存在使平面引力波的相对论解失效）。1963年末，研讨会终于在席尔德工作的得克萨斯大学举行。随后就诞生了众所周知的一系列的会议——相对论天体力学研讨会。定期举办的会议获得了高度的成功，据说这个领域的名字也是席尔德创造的[埃勒斯（Ehlers），1980，引言]。从第一届会议上福勒关于引力坍缩和类星体发射中引力辐射的作用的文章（1964）开始，引力波这个课题在每次研讨会上便总会被提出。很明显，这个现象被看作这个新学科的重要因素之一。

相对论天体物理学领域快速发展的偶然性可以从戈尔德在第一届得克萨斯研讨会闭幕式上的讲话中看出：

> 我们现在的情况是，任何人都可以指出，相对论者以及他们复杂的工作不仅是华丽的文化装饰，还可能在科学中派上实际的用场！每个人都很高兴：相对论者感到他们被欣赏，他们突然变成了一个自己几乎都不知道其存在的领域的专家；天体物理学家通过与另一个学科——广义相对论合并而扩大了自己的领域。一切都非常愉快，因此，让我们希望它是正确的。如果我们不得不再次被迫解散所有的相对论者，那是多么的令人惋惜。[鲁滨逊、席尔德和许金（Schucking），1965，第470页]

但是,不顾戈尔德的焦虑,妖怪已经从瓶子里跑出来了。广义相对论缓慢地使类星体这个课题变得清晰起来,但是,相对论自身以及在引力坍缩和黑洞方面的大量工作的成功促成了理论的重新定位,使这个学科的发展受到了前所未有的鼓舞,为相对论与天体物理学的融合增添了巨大的活力(关于广义相对论和黑洞的历史,参见索恩 1994 年权威性的通俗介绍和艾森施泰特 2006 年权威性的历史讨论)。脉冲星是贝尔(Jocelyn Bell)和休伊什(Tony Hewish)于 1967 年发现的,它们是中子星的想法相当快地就得到了确认,这对巩固相对论的新地位非常有帮助,实际上这种想法从 20 世纪 30 年代起就被非正式地讨论过。在随后发展的脉冲星理论中,引力波也发挥了作用,在母星引力坍缩的最后,期待引力波的发射能迅速地减弱中子星核疯狂的脉动(索恩,1969)。在广义相对论自身发展的内在动力驱动下,以及朝着天体物理学发展的鼓舞下,理论的发展势头从对引力波兴趣的增加中可见一斑,这比一段时间后对这个学科的任何观测的投入出现得都早。到 1967 年,对引力波探测的前景存在一种新的观点,这可以惠勒的言论为证,“我做不了什么但能感觉到,引力波将成为下一个 10 年里的重大发现之一。有人将初次探测到它们。那是爱因斯坦理论的一个伟大预言”(惠勒,1967)。

1969 年,韦伯宣布他正在探测引力波(韦伯,1969),这仍然令大多数理论家感到非常惊讶。他的结果使当时所有的对源强度的理论预言都大惊失色,尽管最终那结果大打折扣而且还陷入争议之中,但他们还是把注意力继续集中在这个课题上,并导致了从事引力波工作的实验家人数的大大增加[参见柯林斯 2004 年详细的说明和富兰克林(Franklin)1994 年的另外一种观点]。在 20 世纪 60 年代的理论前沿,黑洞、宇宙学和其他课题的研究使相对论领域与天体物理学的关系非常密切。引力波多少也分享了一些这种关系带来的好处，而且随着对实验兴趣的逐渐增加，似乎有可能在实用价值上继续得到发展。第一颗脉冲双星 PSR 1913 +16 的发现[赫尔斯(Hulse)和泰勒(Taylor)，1975]是幸运和偶然的，它认可了这个预言。在几年的时间里，泰勒和他的合作者通过他们对脉冲双星轨道的测量验证了广义相对论的许多预言。最终，在 1978 年末，他们宣布双星系统的轨道周期存在明显的衰减，这与爱因斯坦四极辐射公式的预言一致。这个结果是在德国慕尼黑举行的第九届天体物理学得克萨斯研讨会上宣布的。在下一章中还会再次证明在这个领域的发展中研讨会的重要作用，我们在下一章看看在美国举行的第一次重要的相对论会议。

第七章

类比法辩论

在第二次世界大战结束之后的初期，直到1955年伯尔尼周年纪念会议前的这些年，广义相对论处于低潮期（艾森施泰特，1986a，1986b）。关于辐射问题的相关工作似乎是混乱和有争议的。造成这种状态的相当一部分责任似乎应该归咎于这个领域研究人员的相对缺乏。毕竟这里的工作存在某种非线性效应，在研究工作中重要的常常不只是研究人员的数目，还有研究人员之间的交流程度。大家都知道，当网络上的人数呈线性增长时，网络上可能的链接数量将会呈几何级数增长。当然，网络上的链接数量是否真的达到最大是个关键问题，但必须承认，在广义相对论领域存在的情况是，直到50年代中期（至少）研究人员之间的联系肯定是少得不能再少的。当只有为数不多的研究人员，他们的地理位置又分布在不同国家（广义相对论研究的强弱程度一直有很国际化的分布图），且他们又都来自或工作在不同的学科（有的是数学；有的是物理；有的甚至只受过化学方面的训练，像托尔曼；有的只是因为对数学物理感兴趣；有的是宇宙学；而且又缺少专门的期刊发表他们的研究成果，并吸引志趣相投的研究者的注意）时，则他们之间的交流必然很弱。我们已经目睹了一个弱的交流网络的特点：对以前工作的不必要的重复，因为这些工作已经丢失，已被忘记或忽略；缺少任何对现有工作中产生的重要问题或困难的跟踪；缺乏对一些重要概念的统一的定义，比如时空奇点。在这种情况下，我们本来或许可以期待围绕着双星发射引力波的混乱局面会随着时间推移而稳步下降，因为广义相对论已走上了复兴之路。然而实际情况却相反，混乱程度普遍地增加了，至少从当时报道的对这个问题的可能的答案的数量可以这样看出。

通过运动问题来计算双星系统由于引力波辐射所导致的能量损失率的尝试，就像爱丁顿研究转动棒的情形时所做过的尝试一样，引起了很大的混乱。在这种研究方法中，我们可以用迭代法求解系统的运动方程，而不是像爱因斯坦和爱丁顿在第一次推导四极辐射公式时所做的那样，直接计算引力波所带走的能量。在 1947 到 1970 年间，采用多种多样的方法进行了几十种不同的计算，给出的结果也几乎同样多种多样。不仅许多计算在领头项没有重新得到四极公式，而且有的（主要源于英费尔德和他的合作者们）连引力辐射也不存在，甚至有三篇文章［胡宁，1947；佩雷斯（Peres），1959；史密斯和豪沃什，1965］很荒谬地宣称，双星由于辐射引力波而获得能量。此外，还有一点需要明确的是，如何明确地定义引力波自身携带能量的问题。由于 1955 年后对广义相对论的研究兴趣开始恢复，大家认识到，这个定义不是无关痛痒的小事。

由于更多的研究人员从事引力波问题的研究，使原先造成的许多混乱更清晰地暴露了出来，这至少要比之前的沉默无知要好，这也为更深入的研究和解决问题跨出了必要的第一步。对广义相对论兴趣的复苏，至少许多相对论者自己认为，是发生在 1955 年的伯尔尼会议上。看到其他物理学家和数学家竟然也保持了对这一既困难又深奥的理论的兴趣，这对某些人来说是一种惊喜。邦迪也参加了这次会议，并且在接下来的 10 年的大部分时间里，他是引力波理论的焦点人物之一。据他回忆，在这次会议上，有几次有关引力波是否存在的讨论。他本人正在为他的伦敦国王学院的一个年轻的研究小组寻找研究题目，那应该是"一个当时没有被广泛研究的题目，因为我们无力同大的研究团队竞争"，邦迪在回应另外一位瑞士顶尖物理学家菲兹(Marcus Fierz)的建议时说道。邦迪回忆：

> 讨论得很好，关于理论[广义相对论]的有关引力波的谜团当时仍然很受关注……在一次这样的讨论接近尾声时，[菲兹]转向我说道："解决广义相对论中的引力波问题的时机已经成熟了，你就是那个解决它的人。"(邦迪，1987，第 17 页)

在伯尔尼会议时期，对引力波的怀疑论陈词最多的两位相对论者是罗森和英费尔德，他们介绍了爱因斯坦在战前一段时期对这个课题所做的最后的研究工作的相关情况。由于爱因斯坦于 1955 年去世，他没有亲眼目睹人们对其理论的兴趣的复兴，虽然按他的独立性格，在他的晚年，他根本不在乎在看法上的孤立，甚至很享受这一点。在苏联的冒险之后，罗森于战前回到了美国，战争结束之后，又移居以色列，到了位于海法的以色列理工学院。就是在这次伯尔尼会议上，罗森对恢复关于引力波的辩论作出了贡献，其中的一些细节还值得讨论。这次他又回到了 1937 年与爱因斯坦的论文中的柱面波解，在这篇论文中，他们认为引力波不能真正传输能量(罗森，1955)。

能量存在于引力场中是广义相对论的一个特征，因此引力辐射中的能量，不是在一种坐标不变量的方式中描述的。这个能量可以认为足够真实，还可以转换成其他形式的、可以恒定地表示的能量，但等效原理要求引力场能量本身不能表示成不变量。原因是引力场中的任何观察者总是可以想象他自己在做自由落体运动，感受不到重力。实际上正是这个想法使爱因斯坦发现了等效原理，该原理说，没有人能区分出是在做加速运动还是正置身于引力场中。因此，我们总可以随意地联想引力场的能量的确具有另外的形式，比如动能，一种与运动相联系的能量。我们可以通过采用适当的观察点使引力场消失。我们不需要把一个行星的能量全部消除，但我们总是可以在它表面的一小部分上选择一个坐标，以消除局部区域的场的能量（回忆一下努德斯特伦在他与爱因斯坦的通信中所说的，他能把引力场能量转变掉。见第三章）。因此有人说，引力场的能量是非定域的：你不能指认在某个物理位置有多少能量；它完全取决于你怎么看。

场能量的非定域性问题在相对论早期就已经认识到了，这个词汇也在早先的论文中使用过，比如在爱丁顿和泡利的论文中。而这整个想法则始于爱因斯坦，他曾为他的这个观点与著名的理论家和数学家们（他们中最著名的是意大利数学家列维-奇维塔）展开过激烈的辩论，他们认为他的关于场的能量的定义是判断错误。爱因斯坦用大家不熟悉的赝张量来描述场能量，这本身就清晰地表明它的值将随坐标的变化而变化（张量的值在坐标变换下是不变的）。爱因斯坦的能量赝张量，以及各种其他定义的赝张量，作为引力波所携带的能量通量的描述方式，始终在他的引力场理论中发挥着关键作用，虽然它在早期遭到了列维-奇维塔及其他人的大量反对［见卡塔尼（Cattani）和德玛丽亚（De Maria），1993，供讨论］。

所以，在1955年罗森看到了两种赝张量的不同定义，即爱因斯坦的原始定义和朗道与利夫希茨所使用的定义，当把这两种定义应用于他和爱因斯坦论文中的精确柱面波解时，与能量传输相关的项都是零，从这个意义上似乎说明引力波不携带能量。尽管在这种无把握的应用赝张量的基础上得出结论看来是危险的，但罗森注意到，这个结果似乎支持英费尔德及其合作者们的观点，正如我们将看到的，他们当时正在论证引力波不会从系统带走能量，就像双星的情形那样。不久之后，1959 年，施塔赫尔［多年之后，他成了《爱因斯坦全集》（*Collected Papers of Albert Einstein*）的第一任编辑］指出，罗森的引力波不携带能量的结果依赖于坐标。可见，引力波中能量传输的概念并没有被很好地理解。

两位已经成名的理论家在 50 年代后期转到了广义相对论领域，他们是邦迪和惠勒。惠勒虽然年轻，但他却已经是美国理论物理界的顶尖人物。在美国，理论物理学这个学科还很年轻，在第一次世界大战后才真正作为一个专业出现（在这之前，纯粹的理论家在美国物理界是很稀有的）。在 50 年代中期，已经在核物理学和经典电动力学领域享有很好声誉的惠勒，对广义相对论产生了兴趣。战后这个时期的理论物理学的巨大成功，特别是量子场论的发展，激发了人们对所有场论中最优美理论的兴趣，特别是典型的经典理论的量子化问题。邦迪是奥地利物理学家，已在英格兰定居，是宇宙学的稳恒态理论的奠基人之一（该理论当时是刚刚出现的早期宇宙大爆炸模型的一个重要竞争对手），他被伯尔尼会议上的见闻所鼓舞，遂投身于引力波工作。邦迪刚刚在伦敦国王学院得到了一个职位，他当时正在与基尔米斯特（C. W. Kilmister）和（稍晚一些的）皮拉尼一起组建一个相对论小组，该小组是这个学科复兴时期最有影响的研究组之一。惠勒的小组所代表的相对论领域的“大部队”将要来了，他们的竞争力令邦迪感到忧虑。从 20 世纪 50 年代早期开始，惠勒对相对论的兴趣已经形成，稳定的学生流保证了惠勒小组将是 20 世纪后半叶两个顶尖的相对论学派之一，另一个最早的相对论学派的创立者是爱因斯坦的前助手伯格曼。

罗森在伯尔尼会议上提出了对引力波是否传递能量的怀疑,这个怀疑直到1957年召开的下一次关于引力的重要会议上提出了引力波的吸收体是否存在的问题时才得到了回答。伯尔尼会议的举行,部分地是为了纪念广义相对论的过去,而于1957年在北卡罗来纳的查珀尔希尔举行的第一届主题会议,则专门是为了讨论广义相对论的近期工作。会议的组织者是夫妻档,塞西尔·德威特-莫雷特和布赖斯·德威特(Bryce DeWitt),他们两位是这个时期重要的相对论者。他们最重要的工作是大大地推进了对电磁波如何穿过广义相对论中的弯曲时空的理解。如我们已看到的,在会议组织的过程中,他们受益于当时的新基金的资助。

伯尔尼会议的与会人数约为90人,其中来自美国的只有9人[梅西耶和克外尔(Kervaire),1956]。而查珀尔希尔会议,则除了对学生和年轻研究人员更加开放外,从对于美国相对论学界的作用来说,可与伯尔尼会议对欧洲业界的作用相媲美。在查珀尔希尔会议上,全部45位与会人员中,只有13位来自美国以外,而来自空军的支持对促进两大洲的相对论者的交流产生了很大的帮助。美国空军(USAF)利用军队的空中运输系统为参加查珀尔希尔会议的外国人提供交通服务,也为美国人参加接下来在欧洲召开的引力会议提供同样的服务(一直坚持到1965年;戈德堡,1993,第90—91页)。所需要的只是一个能保证会议继续召开的组织。伯尔尼和查珀尔希尔两次会议让欧洲和美国的相对论者体会到了志趣相投的友谊。在尝到了甜头后,为促成会议成为永久性的系列会议,成立了关于广义相对论与引力的国际委员会,其后就是我们所知的GR系列会议(广义相对论与引力会议)。第一届GR会议于1959年在法国罗奥蒙特举行,由于伯尔尼和查珀尔希尔会议在创立系列国际会议中发挥了启蒙的作用，这两次会议均被称为GR0。虽然查珀尔希尔会议只有45位物理学家参会，根据会议文集，系列会议中最近的几次都是大型会议，参会者达到数百位（2004年在都柏林举行的GR17共收到600份报告摘要）。国际委员会还创办了一份期刊，《广义相对论与引力》（*General Relativity and Gravitation*），为读者感兴趣的论文提供了一个发表的园地。

和在伯尔尼时一样，引力波的存在性在查珀尔希尔也是活跃的辩论话题。戈德堡是促成会议召开的关键人物，他回忆道：

> 这是第一次……战后的从事相对论研究的学生们能够参加的会议，对我们而言，是一次非凡的经历……我最生动的回忆是与邦迪和戈尔德［戈尔德，像邦迪一样的奥地利移民，是稳恒态宇宙学的三位创立者之一，另外两位分别是邦迪和英国天文学家霍伊尔（Fred Hoyle）］的一次长时间的讨论，他们所持的观点是引力辐射不存在。我不再记得他们的论据了，但我推测，那些讨论后来促使邦迪开展了他对不存在的无穷远点的分析。显然，需要从数学上证明，是合理的边界条件阻止了引力辐射。（戈德堡，1993，第91页）

尽管邦迪对引力波的真实性持怀疑态度，但正是他，对罗森从伯尔尼会议开始的挑战作出了最有权威性的回答。据邦迪自己宣称，能够回答罗森挑战的关键性贡献来自于邦迪在伦敦国王学院的新同事皮拉尼。皮拉尼在加拿大时，就同英费尔德一起在多伦多大学的一个小组开始了相对论方面的训练，后来先是去了美国，然后又从美国去了英国，在都柏林高等研究院的一年中，他受到了爱尔兰数学相对论者辛格（John Synge）的影响。在广义相对论的最初阶段，辛格已经注意到

图 7.1　戈尔德和邦迪在 1952 年的国际天文学联合会议上，和他们的稳恒态宇宙学理论的合作者霍伊尔在一起。戈尔德和邦迪开始时是引力波存在的怀疑论者，但邦迪最终在证明引力波存在的过程中扮演了关键性角色。（照片引用得到剑桥大学圣·约翰学院的院长和同事们的许可）

其中的测地线偏差方程的重要性。这个方程本质上可用于局部时空曲率的测量。通过观察自己所在的时空位置的几何结构，我们可以测量它的局部曲率。在平坦空间，与在平坦时空一样，两条平行的直线，如测地线，它们相互间既不会聚，也不散开。如在欧几里得最著名的公理之一中所叙述的，即使把它们延伸到无穷远处，它们也永远不会相交。但是在弯曲的空间或时空中，这不再正确，这一点数学家们在 19 世纪就认识到了。在弯曲空间，测地线（两点之间的最短路径）不是直的，两条平行的测地线之间也可能相交，而且这样的事经常发生（恰如地球上的经度线，虽然看上去在任意给定的位置是平行的，但实际上所有的线相交于极点）。因为在广义相对论中（在只有引力而没有任何其他力，也没有引力辐射的情况下)运动粒子是沿局部时空的测地线运动的,所以辛格认识到,粒子的运动可以用来测量局部时空的曲率。皮拉尼则进一步指出,这将是检验引力波存在的一种很自然的方式。

如果我们花一小会儿时间回到海草的类比,我们可以考虑这样的情形:一位海洋学教授从位于海中央的船上观察海浪对海草的影响。因为看不见海岸,很难采用以陆地为中心的参考系。自然地,他会想办法创建一个不随海洋运动的坐标系,这实际上也是航海者从航海探险开始以来为测量经度一直在努力尝试的事。但对观察海浪运动来说,这是最不能令人满意的方法。他所需要做的是在水中放置两个相距很近的小浮标,看它们相互之间是否有节奏地靠近和分开。这样的运动是海浪存在的明确指示。对于引力波情形,如果有引力波通过,漂浮在自由空间中的粒子应该可以观察到一个非常类似的效应。

皮拉尼建议,*测地线偏差方程*将是引力波效应的最合适的测量方法,而不是试图去定义和定域波中的能量:

> 通过测量几组不同粒子对之间的相对加速度,我们能得到黎曼张量的全部细节。因此,我们能够很容易地设想一个实验,来测量黎曼张量的物理分量。(德威特,1957,第61页)[1]

邦迪对此回应道:

> 人们能否利用通过插入一个……项的方式来构造一个引力波能量吸收体,以了解黎曼张量的哪一部分是产生能量的部分?因为这一部分正是我们想分离出来以便研究引力波的部分。

对此,皮拉尼回答道,这很容易实现。邦迪不久之后在《自然》(*Nature*)杂志上发表了一篇快报,提出了一个基于皮拉尼的建议的著名理想实验。在邦迪的理想实验中,他设想了一个套着一些小环的棒,小环可以有摩擦地沿着棒滑动。如果有引力波通过,它产生的变化的曲率将会收缩并减少两个环之间的距离,但对于棒体来说,它是一种由电磁力形成的固体,这种距离的变化可以认为对它没有影响。这样,从观察者的观点来看,我们将看到环沿着棒体上下移动,而这个过程中,环与棒的摩擦会产生热(见图 7.2)。产生的这种热是从哪里来的呢?因为吸收系统本身没有化学变化,所以只能来自引力波。因此不管赝张量告诉我们什么,引力波一定携带能量。

至此,波中任何给定点的能量都完全依赖于坐标,这一点在任何情况下都变得很明显。它可以是零,也可以非零,这取决于所使用的坐标(施塔赫尔,1959),我们通过选择不同的观察点就可以到处移动它,从这个意义上只能说明,这种能量是非定域的。暂时,因为似乎没有简单的方法分析波中的能量,怀疑论者胜出了。无疑,更好的办法是研究不变量,像时空曲率,或其他量,来分析源或吸收体,看是否因为辐射损失或获得了能量。如果源或吸收体能被视为独立于宇宙其他部分的系统(例如,远离其他星球的一个星体),那么似乎就有可能找到与坐标无关的方法去定义它的质量—能量。

在查珀尔希尔会议的后期,提出了另外一个理想实验的杰作,那是在关于引力量子化议题的分会上提出的。在费恩曼报告了引力的量子理论的必要性之后,量子引力的先驱之一罗森菲尔德(Leon Rosenfeld)作了如下陈述:

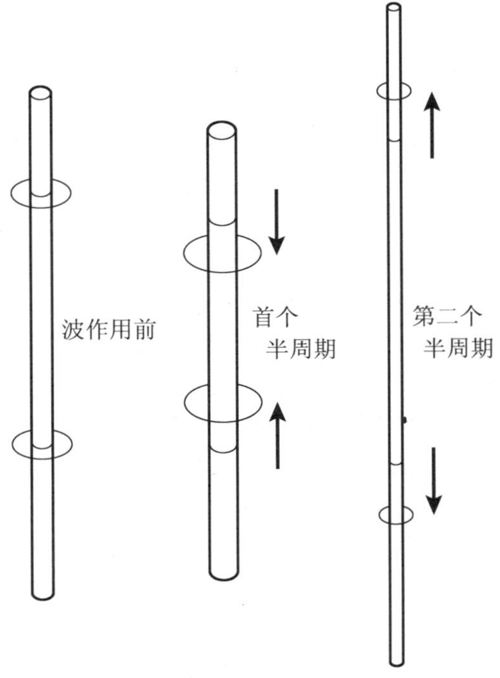

图 7.2 邦迪的理想实验。设想一个套着一些小环的棒，小环可自由地上下滑动。如果有引力波通过，它将交替拉伸和收缩棒体，也将引起小环的移动。但如果棒体被内部的力所控制，保持不变，则我们可以期望小环能更完全地对引力波作出响应，沿棒体从它们的初始位置（图中标记）开始上下滑动。如果滑动的小环与棒体之间存在摩擦，则将有热产生。请注意引力波的特征性的四极波束类型。引力波中的物体在一个循环周期的第一部分变短变宽，而在第二部分变长变窄。

"似乎对我来说，波的存在和吸收的问题是量子化引力是否有意义的问题的关键。在电动力学中，量子化的全部想法来自于辐射场。"（德威特，1957，第 141 页，引号是原文中就有的）

这里我们可以看到，当时，古老的与电磁学类比的方法在恢复人们对引力波的兴趣方面起到了怎样的决定性作用。在50年代，物理学家们转向广义相对论研究的主要期待，是它将成为新的量子引力场论前进的台阶。因为正是普朗克和爱因斯坦对电磁辐射的研究，导致了旧的量子理论的发现，并在新量子力学的突破性进展中发挥了核心作用，所以以发现通往量子引力的途径为目的来研究引力波似乎是合理的。在查珀尔希尔会议上，量子引力是最大的单项议题。当经典广义相对论与天体物理学的关系变得越来越密切时，许多物理学家预料它们即将一同消失，从而归入到新的量子场论之中。而爱因斯坦希望统一场论将是经典的，他想通过某种机制来解释量子力学，以避免对单个粒子运动的概率解释。但是在战后的这段时期，绝大多数物理学家希望经典的广义相对论也应遵守量子世界的奇妙法则。

费恩曼的报告中已经包括了理想实验，试图证明经典引力理论与电磁学的量子理论是不能共存的，他承认，他的一些赞成量子化的论点依赖于引力波的存在。邦迪对此回应道，“这个棘手的关于引力波存在性的问题，确实因此变得更重要了”（第142页）。毕竟，如果引力波不存在，那么这可能是一个迹象，表明引力与其他的场在本质上是不同的，可能实际上它不是一个量子理论。费恩曼之后谈到，皮拉尼早期的报告似乎提供了答案。借助于测地线偏差方程，他认为附于棒体边的一个粒子会受到经过的引力波的作用而沿棒体来回滑动，然后摩擦将产生热，这样就能把能量从引力波中引出。进一步地，他认为任何能吸收引力波的系统都能发射引力波。由于这些原因，他预期引力波是存在的。他总结道，“说这些时我有些犹豫，因为我不清楚大家对这一点是否都已经了解，我没有参加引力波的分会”(德威特拾遗,1957,第143页)。

从他充满逸闻趣事的回忆录《你一定在开玩笑,费恩曼先生》(*Surely You're Joking, Mr. Feynman*)中,我们知道费恩曼到会时晚了一天。到达机场后,他并不清楚会议举行的确切地点(查珀尔希尔的校园举办会议的地方是那时全新的会议中心)。由于有两所距离很近的大学,又没有其他参会的人可以询问,他在出租车候车处犹豫不决:

> 我身上没有任何东西可以指明应该是哪一所大学,也没有人像我一样晚一天到会。
>
> 我有了一个主意。“听着,”我对调度员说道,“大会是昨天开始的,所以昨天肯定已经有一大批去开会的人从这里经过了。我给你描述一下他们:他们是一群把头仰到天上的人,互相交谈时根本不注意是朝哪里走,嘴里说着类似G-mu-nu G-mu-nu的东西。”[这可能是指爱因斯坦张量,一般记为$G_{\mu\nu}$,或指度规张量,记为$g_{\mu\nu}$。]
>
> 他的眉头舒展开了。“啊,是的,”他说道,“你说的是查珀尔希尔!”他叫来了正在排队的第一辆计程车。“把这位先生送到查珀尔希尔的大学。”
>
> “谢谢你,”我说道,然后就去开会了。(费恩曼,1984,第258—259页)

有一个偶然出现的对费恩曼的理想实验的异议,甚至一直持续到了今天。[2]它实际上与很多,或者说与大多数被提出来的探测引力波的方法相关,而这也再次说明了证明引力波能够从物理系统带走能量或带给系统能量是多么困难。费恩曼在他的演讲中提到了这一点:

> 我听到了反对的意见,认为引力场可能使棒体以这

> 样一种方式伸展和收缩，恰好使粒子与棒体之间没有相对运动。但这是不可能的。因为[一个粒子的]运动幅度与[其他粒子]之间的距离成比例，相应地，棒体应以其长度的一定比例拉伸和缩短。而在棒体中心做不到这一点，因为它在自然度规中[坐标系中的费恩曼项，位于其中的棒体和粒子感受不到引力场]——而那意味着由原子尺寸等决定的长度，在原点是正确的并且是不变的……我认为棒长度的任何变化[将至少比粒子之间距离的变化要小两个数量级]，因此可以肯定质量体将与棒发生摩擦。（德威特拾遗，1957，第 143 页）

要记住的是，棒本身是被原子之间的力束缚的，这种力会试图反抗引力波施加于棒上的拉伸或收缩力。如果我们认为棒体的刚性相当好，那么假设它对引力波的响应比滑动的粒子弱得多是合乎逻辑的。如果棒是有弹性的，那么当引力波经过时，它将与滑块粒子同时开始运动，但引力波经过之后，滑块停止运动，而棒体快速收回并来回振荡。在棒有弹性的情形下，是棒体运动摩擦粒子，而且仅当引力波通过之后。但不论哪一种方式，能量传递都是可能的。

费恩曼还继续讨论了“双星”能量辐射的情况。我们从 1961 年他写给物理学家韦斯科普夫（Victor Weisskopf）的信中知道，他进行了相关的计算工作。对这个问题，他未必能使邦迪和其他怀疑论者信服。正如我们将看到的，在 5 年后召开的下一次关于相对论的会议中，引力波是否存在的问题还在讨论，这大概会令费恩曼感到厌烦。韦斯科普夫曾询问过费恩曼关于引力波方面的工作，在写给他的信中，费恩曼讨论了一些关于辐射反作用的细节，并总结道：

> 事实上，我几年前在北卡罗来纳州召开的会议上，为

使人们相信引力波一定携带能量(因为它们通过使粒子和棒摩擦而产生热)而做的全部论证被反过来使用了……我惊讶地发现,在会上花了一整天的时间来讨论这个问题,结果"专家们"都糊涂了。那就是寻找守恒的能量张量等的缘由,而不再问"引力波能起作用吗"?我知道,如果你看到"韦斯科普夫式的"(即物理的)想法在这里是多么有用,你会觉得很好玩。

好了,这应该花你一些时间。如果有任何问题请提出来。我们如何探测引力波?有些人在波域寻找相位滞后的轻微延迟,对此我们要当心。就像在电场中还有待进一步完善一样,在一个波长范围内、在很高精度上,整个场看起来是瞬时的,只有超过一个波长,波才能被清晰地判定。我还没有看到这样的实验计划,当然除了狂想家们的想法。

甚至更进一步,我们怎样用实验验证这些波是量子化的呢?它们可能不是。引力可能是在大尺度范围内量子力学失效的一种方式。生活在我们这个时代,并有这样奇妙的谜团等待我们去攻克,这难道不是很有趣吗?(费恩曼文集,加州理工学院,29 号柜,14 号文件夹)[3]

皮拉尼的工作不仅影响了邦迪和费恩曼,也影响了韦伯。韦伯是一位工程师出身的物理学家,他在考虑一个想法,尝试引力辐射的实验探测(如对韦伯的不平凡的事业感兴趣,应该读一下:柯林斯,2004)。在查珀尔希尔会议之后的几年,韦伯设计了一台测量黎曼时空曲率的装置,在时空曲率发生动态变化时,比如在引力波中,就可以测量它。查珀尔希尔会议一结束,当时在普林斯顿惠勒小组工作的韦伯和惠勒就写了一篇论文(韦伯和惠勒,1957),那是基于皮拉尼的工作的理想实验的第三个例子,在实验探测引力波的历史中,它有理由被看作是一个起点。一个实验家参与引力波存在性的辩论并有所贡献，而且还真正地努力尝试去探测它们，这是科学的直观性的一个实证。在很多这样的情况下，理论上的辩论都被早期的实验结果所平息了。引力波的探测被证明是一个巨大的挑战，到写这本书为止，都还没有确定的探测结果，这种情况下，理论家们就可以不受约束地、几乎无休止地争论下去。

图 7.3　惠勒，20 世纪富有创造性的物理学家之一。他对引力波这个学科的影响主要是通过他指导的一连串杰出的学生实现的。（承蒙美国物理学会埃米利奥·塞格雷图片档案馆，《今日物理》收藏惠允）

这个著名的理想实验的原创者的优先权应该授予谁呢？一般来说，有充足的理由授予邦迪，因为他是第一个发表这一结果的人，但也有意见认为，我们通常所提到的邦迪理想实验，最好命名为邦迪—费恩曼理想实验，因为根据官方会议记录的一个补充文件，费恩曼在会议上对此作了非常清晰的阐述。无疑，在这个问题上我们应该钦佩的是费恩曼敏捷的思维，他在会议接近尾声时，阐述了这个理想实验，作为对引力波存在性的怀疑论者的回应。但几乎同时邦迪也有了相同的想法，也被保存在会议记录中，正如我们已经看到的，皮拉尼报告全零矩阵之后，邦迪的第一个评论就是关于证明从引力波中吸收能量的吸收体存在的可能性。很可能惠勒和韦伯也是独立地提出了这个想法。正如邦迪自己对我说的，"我知道它很重要，我认为它是显而易见的"（采访）。毫无疑问，皮拉尼在发现正确的工具方面所做的工作促使了理想实验的产生，至少对邦迪、费恩曼、惠勒和韦伯这些有才干的人是这样的。

如我们在介绍中所看到的，邦迪对引力波以及作为其基础的与电磁学的类比的怀疑态度，可以与惠勒对类比的忠实态度相匹敌。这种见解上的分歧，是这个新领域将要经历的困难的征兆（近半个世纪，严格地说，还发展得很不充分，如我们所见），各种背景的研究人员开始进入这个领域。实际上，相比其他许多进入这个领域的新人来说，邦迪和惠勒的背景相当接近。尽管对电磁学类比的意义的看法不同，但邦迪和惠勒各自都意识到，皮拉尼的工作说明了如何构造一个理想实验来证明引力波一定携带能量。邦迪和惠勒有一点是相似的，他们都选择了广义相对论作为冀望开创第二个事业的领域，而且各自都忠实于这个领域的奇特的习俗。在前半个世纪，爱因斯坦用与发展场论不同的方式创立了广义相对论，费恩曼是惠勒以前的学生，他是物理学家的一个代表，他从事广义相对论研究的目的是试图去修正这个历史上的意外事件。

然而,邦迪、费恩曼和惠勒马上就到达了同一个地方——"邦迪—费恩曼"理想实验,这个理想实验在使物理学家相信引力波一定存在中发挥了关键作用。物理学的特征正是它的趋同性本质,3 个人从完全不同的起点出发,却得到了相同的结果。很多领域是有分歧的,拥有共同背景的人们最终对关键性结果的意见经常是不一致的。值得注意的是,毫无疑问,在这种特殊情况下,这种趋同的动力并非来自实验验证的严谨性。这里并没有关于引力波的实验,韦伯的努力在很长一个时期内也不会有任何结果。如果把与自然界的联系援引为这种趋同倾向的源头,那么最好的说法是,类比使他们三人中的每一个人都能利用从其他实验中获得的经验,得出"正确的"结论。

然而,作为一个学科,不论物理学多么趋同,可能都很难摆脱分歧。引力波是否携带能量的问题就是一个很好的例子,它告诉我们,在物理学中对于一件事的意见是多么普遍地不一致。理想实验于 1957 年被邦迪和费恩曼阐明之后,便很少再有相对论者怀疑引力波传输能量在一定程度上本质上与电磁波类似,尽管大家相信找到一个确定的方式计算传输多少能量完全是另外一回事。大家已经知道,即便能量是用非不变的赝张量来描述的,这也不是证明能量不存在的充分理由,因而人们将注意力转移到了研究作为引力波标志性特征的远离源处的曲率的变化。艾萨克森是米什内尔(Charles Misner)的学生,米什内尔是惠勒小组转向相对论研究后的早期成果之一,正是艾萨克森的工作,说明了如何通过在几个波长范围内波的平均能量,才能做到以坐标不变量的方式描述引力波的能量。虽然坐标的变化可以把能量从波的一部分转移到另一部分,但能量通常一定保留在产生处大约一个波长范围内的某处。艾萨克森

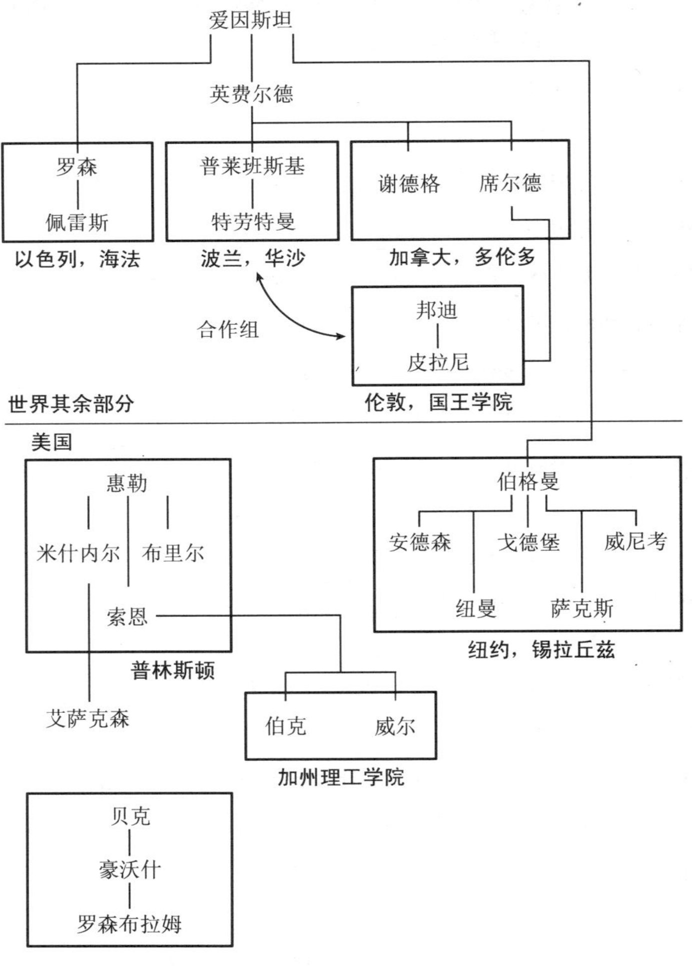

图7.4　学术家谱。连线代表导师和学生或(对爱因斯坦的情况)助手。方框内的名字为小组或学派的成员。

表 7.1　四极公式至 1970 年的历史。楷体字条目指对双星辐射引力波的计算得到了零或负能量结果。

波所携带的能量的计算

1914 年	亚伯拉罕认识到二极引力波不存在。
1915 年	爱因斯坦提出引力波的第一个理论。
1918 年	爱因斯坦第一次计算了四极公式。
1922 年	爱丁顿修正了爱因斯坦公式中因子 2 的错误。
波源运动问题的计算	
1923 年	爱丁顿说明四极公式适用于引力以有限速度传播的旋转棒。
1936 年	爱因斯坦和罗森试图证明引力波不存在。
1938 年	爱因斯坦、英费尔德和霍夫曼(EIH)解决一阶后牛顿运动问题。
1941 年	朗道和利夫希茨宣称四极公式适用于双星系统辐射的波。
1947 年	胡宁将 EIH 方程应用于双星辐射的引力波,但发现了能量增益。
1953 年	英费尔德和谢德格声称双星不辐射引力波。
1955 年	罗森提出引力波不携带能量。
1955 年	福克用他自己的慢运动计算重新推导出了四极公式。
1957 年	邦迪和其他人提出了理想实验,指出引力波一定携带能量。
1958 年	特劳特曼说明双星辐射的能量不能转化掉。
1959 年	佩雷斯发现在双星系统中的能量增益。
1959、1960 年	佩雷斯发现他先前的结果是因为使用了错误的边界条件而得来的。新结果同四极公式是一致的。
1960 年	英费尔德和普莱班斯基(Plebanski)的教科书,书中英费尔德还是坚持认为双星系统确实承受辐射阻尼。

1962 年　邦迪等指出系统在辐射引力波的过程中损失质量。

1964 年　布里尔(Brill)和哈特尔(Hartle)指出引力吉纶有质量。

1965 年　史密斯和豪沃什运用快运动计算,发现双星系统辐射引力波导致的能量增益。

1969 年　伯克(Burke)将匹配的渐近展开引入广义相对论,允许近场(源)和远场(辐射)计算之间的一致匹配。

1970 年　钱德拉塞卡和埃斯波西托(Esposito)利用物理上更加真实的扩展体模型重新推导了双星系统的四极公式。

1979 年　罗森基于吸收体理论认为双星系统不会损失能量去辐射引力波。

的波能量的不变量表示受到热烈欢迎,并成为与实际引力波探测相关研究的最重要的工具。然而,即便到了 20 世纪 90 年代,还有至少来自一位相对论者——加拿大物理学家库珀斯托克的批驳声,他认为引力波不携带能量,并且在邦迪一费恩曼最初的理想实验中存在瑕疵。库珀斯托克和其他人甚至提出,韦伯原创的那种探测器正是因为这个缺陷而不可能工作。不过,关于这个题目的辩论时代似乎早已成为过去,不再有围绕它的新的论战出现了。如我们即将看到的,一旦在一个领域中有足够多的研究人员认为问题已经解决,则少数人无论怎么努力也很难再重新启动它,除非处于不同寻常的环境。

1957 年以后,注意力从老问题——引力波是否真的存在这个问题转移到了一个更难的问题上,即双星是否辐射引力波,以及在这个辐射过程中是否因损失能量而引起轨道衰退?这样的行为从来没有被观察到,而且很清楚,这种效应太弱,在已知的所有双星中都不可能观察到。理论上,这个问题是引力约束系统运动学问题的一部分,而为了继续这个故事,我们需要回到爱因斯坦和他的合作者们及他们在30年代后期的工作。

第八章
运动问题

在爱因斯坦和罗森所进行的否定引力波存在的努力失败后，爱因斯坦和英费尔德及爱因斯坦的另一位年轻合作者霍夫曼一起，又进行了一个新课题的探索。他们希望发展运动问题的后牛顿理论，这是一个雄心勃勃的项目，其中包括大量的计算工作，爱因斯坦、英费尔德和霍夫曼于 1938 年共同完成了一篇相对论者非常熟悉的著名论文，提到这篇论文时，经常用 EIH 这样一个简称代替，它来自 3 位作者姓名的首字母。在进行 EIH 研究的过程中，爱因斯坦希望证明他早期的一个猜想是正确的[这个猜想是爱因斯坦和格罗梅(Grommer)在 1927 年提出的]，即在广义相对论中，粒子的运动完全由场方程决定。相比之下，在其他场论中，需要援引其他独立的力学定律。例如，在电磁场理论中，麦克斯韦场方程描述了在存在其他带电粒子的情况下，像电子这样的带电粒子的受力情况，但为了说明在这种力的作用下这个粒子将如何运动，就必须援用牛顿第二定律。由于运动反过来又会影响该粒子产生的场，我们看到在场方程和力学定律之间存在相互作用，因此对于问题的解决，二者缺一不可。1927 年，在和当时的助手格罗梅共同发表的一篇论文中，爱因斯坦讨论了广义相对论的这种有趣的性质，即在引力场中，场方程完全决定了粒子的运动，那正是他和其他人从一开始就非常欣赏该理论的原因所在[参见豪沃什，1989；肯尼菲克(Kennefick)，2005]。

从18世纪到19世纪、从牛顿到庞加莱,一直作为天体力学进行研究的问题,在本质上与广义相对论中的运动问题是相同的。主要的差别是,在广义相对论中,和牛顿理论不同,即使是相同尺度的二体问题也不能通过解析进行求解。这个问题起步很顺利,施瓦氏(1916)和其他人得到了爱因斯坦描述单个有质量物体的引力场方程的精确解,不论对于奇点还是有体积的质量体都适用。由于有了这个突破,在描述小物体围绕一个质量体的轨道运动时,就可以采用摄动理论。在相同尺度的多体情况下,另一个方法是,把它们当作弱相互作用来看待,缓慢地移动质量,从而将其运动减慢到适用于牛顿理论的运动情况,然后基于广义相对论去计算运动的修正,用诸如系统的速度(相对于光速,v/c)和场强(GM/rc^2)这样的小参量的幂来表示其解。这种拓展的方法称为后牛顿理论,它由德罗斯特(Droste,于1917年)和德西特(于1916年)在广义相对论发展的初期加以发展。在早期的研究结果中,爱因斯坦发现了以前没有发现的水星近日点进动的原因,这两种方法都使得他的这些结果得到了确认。迄今为止,这是广义相对论对天体力学所作出的最大的单项贡献。在1916年的同样是关于引力波的论文中,爱因斯坦本人提出了线性化近似,后来成了运动方程的快运动(或后线性,或后闵可夫斯基)展开的基础,其中的展开参数是场强,速度是不受限制的,因此物体可以非常快速地运动。

简而言之,广义相对论中所用的两种基本的近似方法都是基于与现存的两种理论的对比,一个是以前的牛顿万有引力理论,另一个是电磁场的狭义相对论。然而,对于引力波理论,每一种方法都存在一个基本的问题。牛顿的万有引力理论中从来就不曾有过引力辐射存在的可能性问题。虽然后牛顿展开式理论能对二体天体运动方程作出修正,但用它来描述辐射效应却是模糊的，且仅针对特定情况而言。另一方面，后线性或快运动展开虽然很适于描述辐射，但一旦应用到引力中物体的运动问题时，又很难处理。线性化理论并不能算是严格的引力理论，因为它缺少引力的非线性特征。实际上，基本的线性度规是相当平坦的，它根本不包含弯曲。它实际上是以闵可夫斯基的名字命名的狭义相对论的度规，闵可夫斯基首先采用不变的四维形式正确地阐述了狭义相对论。

在第二次世界大战之前，豪沃什完整地解释了运动问题。他总结道，在战后，人们几乎遗忘或忽视了战前的所有工作，但前面提到过的爱因斯坦—英费尔德—霍夫曼的工作例外。战争引起了极度的混乱，使得一些参与者去世或者流亡，也使得一些早期的工作在完成很久之后还没有被翻译成英文，这两个重要的原因造成了人们对那些工作的遗忘。在这个时期所出现的物理学通用语言发生了重大的变迁，二战期间，英国特别是美国成了出走科学家们的重要的避难所，这个事实显然是引起这种变迁的主要原因。

爱因斯坦本人的声望必定使得 EIH 方法相对地显得比较突出，此外，我们和豪沃什都认为，一部分还应归功于英费尔德，他成功地改进了这一方法，在战后的相对论领域里，他是个突出的人物。在任何情况下，现在所用的教科书都仍然引用 EIH 作为运动问题的权威解。有诸多其他因素使得战前的工作黯然失色，广义相对论在战前和战后的不景气，也是其中的原因之一；很多早于 EIH 的工作都苦于陷入少量的计算错误而没能正确地得到 EIH 解；战后，福克确实在这方面继续做着重要的工作，但由于他对广义协变性持非正统的观点，使大多数相对论者都对他持怀疑态度。

另一方面，安德森（James Anderson，1995）坚持认为，尽管作为运动问题的解 EIH 非常重要，但大多数发展运动问题的后续研究都没能充分重视或利用 EIH 方法的长处,特别是在辐射反作用方面(没有涉及运动问题方面的任何战前工作)更是如此。他认为,EIH 属于爱因斯坦最卓越的工作之一,而这个工作中所采用的方法也在战后被遗忘得最严重,正如英费尔德所说[英费尔德和华莱士(Wallace),1940,第 806 页],反作用问题也遭遇了忽视这种“新的近似方法”的倾向。豪沃什和安德森截然不同的态度表明,EIH 得到的是毁誉参半的评价,前者公开反对,认为 EIH 在该领域造成了不良的影响,后者却为它的缺乏影响而感到遗憾。豪沃什过去是现在依然是 EIH 的尖锐的批评家,而安德森现在则认为 EIH 是广义相对论中关于运动问题的最重要的工作。这两个人都是很有天赋的科学家,在他们所在领域的发展史中都产生了巨大的影响。如果他们会产生如此巨大的分歧,我们认为还是应该更加小心才是。

20 世纪 40 年代和 50 年代,当第一次尝试把运动问题近似解拓展到反作用效应出现的阶数时,人们想把 EIH 作为一种工具是由于几点原因。[1]其中一个原因就是对点源的使用。爱因斯坦自身的困难在于用奇点表示运动的质量,尽管在天体力学中采用点源计算由来已久,连牛顿本人当年也是如此。因此,在发展 EIH 的过程中,他使用了一种灵巧的方法,即把所有与点质量有关的计算围绕着这个点或是奇点的表面进行积分。因此,无论里面是什么,也不管是对一个可能的奇点或是对一个复杂的行星或恒星,在表面之外的所有与场有关的都是在表面上计算的那些量,它们都应该是一样的(对第一次近似)。[2]在后来的一次会面上,正是这个技巧得到了安德森的赞赏,但是即使是将其隐藏在一个隐蔽表面的后面,奇点的使用还是让很多相对论者大为困扰。正如我们将会看到的,邦迪认为双星的引力波辐射取决于这对双星内部的内力,而并不取决于它们之间的引力，而引力是唯一能用 EIH 处理的。邦迪的关注激发了著名的印度天体物理学家钱德拉塞卡的兴趣，他用合理的恒星模型去计算后牛顿理论类型的“慢运动”。

到了 20 世纪 40 年代，人们还在试图通过摒弃点源来改进 EIH。胡宁是一位中国物理学家，也是加州理工学院的毕业生，当时他正在普林斯顿高等研究院工作。泡利是当时主流物理学家中少有的几位对广义相对论感兴趣的人之一，他鼓励胡宁用 EIH 解决引力辐射问题。胡宁后来到了都柏林高级研究所，当时该研究所因薛定谔（Erwin Schrödinger）而闻名。在胡宁所做的开创性的工作中，他尝试使用扩展源来改进基本的 EIH。他把结果提交给都柏林的爱尔兰皇家科学院，报告了在圆轨道上运动的等质量双星系统的情况下，存在一种与四极公式不一致的能量损失（胡宁，1947）。可是，在发表前不久，他在论证中又增加了一个注释，这是因为他发现了一个计算错误，这改变了他所得结果的符号，用反阻尼代替了阻尼。换句话说，发出辐射的结果是系统将获得能量，而不是失去能量。因此，这种二体系统的半径将缓慢地增加而不是减小。

几十年后，在北京大学做教授时，胡宁又重新回到了引力波问题上。在 70 年代末，对四极公式的争议异常激烈，关注的焦点是爱因斯坦的波辐射方程的正确性，此时，胡宁又回到他曾做过的老课题上。到 1979 年，他得出的结论是，他自己最初在 40 年代所做的计算中的错误导致了他没能提出正确的边界条件（胡宁，1982）。这也许是将慢运动方法用于双星辐射问题时所遇到的最令人困扰的问题。问题在于，无法将源系统的行为与它和宇宙中其他物体的相互作用区分开。从理论上讲，问题涉及的是孤立系统，宇宙中的其他东西实际上就由引力波本身代表,引力波进行远离系统的远距离传播,一直传向(或来自)无穷远的地方。如果我们想象,宇宙的其他东西向着系统发射引力波,则在这种情况下,似乎合乎逻辑的是,二体系统将获得能量,而恒星将向外旋转着彼此远离。这意味着,在具有较多机械能的系统中,两颗恒星将几乎彼此完全远离,而在具有较少能量的系统中,两颗恒星则会互相靠近,直到彼此合并。

一个物理上似乎更可能的方案是,引力波从源向外辐射,从系统中带走能量,从而导致恒星旋转着彼此靠近。如果辐射向内的引力波能量与辐射向外的一样多,那么,恒星彼此之间就会保持原有的距离,处于平衡之中。这就是爱因斯坦与罗森一起完成的论文中作为一种可能性所讨论的方案。

经验表明,源辐射时会损失能量,关于这一点,我们可以联想到类似的电磁场的情况。这就是我们所知的时间之矢的一个重要的方面。我们知道,辐射源的能量将会分布到大量的吸收体上。可以设想,所有那些吸收体本身在那里也都是源,都会自发地辐射,在集体付出之下,会赋予我们的源比它开始时还多的能量,但实际上,不会发生这种情况。这只是看待这个问题的一种物理方式。遗憾的是,正像胡宁和其他人所发现的那样,完全不清楚如何把正确的方式应用于这个问题。为了这么做,必须找到适用于该方程组并正好表示这种情况的正确的边界条件。由于慢运动问题集中在源上,也没有很多数学工具来描述离源无限远处的情况,因此所选择的边界条件很容易偏离想要的情况。如果这些“下意识”的边界条件不过是随意地描述了来自无限远处的辐射的大量涌入,那么计算结果就会显示源获得了能量并向外旋转。1947年胡宁提出,这种不可思议的行为可能与当时新提出的宇宙膨胀的思想有关。1979 年他得出结论,他在边界条件中犯了错误。实质上在早期计算中，他随意地引入了虚构的引力波束，从宇宙的其他地方进入到他的双星系统。由于在实际情况中宇宙的其他地方似乎并没有理由以这种方式运作，最终他得出结论：他的计算出了错。

整个问题就是以另一种方式谈论推迟势或超前势的问题，在第五章讨论爱因斯坦和罗森的论文时就已经提到过。涉及波从源向外辐射的边界条件与推迟势有关，远处的观察者过一会儿才会感觉到源的运动。波向内会聚到源表示采用了与超前势有关的边界条件，远处的观察者在实际发生之前就得到了源运动的消息。看看这种方式，很容易就会明白，会聚的波只是发散的、物理真实的波在时间逆向观察的结果。如果制作一部涟漪从池塘水面的源处向外辐射的影片，比如把一个石块投入池中，然后倒着播放这部影片，此时看到的好像是从岸边发出来的、在某点处向内会聚的波，在影片的最后石块会奇迹般地出现。因此，在选择我们的边界条件（或我们的超前势或推迟势）时，我们只是在选择时间之矢的方向。如果我们选择的是与时间相反的方向（即使不是故意的），那么显然，双星就不是向内旋转而是向外旋转了。

现在没有人真的认为，和宇宙中的其他东西相比较，引力是在以逆向时间的方式运作，但以一半超前势加一半推迟势的方式运作的可能性又如何呢？在这种情况下，可以设想向外运动的波和向内运动的波是等量混合的，因此在源和宇宙的其他部分之间没有能量的净流动。这种波看起来似乎就是驻波，在时间上冻结了。这也正是爱因斯坦和罗森在论文中所讨论的方案。必须记住的是，实际上很多场论的计算都采用了一半超前势加一半推迟势，EIH 是这方面的一个很好的例子。原因是，这种势可以假设，一个运动粒子的场的变化立即会被空间中的其他所有粒子感觉到。这种假设可以相当明显地简化运动问题的计算。这实质上回到了旧的牛顿引力理论的超距作用,适用于不涉及辐射的问题,EIH 论文正是这种情形,它试图处理我们太阳系的情况,在这里引力辐射不发挥作用。对使用这种势产生的质疑有两个。一个主要是技术上的,在整个广义相对论中方程组是非线性的,与电磁学中的情形不一样。因此就不能保证,如果推迟势和超前势各自都是方程组的一个解,那么它们的线性组合必定也是一个解。但是,在对理论作近似处理的情形下,这种方法是可以采纳的(牛顿万有引力,狭义相对论的电磁学),这样的选择似乎也非常自然。第二个质疑是,这种势的选择似乎提前假设了不存在由于辐射引起的能量损失。但是,如我们在第四章看到的,至少在早期的时候,一些物理学家希望轨道系统不会由于辐射而衰退。

正如里茨和蒂特罗德等人已经提出的,电磁学方程组(允许时间反演的解像我们观察到的物理解一样简单)最好应该用超距作用方法来分析。这种方法最著名的例子就是惠勒—费恩曼吸收理论,在时间之矢问题中,这个例子真正把注意力集中于辐射的反作用。1908 年爱因斯坦和里茨就辩论过时间在电动力学中的作用问题。就像在热力学中以熵增加为特征的那些过程一样,辐射过程是“不可逆的”这个事实背后是什么呢?以下是爱因斯坦和里茨发表的关于辩论的联合声明:

> 里茨认为,[电动力学中]推迟势形式的限制是[热力学]第二定律[即熵定律]的基础之一,而爱因斯坦则相信,不可逆性完全是由于概率的原因。(爱因斯坦和里茨,1908,第 324 页)

换句话说，里茨相信封闭系统中熵增加定律的解释是，电动力学被限制于推迟势。与之相反，爱因斯坦则认为，电磁学方程组对时间之矢是中立的，就像其他物理学基本定律一样。只是在热力学的情况下，在考虑由大量粒子组成的系统的可能行为时，时间之矢才会出现。最终是惠勒和费恩曼接受这个挑战并证明了，我们可以从假设所有电磁的源都是瞬间相互作用开始（其中部分对过去的事件起作用，部分对将来的事件起作用），并最终会发现，只要吸收体的数量是巨大的，就存在时间之矢。原因是，当一个源对很多吸收体发射时，它们被激发，从而产生自己的发射，然后反过来作用在最初的源上。此时，这些吸收体也都成了源。惠勒和费恩曼的计算显示，那些没有时间延迟就能到达最初源的、来自那些被激发的源的发射要如何作为，才能抵消最初的源中的那部分超前势。因此，只有推迟的那部分势保留了下来，而源的所作所为就好像存在时间之矢似的。如惠勒在他的自传里描述的那样：

> 我和费恩曼得到的令人震惊的结果是，如果宇宙中只有少数几大块物质，比如只有地球和太阳，或是数量有限的其他行星和恒星，那么，未来真的会在现实中影响过去……我仍然相信这是对的。
>
> 在撰写第二篇超距作用的论文（1949 年发表）时，费恩曼和我打电话给爱因斯坦，想看看他会说些什么。他说（我是意译的）："我一直相信电动力学对向前发展和倒退回去的事件来说在时间上是完全对称的，在定律中没有什么基本的东西会使事情只能沿着一个方向进行。观察到的事件的单向性起源于统计学，其根源来自于宇宙中存在能够相互作用的大量粒子。"爱因斯坦再一次表现出了他对物理世界的惊人的直觉。没有进行我和费恩曼所做的关于远处的吸收体在小的空间和时间里对此处目前发生

的事情的影响所起作用的任何计算或分析，他就同样得出了一般性的结论。（惠勒，1998，第166—167页）

对物理学家来说，时间之矢的起点问题还是引人入胜的，即便它是如此难以捉摸，在日复一日的研究中根本无法勾勒出个大概。1963年，戈尔德组织了一个关于这个论题的会议（得到了USAF的资助），惠勒和费恩曼作为重要的专家受到邀请。与会者的研究发表在一本书里（戈尔德，1967），但是费恩曼反对，他说他的论点没有打算发表，因此，在那本书里他的稿件被署名为神秘的X先生。如前所述，1979年罗森经过一番努力后提出，费恩曼和惠勒所证明的电磁学的东西在引力中不起作用，因为引力之弱是众所周知的。罗森提出，吸收体对源的反作用不足以抵消那部分超前势。虽然这个论点并未引起激烈的辩论，但在轨道中围绕彼此旋转的引力系统是否真的是遵守时间之矢的不可逆系统，确实影响了长期存在的怀疑态度。

相对论者似乎不敢希望，地球围绕太阳的运动在某种程度上是可以躲过时间之矢的，这种思想当然反映了深层的感情和以往的辩论。就像牛顿被说成是已经看到了作为上帝计划的世界末日的一种征兆，太阳系会不可避免地衰退一样，其他许多人已经把拉普拉斯的永恒的机械的宇宙看作脆弱的世界的唯一不变的东西。那种衰退真的会在非常完美的天体力学体系中发生吗？在这里人们会想起蒲柏（Alexander Pope）古老的诗句，后面是由斯奎尔（John Collings Squire）补充的：

大自然和自然律，隐匿在黑暗中。上帝说："让牛顿出世！"于是一切成为光明。

但不久，魔鬼号叫道："让爱因斯坦出世！"于是一切又重回黑暗。

此外,也有技术的原因可能鼓励相对论者希望从世俗的世界暂时地解脱。二体运动问题不依赖时间的静态解,使更简单也更精确的恒星和行星运动问题的相对论解成为可能。其实,即使是在电磁学中,人们也曾努力把超距作用场势作为使某些系统躲过辐射的一种方法。在 20 世纪初期,电子在原子核中做轨道运动时伴随着以波的形式辐射能量,却不会在轨道中连续地衰退的问题至今还完全是个谜。在这个现象得到量子力学的解释之前,像蒂特罗德这样的物理学家曾借助一半超前势加一半推迟势来寻求经典的解[其他这么做过的人还有前面讨论过的努德斯特伦和美国物理学家佩奇(Leigh Page)(佩奇,1924)]。惠勒在自传中说,由于他曾努力构建一个稳定的原子系统而不是更小的基本粒子系统的模型,那个系统需要环绕轨道运行但保持静态,所以曾对超距作用很着迷(惠勒,1998,第 12 页)。

有一个人后来对他的学生说,爱因斯坦曾希望在双星的情况下有这样的结果,这个人就是英费尔德(特劳特曼采访)。在第二次世界大战后的岁月里,他继续研究运动问题,起初是和爱因斯坦,后来是和他自己的学生合作。

成功完成了 EIH 论文后不久,英费尔德在罗伯逊的帮助下获得了多伦多大学的一个职位,他让他的研究生华莱士把 EIH 的形式应用于电动力学中的运动问题。在他们的论文中,和在 EIH 论文中一样(在其中没有考虑辐射效应),我们可以看到有一种对驻波势的偏好,一半超前势加一半推迟势。英费尔德和华莱士声明,这个解"对时间流并没有指定的特殊方向",另外,这个解对他们的方法来说也是最简单的(英费尔德和华莱士,1940,第 799 页)。他们注意到,这个解对轨道运动没有阻尼，于是进一步声明道："从这一点来说，考虑辐射似乎是随意的"，因为人们要得到它就必须选择推迟势。这个观点部分地反映了爱因斯坦本人的观点，但是应该强调的是，在广义相对论中，在1916年那篇对以后发展有巨大影响的关于引力波的论文中，他是第一个使用推迟势的人。允许辐射阻尼的这个解是令人反感的，因为它需要把时间之矢任意强加到本来是时间对称的场论中。爱因斯坦曾考虑过，在场论中时间不应该不对称，它的起点完全在于概率理论。他的观点可能影响了英费尔德，作为EIH近似的最自然的选择，英费尔德更喜欢驻波解。在引力场的情况中，辐射的存在无法被实验证实，英费尔德可能感到并没有在电磁学中会有的去强加时间之矢的那种冲动，因为在电磁学中从实验就知道场中存在辐射。

随后，英费尔德和另一个学生谢德格（Adrian Scheidegger）一起研究了EIH形式的引力辐射的反作用问题（英费尔德和谢德格，1951）。他们得出结论：使用一半超前势加一半推迟势方法最自然的处理将导致没有辐射反作用的结果。他们承认，可能找到某种大的项，v/c 的奇次幂（c 是光速，v 代表小的源的速度）似乎对应反作用项，但是他们认为总是可以通过坐标的适当选择避免这些项的出现。在美国物理学会1950年的会议上，当谢德格报告了这个结果时，"引起了相当热烈的讨论"（谢德格，1951）。同一年，在遭到麦卡锡主义者在媒体上的反对（见第九章）后，英费尔德离开了加拿大。他回到了祖国波兰，而谢德格则在他不在的情况下继续在北美坚持没有阻尼的立场，直到50年代中期由于学术职位不足而离开了广义相对论研究领域，转而从事地球物理学工作。

英费尔德和谢德格郑重提出的势的选择，似乎优先于双星发射引力波的可能性，这在物理上怎么会是正确的呢？面对我们关于时间之矢的经验,他们怎么能够逾越呢?当然,自然界有很多不可逆过程,但这一事实并不表示就没有不衰退的可逆过程。有关电磁学的经验表明,加速运动的电荷必定辐射电磁波,四极辐射公式表示引力也是如此。在轨道中彼此围绕旋转的恒星当然是加速的,如果将四极辐射公式应用于它们,就表示它们会损失能量而产生辐射。引力场方程组完全决定了系统的运动,这个事实意味着,场方程组约束恒星所做的运动可能会导致它们不损失能量而辐射波。在电磁学中,我们可以随便地说物体以某种方式运动而导致发射辐射波,但是,在引力的运动问题中我们不能这么做。在引力问题中,物体以一种满足场方程组的方式运动,而它们本身的形式却又是由物体的运动决定的。为了弄清楚它们在怎样运动,看起来似乎我们必须事先知道物体正在运动的状态!解决的办法是使用迭代法,开始先想象物体根本不辐射。现在我们知道,它们是沿着时空的测地线(即两点之间的最短路径,在相对论的弯曲时空中不是直线)运动。在这样的假设下,计算出它们将做何种辐射。但是,这种辐射将会带走能量,而我们却是通过假设没有能量损失而得到这种结果的。因此,回过来再对运动做一些修正,使之允许能量损失,这样恒星就不再沿着测地线而是沿着其他路径运动了,其间的差别可能并不大。现在再计算从那个路径产生的辐射,然后再去修正它。重复这个过程多次,直到根据你的最佳判断认为得到的结果足够精确时为止。

因此,对于完全靠引力结合在一起的系统的这种特殊情况,我们从来就不能肯定地知道,当我们考虑辐射时,得到的这种运动是否恰好就是根本没有由于辐射产生能量净损失的那种运动。和往常一样,怀疑论者强调了广义相对论与电磁学这一特别不同之处。如谢德格所观察到的,在经典场论中,相对论占据了一个“独特的位置”（谢德格，1953）。这个重要的独特性就是场方程组限制了运动方程组，正如爱因斯坦曾经提到过的那样。在电动力学中却不是这样，我们可以完全自由地证明阻尼效应，当引用场方程时，可以通过以任意方式移动粒子，来表明辐射的产生并且从本地系统损失能量。而在相对论中，需要证明所讨论的运动是相同的场方程组所允许的。

当我们考虑何种类型的运动产生辐射这个问题时，这就更加重要了。一个明显的例子是电动力学中的一个加速电荷。费恩曼在1962年到1963年间在加州理工学院讲课时就很好地描述了这个问题。顺便提一句，在同一课程中，费恩曼并不赞同相对论者关于相对论的“独特的”场方程组的普遍看法，他提出，在这方面相对论与电磁学的场论没什么不同。关于等效原理和电磁学之间的联系，他说：

> 等效原理假定，无论借助何种实验，加速和引力都是不可分辨的。特别是，不能借助观察电磁辐射来分辨。这里显然有些麻烦，因为我们有种成见，认为加速的电荷应该辐射，而我们并不期待呆在引力场中的一个电荷会辐射。可是，这不是由于我们对等效性的叙述中的错误，而是由于加速电荷辐射功率的法则使我们误入歧途……
>
> $$\frac{dW}{dt}=\frac{2}{3}\ \frac{e^2}{c^3}a^2, \qquad (8.1)$$
>
> [dW/dt 是以加速度 a 运动的电荷 e 的辐射功率，c 是光速。]
>
> 当然，在引力场中麦克斯韦的电磁学定律需要修正，就像普通力学需要修正来满足相对性原理一样。毕竟，麦克斯韦方程组预言，光应该沿直线传播——而从引力理论中发现它受到星体的引力而偏转。显然，引力和电

动力学之间的一些相互作用应该包括在一个叙述得更好的关于电的定律之中，使它们与等效原理一致。

我们需要讨论电动力学的这些修正，以及辐射机制、接收、引力波的吸收等，在此之前我们还不能说已完成了引力理论。（费恩曼，1995，第123页）

由于费恩曼已经提出了这个问题，但在保存下来的这部分课程中他并没有给出回答，下落的质量体发出的辐射（无论是电磁辐射还是引力辐射）是什么情况呢？相对于扔下它的人来说下落的物体显然在加速，但从相对论的意义上讲，它只是沿着测地线在运动，因此完全没有加速。这倒是符合亚里士多德的意思，它只是在做自然而然的事。按照定域时空的说法，真正被加速的粒子可能仍然握在这位观察者的手中，或者是由他的另一只手托着，以防止它自由落下。观察者的手在加速粒子以防止它（沿着测地线）落下。比如，一个做自由落体运动的人可能认为一个做自由落体运动的粒子是静止不动的，而被支撑着的粒子却正在被加速。我们可以很容易地认识到加速运动完全是观察者眼中的现象，那么对电磁辐射来说不是一样吗？这些粒子中的哪一个应该辐射呢？纽曼（Ezra T. Newman）是查珀尔希尔会议之后那个时期主要的年轻相对论者之一，他讲述了惠勒曾要满屋子的相对论者对这个问题进行投票，他记得投票结果正好是一半对一半（采访记录）。遗憾的是，在相对论的环境中，即使对专家来说，从辐射的意义上确定什么是加速，也不是一件容易的事。这似乎是科学上采用民主方式的一个罕见的例子。

现在相对论者一致认为，粒子发出辐射的问题是由观察者的运动状态来决定的。做自由落体运动的人会认为支撑着的粒子将发射辐射；而不下落站在实验室里的人会认为下落粒子将发射辐射。在宇宙其他部分的遥远的观察者会与不下落的人的看法一致。对他们来说，下落粒子和地球正在向着对方彼此做加速运动，而且，这种运动产生了一个变化的电磁场或引力波场，在远离源的地方引力波是可以观察到的。可是为什么做自由落体运动的观察者看不到做自由落体运动的粒子发出波呢？甚至更为荒谬的是，远处的观察者根本没看到任何波的时候，她为什么会看到波正从被支撑着的粒子发射出来呢？答案就在于不可思议的近域场。靠近任何场源（这里靠近的意思是指“离源不超过很多个波长”，因此，近域区的尺度取决于相应辐射的波长），都不可能真正将波现象和其他场的动力学振动区分开。比如，我们在地球上感觉到月球施加给我们的不断变化的起潮力。这种力产生的影响就无法与引力波产生的影响区分开。在附近恒星上的人感觉不到月球施加的起潮力，因为它太弱了。但是，如果月球产生的引力波是可感知的，他们就可能探测到那些波。近距离情况下你无法说出引力波和振动的起潮力之间的差别。但在远距离时，你可以做到，尽管从原理上讲，这种起潮力太弱了，在远距离是无法探测到的。自由下落的观察者和实验室里的观察者对于场的哪一部分才是真正的波这一点无法取得一致的意见，但对于远处的观察者来说，就不会有这种障碍。

但是，关于辐射的作用的问题又如何呢？如果一个粒子真的在辐射，而且这种辐射真的被远处的一个观察者探测到了，那必定意味着，能量正在从这个粒子传递到远处的观察者。其结果是，这个粒子将损失能量，而且损失的必然是它本身的动能，这就意味着这个粒子会下落得慢一些。存在一种辐射反作用“力”，它与引力的方向相反，因此使粒子下落得慢些。观察者肯定会同意带电粒子比不带电粒子下落得更慢，因为前者下落时要辐射电磁波而后者不辐射电磁波。当然,对这个问题相对论者可能仍然会争论一段时间。有些人会说,等效原理在此处确实被破坏了,带电粒子确实下落得更慢,因此等效原理不适用于带电粒子。判断这种观点可根据如下理由:等效原理只在局域意义上适用。比如,如果允许你打开窗户进行观察或是可以在小房间外面做实验,你就很容易说出你是在一艘加速的太空飞船上还是在地球上的一个房间里。当然,如果房间足够大,即使不借助于窗户而在里面做实验也足够了(太空飞船上的粒子将沿着平行线向后掉落;地球上的粒子下落时是会聚向地球的中心)。带电粒子伴有电磁场,如果这种场与宇宙中远距离的物体发生作用,这个实验看来就不再是局域实验了。

专家们的意见不一致,其他人就只能把这个问题先放在一边。但是在本书中我们不能回避这个问题,因为它与引力辐射而不是与电磁辐射有关。如果我们允许辐射有反作用效应,则自由下落的粒子会下落得慢些吗?会存在与通常向下的引力方向相反的向上的直接的辐射反作用力吗?答案似乎是肯定的,但这种情况与等效原理没有冲突,因为所有粒子都具有质量,虽然质量大的辐射反作用力也大,但任何质量所产生的加速度是一样的。对于自由落下的观察者又将如何呢?她看不到自由落下的粒子发出的辐射。那她将怎样解释这种辐射反作用力呢?答案是她仍然可以看到这种力,但是她认为那是粒子和它自己的推迟场自相互作用的结果(也就是说,它的场在早些时候发射,然后沿着行星的弯曲时空再散射回该粒子)。她的看法与18世纪拉普拉斯在其计算中的观点相同:考虑了引力场的有限传播速度,但对与之有关的辐射却视而不见。

在这次讲话中,包括在查珀尔希尔会议上的那次讲话中,邦迪指出了在两臂末端摆动的两个质量体与双星系统中的两个质量体之间的区别，前者显然不是沿着测地线运动，并且显然发射引力波（但异常微弱！），而后者则沿着测地线运动，并且，如果怀疑论者正确的话，它们也不辐射任何东西（德威特，1957，第33页）。由于引力可能是唯一的能够快速移动大质量物体的一种力，因而一个纯引力系统是否能产生辐射的问题也就是这种辐射是否可探测的问题。让大多数理论家惊讶的是，探测能力的问题（要感谢韦伯）会变成一个如何实际探测的问题。虽然如此，理论家还是决定要继续探讨这个问题。

对英费尔德和谢德格的直接回应发生在1955年。戈德堡是伯格曼的学生，在和空气动力相关的角色中已经和他会过面了，他曾经批评过英费尔德和谢德格的结果。伯格曼与英费尔德和霍夫曼在同一段时间都是爱因斯坦的助手，他是另一个讲德语的受纳粹主义迫害的流亡者。战后他成立了那段时间也许是居于首位的当然也是最早的相对论学校，成了一代学生的良师。戈德堡检查了EIH公式中的反作用问题（戈德堡，1955），他得出的结论是双重的。一方面，他否认慢运动方法试图排除阻尼的可能性，提出去掉了一些反作用项的坐标变换会再引入另一个 v/c 的奇次幂的反作用项。特别是他证明了，一些与辐射有关的项（用“与在电磁学理论中所使用的一致”的方式定义）对黎曼曲率张量是有贡献的，因此不能通过坐标变换来消除。另一方面，他确认，EIH与反作用问题之间不太协调，这主要是由于源的慢运动的限制。实际上，大家都同意，辐射反作用项至少要到 $(v/c)^5$ 才出现在后牛顿理论的运动方程中，超过了牛顿理论的项 $\left(\text{或后牛顿理论的 } 2\frac{1}{2} \text{阶项}\right)$。由于诸如从EIH得到的那些第一阶后牛顿理论效应[或$(v/c)^2$阶]既小又难于计算，这种展开似乎不能用来研究辐射，只能把它推到高阶项。

几年以后，戈德堡被人引见给豪沃什，豪沃什当时是一位对电磁学的辐射问题很有研究的物理学家，和戈德堡一样也对广义相对论的快运动展开有兴趣。豪沃什曾是贝克的学生，但并不是在他们同时开始学术生涯的维也纳，而是在1938年纳粹德国吞并奥地利后他们一起寻求避难的法国里昂。贝克曾在苏联乌克兰的敖德萨工作过一段时间，同一时间罗森在基辅工作，但当外国人因为间谍案开始被捕后就只得离开了。他发现自己已经由于纳粹入侵奥地利而变成没有祖国的游民了。因入侵而中断了学业的豪沃什，在维也纳为马陶赫(J. Mattauch)当实验员，他在里昂的原子物理研究所遇到贝克后又开始继续自己的学业。豪沃什抓住了能转而从事理论研究的机会，劝说贝克指导他。这项工作是原子物理和核物理的主流课题，因为贝克不再从事广义相对论方面的工作了。

随着战争的爆发，就像我们将要看到的邦迪被英国统治者逮捕一样，贝克和豪沃什被法国统治者逮捕了。开始是在集中营中强迫劳动，豪沃什幸运地被他未来的妻子救了出来(她也是奥地利人，她没被捕是因为只逮捕男人)，几个月后她设法使他得到释放，又回到里昂做实验工作。法国被入侵后，这个城市被德国人短暂地占领了，但在德国人到来之前，豪沃什和妻子就成功出逃，到这个城市交给维希傀儡政府控制时他们又回来了。由于贝克还在押，豪沃什在里昂的核裂变小组工作的同时，通过通信联系继续着自己的理论学习。1940年末，贝克被释放了，第二年豪沃什设法得到了美国签证，最终他在纽约的哥伦比亚大学完成了学业。贝克最后从葡萄牙逃到了南美洲(豪沃什，1995)。

在美国,豪沃什在宾夕法尼亚州的利哈伊大学获得了一个职位,研究电动力学理论。他在这个领域的经验使他相信,应该去尝试一些在广义相对论中类似的东西[在英费尔德的自传《探索》(*Quest*)中关于EIH工作的讨论启发了他],他通过戈德堡获得了1957年查珀尔希尔会议的邀请(参见上文),在那里他看到了相对论者们对辐射问题的极大兴趣。邦迪在讲话中提到的辐射问题中电磁和引力间的差别对他的启发特别大(豪沃什采访)。由于对狭义相对论的辐射问题很熟悉,他的直觉是要借助后来称为后闵可夫斯基近似,即快运动的方法处理这个问题,实质上这是把广义相对论近似为狭义相对论而不是牛顿理论。由于戈德堡独立地得到了一个类似的结论——这是处理反作用问题的一个更适当的方法——于是在这种方法的基础上他们开始了合作。

英费尔德回波兰起到了平息西方关于双星的辐射阻尼争议的作用,但辩论只不过随着他又到了东方,在那里英费尔德与俄国物理学家福克展开了激烈的口头辩论,福克因量子力学方面的工作已是非常著名的理论家。在30年代末,福克独立发展了EIH的慢运动展开式(福克的原创论文1939年在俄国发表,但西方很少有人知道)。1955年他出版了一本书,它的英文版于1959年出版,书名是《时空和引力》(*Spacetime and Gravitation*)。书中包括了他在运动问题和辐射阻尼方面的工作,其中他使用了出射波边界条件。他的结果与朗道和利夫希茨的一致,也就是说,他发现轨道的首阶辐射阻尼遵守四极公式的预言。也许福克的方法最重要的方面是,在对运动问题附加边界条件时他采用了与之相配的方法。

由于慢运动近似方法简化了理论,使之回到旧的牛顿理论,所以该近似方法不能描述远离源处整个四维时空的复杂性。但是,恰好是在远离源的这个区域必须附加边界条件。

靠近引力波的物理源有很多其他的引力效应，且很多都比引力波的效应更大。例如，潮汐效应，感觉非常像引力波效应，在源附近非常强。考虑一下月球在地球上引起潮汐的方式，虽然由地月系统发射的引力辐射尚无法在任何地方探测到。然而，当你远离源时，潮汐和其他引力效应消亡得非常快。众所周知，引力与源的距离的平方成反比地减小。相比之下，起潮力（取决于引力场的梯度）则与源的距离的立方成反比地减小，也就是说，起潮力比单个物体的吸引力衰减得更快。这就是为什么尽管太阳对地球的拉力比月球对地球的拉力大，但月球在我们的海洋里产生的潮汐却比太阳产生的潮汐大得多的原因。月球比太阳小，对我们的拉力弱得多，但是它离我们近；而太阳的潮汐影响随着距离消亡得如此之快，使得它不那么重要了。另一方面，引力波的尺度只与源的距离成反比地减小。[3] 因为距离的关系，其他星系的引力源几乎没有机会用它们的吸引拉力或是起潮力对地球产生明显的影响，但是我们仍然可以希望甚至计划探测这些地方的引力波。

如前面所提到的，在靠近源的地方，即引力波术语中的所谓近场区，我们甚至不能期望区分波的效应和诸如潮汐效应之类的其他效应。只有在远距离区域，即所谓的波场区，才有希望把引力波与源的其他引力效应完全分开。因此福克把边界条件加在趋向于无穷远的波场区中的非常不同的波状解上。福克然后在过度区“匹配”他的两个解，以便将边界条件加在系统的运动方程上。如何把边界条件加在源运动的解上，以使源运动和它的辐射场恰当地匹配，这在 EIH 方法中并不是显而易见的。在这种情况中，福克的判断力被证明比英费尔德的更高明。福克非常清楚他的方法更加优越的原因，在题为“简谐坐标系统”的一章中他宣称：

> 在求解质量体孤立系统的爱因斯坦方程组时，我们使用了简谐坐标并且用这种方法得到了完美明确的解。我们发现了独特的结果，它不仅适用于有限的和离质量体"中等大"的距离，这里爱因斯坦方程组不以波状即双曲线[也就是说，有限的传播速度]作为基本特征，但已考虑了引入推迟条件，而且对"波场区"也适合。（福克，1959，第346页）

英费尔德于50年代回到祖国波兰后，同福克就普适协方差是爱因斯坦理论的一个基本特征问题发生了争论，福克的辐射反作用结果似乎依赖于坐标的特殊选择，这个事实无疑鼓励了英费尔德不再考虑它。他不能接受简谐规范条件是辐射理论的唯一适合的选择，因为福克宣称这种适应性产生于坐标选择的根本的正确性。对于福克，简谐坐标选择导致"一种简单得多的"计算的情况起因于这样的事实：

> 在闵可夫斯基的"世界"[即狭义对论的时空]里，简谐坐标在性质上最接近于普通的直角[即笛卡儿]坐标和普通的时间。这就是在这些坐标里 GTR 公式最清楚的原因。[翻译、引用于戈列利克（Gorelik），1993，第315页][4]

即使在福克的书被译为英文后，它对西方也没产生多大影响，这不仅是因为他对普适协方差的强烈反对，还因为他的哲学观点是用马克思主义的言辞来表达的；至少从30年代开始，福克就深受列宁的科学著作的影响。为避免福克被怀疑是为了投机取巧而采取这种哲学路线，我应该指出，在强大的苏联反对爱因斯坦的"理想主义"的那段时期，福克在防止广义相对论被强烈谴责这方面发挥了作用。在大清洗的过程中及之后的岁月里，当其他人甚至不敢在公众面前提到那些曾被逮捕的科学家的名字的时候，福克通过赞助他们并继续对他们的发现给以信任，表现出了非同寻常的物理和道义上的勇气（戈列利克，1993，第312—313页）。在保护相对论抵抗苏联的“唯心论者”方面，福克和英费尔德是站在同一个战壕里的。他们在普适协方差方面意见不一致，这个争议后来一直沿着英费尔德的思路发展，他们在引力的辐射作用上意见也不一致，但历史证明福克的观点是正确的。实际上，正如英费尔德自己所观察到的，即使在那段时间，福克对普适协方差的“马克思主义者”的观点也并没有被苏联主流的理论家所接受［戈列利克，1993，第320页；也可参见格雷厄姆（Graham），1987］。另一方面，在苏联，在那段时间里，也没有什么重要的人物对引力波的存在持怀疑态度。

除了反对普适协方差和马克思主义的认识论之外，福克的结果没有产生那么大影响的另一个原因是，也许福克本人认为他的反作用的结果仅仅表明了，由于对已知的天文系统影响的范围很小，波现象在引力的运动问题中只扮演了一个无足轻重的角色。在这一点上他与朗道和利夫希茨一样，他们确实得到了四极辐射公式，但却强调它只是天体物理学的细枝末节。

20世纪50年代末，英费尔德的华沙小组里的年轻研究人员特劳特曼进一步发展了EIH方法，他通过采取出射波的边界条件而撇开了英费尔德的方法。普莱班斯基是英费尔德的合作者，他并不像英费尔德那样对引力波的存在持怀疑态度，他鼓励特劳特曼研究辐射问题。特劳特曼的同事是这样描述他是如何开始研究这个问题的：

他［在华沙大学理论物理研究所］的研究方向称为

> 引力辐射，是普莱班斯基建议的，但不久普莱班斯基就获得了洛克菲勒奖学金去了普林斯顿，而安杰伊就“落到英费尔德的手里”了，英费尔德让他用不合适的爱因斯坦—英费尔德—霍夫曼（EIH）公式研究辐射问题。那时，英费尔德相信引力辐射不是由自由引力吸引体发射的，而且 EIH 方法似乎暗示了这一点，这也许是由于受到了爱因斯坦的影响。但是安杰伊有很好的物理直觉（无线电工程方面的经验无疑使他增强了这种直觉！）[在加入英费尔德小组前，特劳特曼受过工程师方面的培训]——他还研究过戈德堡的一篇重要论文——这使他相信英费尔德是错的，[来自二体系统的]引力辐射必定确实存在……安杰伊花了很多时间试图说服英费尔德引力辐射必定会被发射。[彭罗斯（Penrose）、鲁滨逊和塔费尔（Tafel），1997，第 A2 页]

特劳特曼证实了戈德堡早期宣布的净反作用效应不能被转换掉，而只能在展开式的不同阶数之间移动。因此，他的论文提出了下面的问题，“广义相对论中的情况是否是与牛顿力学而不是与电动力学中的情况相似”。这个问题起因于英费尔德、谢德格和戈德堡的辩论。下面描述了这种可能的相似性：

> 在牛顿力学中，点质量的初始位置和速度完全决定了它们的运动。在电动力学中不一样，除了涉及变化的信息外，还需要场的初始值。电荷极性不同的两个自由点电荷在驻波电磁场中可以绕圆圈匀速运动。可是，相同极性的电荷可以交替产生出射辐射。它们的运动将无法预测；它们会受到阻尼。在某个特定系统中会出现哪种情况取决于初始条件和边界条件。（特劳特曼，1958b，第 627 页）

因此，在特劳特曼看来，所讨论的问题就是，是否应偏爱与电磁学的类比而不喜欢与牛顿力学的类比，在与电磁学的类比中会产生引力辐射，而在与牛顿力学的类比中，轨道运动是无阻尼的，而且在引力场中不存在辐射。在检查了与电磁学的类比并提出了一个最初 EIH 形式的引力场方程组的解之后，他说道：

> 通过与标量波方程和麦克斯韦理论类比，这种形式的解可以解释为驻波场。为了得到对应的“推迟”或“超前”场的解，级数应该补充缺失的辐射项。（第 630 页）

因此，他回忆了英费尔德和华莱士的措辞，其中附加的推迟条件被看作任意的。实际上，特劳特曼很好地表达了后牛顿理论方法反对快运动辐射问题的提倡者［像邦纳（Bonnor）和豪沃什，见下文］所依据的哲学（与只考虑方法相对）。慢运动展开式在一次项把广义相对论简化为（牛顿的）万有引力理论，万有引力理论不承认辐射，并且认为从不存在辐射。当然，快运动展开式在一次项把广义相对论简化为狭义相对论的动力学，在这种理论中辐射问题已发展得很好，但那并不是引力理论。因此，这两种展开式都有问题，必须通过在有关的展开式中增加更高次的项来解决，但是后牛顿理论方法多年来都苦于难以用任意方式引入辐射项。特劳特曼指出，与英费尔德和谢德格所宣称的相反，通过边界条件的正确选择可以引入不能被转换掉的辐射项。他没有恢复四极辐射公式的结果，但与胡宁错误的边界条件不同，他找到了正的阻尼。

特劳特曼表明的是相对论中非常普遍的东西。在进行相对论计算或观察时，似乎测量的量常常取决于观察者的坐标系或是观察点,因为测量或观察的只是一个空间的或者只是一个时间的量。实际上,还存在一种不变的量,它兼有空间的和时间的两个方面。一个有名的例子就是狭义相对论的仓库佯谬,某个人扛着一根柱子跑着穿过一座比该柱子短的仓库,当他一进入仓库,前门就关闭,而当他从后门出来之前,后门才打开。从外面的观察者来看,这个问题可以解释为,按照相对论,柱子在运动时似乎缩短了。但扛着柱子的人却没看到柱子缩短,因为相对来说,在他的坐标系中柱子并没运动。那么,他是如何看待这根柱子会呆在仓库里的呢?对他来说,这个问题与时间有关,两扇门从来就没同时关上过。与静止的观察者所看到的相反,对扛柱子的人来说,柱子的一头总是伸在仓库的外面,开始是一头,然后是另一头。存在一个时空区间,所有观察者一致认为它是不变的,它描述的是两扇门关闭之间在空间和时间上的总的距离。但我们过去习惯于独立地在空间或在时间中测量。特劳特曼认识到,在轨道衰变问题的 EIH 计算中也有类似情况。五阶项对应出射波的辐射项具有空间特征(在相对论术语里称作空间—空间度规项)。可以通过变换把它们消除,但代价是在展开式的更高次项引入时间项(时间—时间度规项),这就引入了相同的阻尼。这些项的组合(空间项在 v/c 展开式的五次项,时间项在七次项)表示的总的效果不能通过变换消除。

福克选择了一个特别的坐标方案并一直使用它,为了寻求非阻尼的结果,协方差的支持者英费尔德尝试了不同的坐标变换。像一个好的相对论者那样,他对任何表现出非协方差迹象的东西都表示怀疑。福克严格地坚持简谐坐标"达到了严厉的程度",特劳特曼对此是排斥的,因为"没有理由把我们自己只限制在简谐坐标里"(特劳特曼,1958a,第 409 页)。为了研究英费尔德的老论点,即辐射项仅仅是坐标的影响，特劳特曼推广了边界条件，成功地证明了并非如此。从英费尔德两年后出版的《运动与相对论》(*Motion and Relativity*，英费尔德和普莱班斯基，1960)一书中的评论可以看出，他并未被说服。

实际上，特劳特曼(1958a)还相当一般性地指出，附加出射波边界条件会导致与渐近波中的能量通量有关的一个非负的附加量，因此，这种条件应该导致没有辐射或是有从源向外带走能量的辐射。

罗森当时在以色列理工学院，他是另一个长期以来一直持怀疑态度的人，大约也是在这段时间，福克和英费尔德对后牛顿理论运动问题中是否存在辐射反作用有争议，作为裁定争议的一种方法，罗森鼓励研究生佩雷斯专攻这个问题。佩雷斯使用了一种有些类似于福克的方法，使用德东德(简谐)规范条件，但也使用了罗森并不喜欢的 EIH 方法中所用的奇点(佩雷斯，1959a)。但是，他的最初结果也和胡宁早期的结果一样，对二体系统给出了反阻尼，因此没能清楚地对福克和英费尔德的争议给出结果(佩雷斯，1959b)。但在完成毕业论文之后，佩雷斯意识到了他原来论文的问题所在(佩雷斯，1959c)。对二体系统运动方程组附加边界条件时，他疏忽地选择了在无穷远处既包含入射辐射又包含出射辐射的条件，因此，他无意中引入了一个为二体向外旋转提供能量的能量源。

在改正了错误的论文中，佩雷斯解释了这种混乱的由来：

> 在近似过程的每个阶段……都有相当大的自由去选择解，每个解都代表一种可能的运动及附属的引力场。这些解中只有一个解在无穷远处表现为完全的出射波；其他的解还包含入射波。但是，由于(v/c)的幂级数展开

式的 n 阶项在波场区表现为 R^{n-2}[R 是双星的子星间距离],而且过程的每个阶段的边界条件都不是已知的,因此很难确定哪个解是正确的。总的来说,这种方法并不完善,但直到 7 阶项它都给出了明确的结果。结果是,必须修正以前使用的场而且……[这个结果]符合[朗道和利夫希茨的四极辐射公式]。以前得到的负的辐射能量应该是由于入射引力波的存在,它们被粒子吸收了。(佩雷斯,1959c)

实质上,佩雷斯的方法需要在方程组的展开式中识别出描述系统的后牛顿运动的那些项,这些项等效于在源的非推迟势中的那些项。然后,如物理学家所说的,他"人为地"在下一阶的地方加进一些项,需要使那些项看起来像在推迟势中的项,这样就可以期望在远离源的地方找到非慢运动展开式。通过这样小心地拆分和重组这些运动方程,可以用虽然冗长但是明确的方法构建一个一致的只有出射波的解。

佩雷斯 1960 年的论文已经作为反作用的第一个正确计算被提及(索恩,1989)。在解决模棱两可、令人困扰的问题的征途上,这当然是重要的一步,在写于 20 世纪 70 年代初期的著名教科书《引力》(*Gravitation*)中,米什内尔、索恩和惠勒很好地描述了这种模棱两可。这本教科书众所周知的名字是 MTW,它强调了后牛顿方法遇到的问题是,在牛顿的万有引力理论中不存在引力波:

在"标准形式"的牛顿[引力]势中……没有延迟。(牛顿理论要求的是超距作用!)结果,在大半径处[即离源非常远的地方,或是"在无穷远处"],无论如何无法确定标准势是出射波的还是入射波的。因为无法确定,就采取中间路线,认为这种势是驻波的(一半出射加一半

> 入射)。但这并不是我们所希望的。结果发现……当且仅当[牛顿引力势]因微小的“辐射—反作用”势而增加时,才能将它与纯粹的出射波联系起来。(第993页)

然而,从展开式的一步到下一步附加波场区的边界条件时,慢运动方法在理解上具有任意性,从这种方法产生的极为不同的结果似乎可以反映出这一点,而这种任意性会继续使人认为这种方法没有希望(邦纳,1963)。

慢运动展开的困难可以通过在远离源区按照福克的方式使用一个不同的类似快运动的展开表示。这种展开确实容许辐射场,而运动问题的慢运动方法可以成功地解决源的问题。接下来的问题仍然是:如何将两个不同区域中的两个展开式配对,使得在波场区无论附加什么边界条件都能正确地适用于源运动的解?佩雷斯一丝不苟地在两个区域间匹配,但正如他自己所述,他的方法一点也不具有一般性。一种完全一般性的明确的方法是等待了10年后才出现的,但同时,即使在一些人认为慢运动方法已没有希望的时候,佩雷斯和特劳特曼仍然给出了一种走出困境的办法。

豪沃什和戈德堡(1962)以及其他人[例如,贝尔托蒂(Bertotti)和普莱班斯基,1960]发展的另外一种快运动方法也被证明是令人沮丧的,虽然它在概念上更吸引人,这种方法从线性化近似出发,辐射与电磁学的类比从一开始就已经出现。超越对线性化理论领头项的修正是个艰巨的任务,史密斯和豪沃什发表的文章应用这个方法考察了反作用问题,其结果再次显示出源的能量有所增加。因此,在1963年的评论文章中,英国相对论者邦纳得出结论,自由落下的源是否受到阻尼仍未确定。

邦纳的论文对当时的慢运动和快运动这两种主要方法作

了有趣的对比：一方面是 EIH 方法和类 EIH 方法，另一方面是豪沃什及其合作者的工作。关于 EIH，邦纳对所取得的进展的印象并不特别深刻：

> EIH 方程组的解的选择是有用的，由 EIH 得到的解涉及……没有辐射的场。可以试着用推迟势来代替，虽然这会导致更大的随意性……然而，很多人在辐射问题上使用了 EIH 方法，他们得出的不一致的结果正是它不适合这项工作的一个标志。（邦纳，1963，第 558 页）

邦纳为豪沃什的方法保留了更多的希望，因为"与……EIH 不一样，对平坦闵可夫斯基背景度规的洛伦兹变换来说，它是协变的"（即它满足狭义相对论的公理）。然而，"线性化方法没有告诉我们与来自自由引力系统的辐射有关的任何东西"（因为在线性化近似中，粒子不受彼此间引力吸引的影响），而豪沃什设计的可以克服下一级近似（第一阶后线性）"巨大困难"的"微妙的数学处理"，产生了一个不可否认的"令人失望的"结果，它与众所周知的近日点进动的结果不一致，像胡宁和佩雷斯第一次尝试的那样，给出了"一个无法解释的结果，能量由于辐射而获得增益"。虽然如此，邦纳仍然充满信心："如果豪沃什的方法能更进一步的话，它会很有意思。"由于持有这种观点，豪沃什热忱地支持他，但遗憾的是，那个愿望一直没有得到满足。

邦纳本人采用了一种方法，分析一个开始和终止都是静态的简单的力学系统。和邦迪一样，虽然使用的是一种不太复杂的方法，邦纳还是可以说明这样一个系统会损失能量。不过他仍然认为，"自由的引力系统［例如双星系统］是否有辐射，或者，如果有辐射，则对运动又有什么影响，这些都还是未解决的问题”(第 559 页)。

豪沃什和戈德堡得益于豪沃什对经典运动问题的广博知识,他们使用了豪沃什的(1957)快运动近似方法,该方法基于战前波兰理论家马蒂松(Myron Mathisson)的工作。有趣的是,在一篇更新近一些的文章中(1989),豪沃什写道,马蒂松差点就被爱因斯坦选为运动问题的合作者而代替他的同胞英费尔德(两人都是流亡的波兰犹太人),那样可能就会得到与现存的 EIH 差别很大的 EMH 论文。和 EIH 一样,他们使用了点源但应用了重正化方法而不是 EIH 的面积分,从而避免了导致发散的积分。在试图发现点源场对源本身影响的计算方法中,发散积分问题(因为解是无穷大,所以无法用通常方法解决)在电动力学中由来已久,而且自从洛伦兹时代这就已经成为一个重要的研究课题。不借助于重正化方法就可以消除发散是 EIH 的本领,这一点尤其引起 EIH 的热衷者安德森的赞赏。

如前所述,豪沃什和戈德堡 1962 年的结果与著名的水星近日点进动不一致,慢运动方法可以在后牛顿理论的一阶项进行弥补。可是,豪沃什认为辐射效应是这种方法的特定目标,可能没有被推进到足够高阶的项(在 1962 年的论文中是线性项后面项),以重新获得近日点进动,所以他期待这种方法仍然可能正确导出由于波的发射而引起的对系统的反作用。

最初,豪沃什、戈德堡以及豪沃什的学生史密斯各自独立得到的结果表明,这样的系统会损失能量。实际上,豪沃什早在 1957 年就得到了这样的结果,当时他得出结论“引力和电磁的辐射阻尼项的形式相同,因此,引力辐射效应与电磁辐射效应似乎差不多一样真实”(1957)。但是在 1958 年,豪沃什注意到他的计算中有个错误,与多年前胡宁的(非常不同的)

计算一样，这个错误改变了结果的符号。豪沃什回忆道，"我们3人全都如此确信必定存在阻尼，以致我们没引起足够的注意，而且每个人都是犯了不同的小错误才得到它"（私人通信）。史密斯和豪沃什彻底检查了这个"令人烦恼的结果"，在1965年的一篇论文里详细地讨论了它。

首先他们注意到的是，这个结果与特劳特曼的结果相抵触，后者的结果表明推迟势的使用应该导致辐射的出射流。他们的结果在物理上是错误的，这表明，这种偏差是由于近似性的失误，至少对于史密斯和豪沃什所取的阶数（后线性第一项）来说是如此。因此，

> 虽然这种可能性不应该被忽视，但通过考虑在无穷远处的能量通量来研究引力辐射问题这一方法本来就是不适当的，在推迟势的情况下，我们宁可期待对更高阶近似的研究确实会带来能量损失（或者可能显示出不存在任何能量的变化）。（史密斯和豪沃什，1965，第505—506页）

豪沃什关于与电磁波类比的观点是怀疑论者中最有趣的，因为它们经历了相当大的变化。开始，有人可能会说，是电磁学方面的经验促使他着手研究引力辐射反作用问题的。到他发表1957年论文的时候，当时他还仍然认为自己的计算表明了一种有"正确的"符号的结果，他得出结论，对类比给以斩钉截铁的赞同。但是经验告诉他，这种类比的基础并不可靠，而且对它的信心在引力问题的情况下有误导的倾向，就像他和史密斯在1965年的论文里所清楚表述的那样。在这段时间，他成了最严厉的也是最细致而详尽的对线性化近似及其所引起的类比的批评者，由于线性化引力场方程组对运

动设置了限制，线性化近似实际上不允许发射辐射的运动(参见第六章提到过的)。他认为，或许可以充分地证明精确方程组实际上也是一样，禁止自由落体系统沿着会真正产生引力波的一条路径运动。

在这段时间尽管还有许多其他的关于运动问题的快运动近似的工作(很多工作并不是主要直接研究辐射问题)[比如克尔(Kerr)，1959；贝尔托蒂和普莱班斯基，1960；韦斯特法尔(Westpfahl)，1985]，豪沃什及其合作者发现的二体辐射反作用问题的结果为采用这种方法进一步研究辐射问题提出了一个疑问。后线性的第一阶已经相当复杂，对尝试下一阶似乎再没有多少兴趣了。豪沃什认为这种方法苦于缺少深入的研究，他在当时广义相对论的会议上抱怨，支持后牛顿理论 EIH 的英费尔德妨碍了针对其对手的论文(豪沃什采访)。既搞 EIH 同时又采用快运动方法的普莱班斯基也抱怨说，英费尔德对后一种方法显得有些不友善(普莱班斯基采访)。

豪沃什本人愿意推动近似的下一阶，但又缺少完成这个任务的时间和人力(学生和合作者)。在 60 年代初，他得益于与在美国空军的戈德堡的合作，获得了空军的资助，吸引了像普莱班斯基和以色列物理学家卡尔梅利(Moshe Carmeli)这样的利哈伊访问学者。这些研究者不理会场的非线性所带来的问题与电磁场情况的对比，仅着眼于有质量粒子在外场中运动并表明这个场如何可以分为外部场和粒子自身的场的问题。20 世纪 70 年代初随着空军基金的结束(在豪沃什看来可能是由于戈德堡离开 ARL)，科学资助尤其是对小研究所的科学资助大大地缩减了。结果，在接下来的几年里，这个领域就只有对慢运动近似才有些新的研究。尽管豪沃什自己的研究面临着失望，但他仍然严肃地甚至更加带有怀疑态度地看待后牛顿理论的研究：

> 也许更加遗憾的是，不一致地近似地使用［爱因斯坦最初的线性近似］导致了与借助电动力学中的物理"直觉"所期望的完全符合的结果；这就使得爱因斯坦［四极辐射］公式假设的能量损失易于接受，忽视了对它的来历的必要研究。这也吸引了很多创造者用他们的技巧再次得出［四极辐射公式］，来证明其他（经典的或量子力学的）近似方法的正确性，这显然不是一种有效的判断准则。（史密斯和豪沃什，1965，第 B504 页）

和邦纳一样，他也认为自由落体系统的辐射反作用问题仍然没有解决。

在查珀尔希尔会议后的几年里，广义相对论作为一个领域继续发展和壮大。一系列广义相对论会议正式举行，第一届于 1959 年在巴黎附近的罗奥蒙特举行，第二届于 1962 年在华沙举行。物理学家的感觉是，经过一段时间的辩论以及对某一个课题的专注会使问题变得清晰，而且还会增加对所涉及的物理的理解。到 1962 年，可以公正地说，关于引力波是否存在这个问题的辩论已大大减少，但对双星是否会辐射引力波还有大量的讨论。实际上，会议的主办者英费尔德的观点是，它们并不辐射引力波。如我们将会看到的，邦迪和他的合作者一起做了很多工作，增进了对远离源的波的传播的理解［特别参见邦迪、范德伯格（van der Burg）和梅茨纳（Metzner），1962；萨克斯（Sachs），1962］，在华沙会议上，他们坚持认为二体系统的辐射问题仍然没有解决（邦迪，1964）。也有些像费恩曼这样的人，认为缺少"进展"，并对相对论者的谨慎感到急躁。如果几年里一个领域在同一个问题上没有足够的进展，那么这个领域本身可能就应该受到批评。由于这个原因，一些相对论者甚至从很早期开始就连承认存在过这样的辩论都很勉强。早在查珀尔希尔会议时，正如费恩曼对韦斯科普夫所抱怨的，他就"惊讶地发现，在会上花了一整天的时间来讨论这个问题"，即引力波是否携带能量的问题（费恩曼写给韦斯科普夫的信，1961 年 1 月 4 日—2 月 11 日，费恩曼文集，加州理工学院，29 号柜，14 号文件夹）。在共产主义时代，费恩曼在华沙大酒店等待星期日晚餐时给妻子写了一封广为人知的信，刻薄地评价了华沙会议上的讨论：

> 从这次会议中我什么也没得到，什么也没学到。因为没有实验，这并不是一个活跃的领域，因此没什么最优秀的人在从事它。结果，这里有一大群白痴（126 个）[根据发表的会议文集，参加会议的人数是 114 人]，而且对我的血压没有好处：说的和认真讨论的都是这种没有意义的事情，在正式会议之外，每当有人问我一个问题或者开始告诉我他的"工作"的时候，我就会陷入争论（比如，在午饭时）。这种"工作"通常是：(1) 完全没法理解的，(2) 模糊和不确定的，(3) 一些显然且不言而喻是正确的东西，但却要通过长期困难的分析，并且作为一个重要的发现而出现，或者 (4) 基于作者的愚蠢而提出的声明，声明一些显然正确的、被接受且被检验了很多年的事实，但实际上，这种声明是错的（这些是最糟糕的，任何争论都没法说服白痴），(5) 尝试做一些也许根本不可能的事情，但肯定没有用，最终会揭示是错误的（甜点到了但被吃光了），或者 (6) 完全是错误的。现在存在许多"这个领域中的活动"，但是这种"活动"主要只是表明以前其他人的"活动"导致了错误，或者没有什么用，或者某些事是有希望的。就像一大群蠕虫缓慢地彼此倾轧地爬着，试图爬到瓶子外面一样。这提醒了我不要再参加任何引力的会议！[费恩曼和莱顿（Leighton），1989，第 91—92 页]

图 8.1　费恩曼(右)1962 年在华沙广义相对论和引力(GR2)会议上与狄拉克(Paul Dirac)(左)交谈,这张照片被用于《今日物理》的封面,这是这个领域的重要性不断增加的一种信号。大概狄拉克不是费恩曼在会议上遇到的 126 个"白痴"之一。(承蒙美国物理学会埃米利奥 · 塞格雷图片档案馆,《今日物理》收藏惠允)

然而,邦迪的报告启发了著名的天体物理学家钱德拉塞卡开始研究这个问题(钱德拉塞卡采访)。钱德拉塞卡于1910年在印度出生,因于1930年在从印度去英国的船上发现了白矮星质量的上限而闻名遐迩,超过这个上限,白矮星就不可避免地会压碎自己的原子而坍缩。在20世纪30年代,这个结果相当地矛盾,而爱丁顿在公开场合所表现出的敌意迫使钱德拉塞卡离开英国去了美国,在后来的岁月里,他一直在芝加哥大学工作[参见瓦利(Wali),1992;米勒(Miller),2005]。1983年,主要是因为在白矮星方面的著名工作,他获得了诺贝尔物理学奖。1962年,就在广义相对论即将获得很大发展的时候,由于希望做些这方面的研究,他获准参加了华沙会议,参会的结果使他开始研究二体系统的辐射阻尼问题。

在整个20世纪60年代,钱德拉塞卡发展了他自己的慢运动公式,逐阶处理了连续流体(相对于点质量)的后牛顿理论(钱德拉塞卡,1965)。到了20世纪60年代末,他已经把描述反作用效应的展开式充分地发展了$\left(\text{发展到了后牛顿理论的}2\frac{1}{2}\text{阶}\right)$。他的结果和四极公式的结果一致(钱德拉塞卡和埃斯波西托,1970)。

大约在同一时期,索恩在加州理工学院的学生伯克对慢运动方法提出了改进,去除了附加边界条件时的很多随意性。伯克为自己挑选了二体的辐射阻尼问题,因为索恩已经被佩雷斯的工作说服,这个问题在慢运动情况已经解决了。伯克经喷气推进实验室(后来成了利用诸如"旅行者"太空飞船这种深空多普勒跟踪探测仪试图探测引力波的先驱)的埃斯塔布鲁克(Frank Estabrook)介绍开始研究广义相对论,他深受加州理工学院一位应用数学家拉格斯特伦(Paco Lagerstrom)

的影响(索恩和埃斯塔布鲁克私人通信)。拉格斯特伦和他的小组曾经发展了一种匹配的渐近展开方法(简称 MAX),这种方法基于稳固的数学基础和普朗特(Ludwig Prandtl)卓越的洞察力,最终在 20 世纪初开创了现代流体动力学领域。海森伯(Werner Heisenberg)对普朗特的评价是:他具有"不用完成计算就能看到方程组的解的能力"[纳拉辛哈(Narasimha),2004]。拉格斯特伦提供了一种实际进行这种计算的方法。伯克看到这种革命性的方法可用来解决相对论中令人烦恼的辐射反作用问题。(注意,广义相对论与流体动力学都受到了方程组非线性的挑战。)

这两种渐近展开法各自相当独立而且又有不同的有效领域,匹配的渐近展开法可以在一个两者都有效的中间区域一项一项地对它们进行匹配来对它们加以比较。后牛顿理论展开对引力波源有效,线性化近似对波实际存在的无穷远处有效,伯克认识到,这么做可以在一个离源远但又不是太远的中间区域对它们进行匹配,从而对两者进行比较。这种方法可以用一致的方式对实际描述源的近域解附加边界条件,诸如出射波,这样的边界条件在线性化近似中可以明确地叙述,从而解决了一直困扰慢运动方法研究的任意性问题(伯克,1969)。伯克还构建了一种辐射—反作用势,可以用来描述施加在轨道物体上的阻尼力。用一半超前势加一半推迟势构建的展开式会丢失一些项,伯克的方法实质上说明了如何构建那些项。

虽然索恩对那个解很满意,但伯克最初认为他的贡献并没有解决边界系统是否受到阻尼这个问题。在早期的工作里他提到,他的方法不能保证在线性化系统之外有效,因此不能解决自由引力系统的问题。又一个显示学生并不总是盲目地追随他们的导师的实例是,最重要的非怀疑论者之一有一个对他多少有些怀疑倾向的门徒。伯克和索恩曾经对非线性效应是否“明显影响最低阶辐射”打过赌，这种辐射来自自由落体运动中的源，在加州理工学院还展示有他们打赌的记录（参见图8.2）。

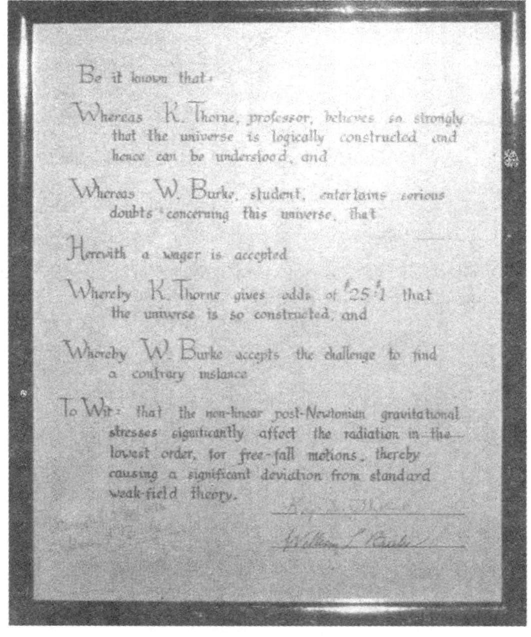

Be it known that:

Whereas K. Thorne, professor, believes so strongly that the universe is logically constructed and hence can be understood, and

Whereas W. Burke, student, entertains serious doubts concerning this universe, that

Herewith a wager is accepted

Whereby K. Thorne gives odds of \$25:\$1 that the universe is so constructed, and

Whereby W. Burke accepts the challenge to find a contrary instance

To Wit: that the non-linear post-Newtonian gravitational stresses significantly affect the radiation in the lowest order, for free-fall motions, thereby causing a significant deviation from standard weak-field theory.

图8.2　这个加外框的原件（副本）悬挂在加州理工学院桥形建筑（桥楼）的墙上，它是伯克和他的导师索恩打的赌。与他之前的许多怀疑论者一样，伯克希望得到一个隐藏在广义相对论的非线性复杂性之中的新颖的结果。[承蒙索恩和瓦利斯内里（Michele Vallisneri）惠允。瓦利斯内里拍摄。]

如果审视一下索恩在这些年里打过的赌（如我在前面提到过的，有些就张贴在加州理工学院他办公室的外面），就会注意到他几乎从未输掉过关于物理学的赌局，但在要花多久才能实现一个给定的目标的打赌中却很少赢。比如，就探测到引力波的日期所打的赌中，他至少输掉过一次。与伯克打的赌就很好地例证了这一点，到1970年索恩赢了，但我怀疑，他还是会很惊讶地得知，针对自由落体运动中源的四极公式的有效性的激烈辩论会成为下一个10年的标志。他自己的学生可能已经认同，但其他许多人还远远没有准备好。

第九章
怀疑论者的肖像

和许多故事一样,本书从一个角度进行了叙述。但是还存在其他的角度。一些研究这个问题的人几乎不会认可我正在讲的故事,或者会认为它是非理性的。原因是,物理学界实际上有许多既不相同又彼此重叠的团体。直到最近,在更广阔的物理学界中,相对论这个团体仍然是多少有些孤立且无足轻重的。如果曾经听到过怀疑论者所表达出来的关注,大多数物理学家就会发现,这些关注是古怪的甚至是难以理解的。在相对论这个团体内部,有些人对怀疑论者的关注缺乏耐心(像费恩曼),有些人对它们稍感不安(如果看到我们对此有争议,其他物理学家又会怎么想呢?),还有些人则是完全忽视它们。当然,也有许多人同情它们。彼此忽视一直是物理学家们的所为。一般说来,阅读其他人的论文是例外,而不是常规。即使是在一个很小的领域,所有要阅读的论文也太多了,多数物理学家并不太喜欢去读,他们更愿意去搞自己的研究。作为众多例子中的一个,邦迪就曾经告诉我,他不读论文是众人皆知的;他宁可去和别人讨论他们的工作。英费尔德告诉我们,爱因斯坦从不查阅文献,总是自己通过计算把公式推导出来:

爱因斯坦独立做每件事的习惯已经达到了极至。有一次我们必须做一个在很多书里都引用过的计算,我提议:“咱们查一下吧。那会节省时间。”但他仍然继续他

的计算，说："这样会更快。我都忘了书怎么用了。"（英费尔德，1941，第 277 页）

虽然每个物理学家都有些同事，也会读一下同事们的论文，但他们一般不会篇篇都去阅读。如果一个物理学家阅读像《物理评论》这样的期刊中的每篇新文章，这样的物理学家更多的是令人钦佩而不是效仿。很多人如果自己解决不了问题，也只愿意去和一位专家交谈，而且即使在那种时候，也只愿意和他们真的关注其观点的人交谈。因此，一些相对论者，即使对辐射问题感兴趣，他们也可能意识不到怀疑论者所说的事。

我做学生时的一个故事就例证了这一点。在研究生院的时候，我做了本书中提到的大部分工作，就在我即将获得学位时，我在一次有很多著名物理学家也包括相对论者参加的会议上作了一个报告。这次会议是为纪念 20 世纪最著名的物理学家之一萨哈罗夫（Andrei Sakharov）而举行的。我在会议上作报告也只是由于我在出差途中偶然拜望了一位地位显赫的老人。在那次旅途中，我有幸拜访了普林斯顿的惠勒，他是相对论领域中最著名的人物之一。惠勒是我的论文指导老师索恩的论文指导老师，因此，对我来说这次访问是特别值得纪念的。但是这位伟人并不太有兴趣谈论过去的事，他带我在他办公室附近的走廊里走了一圈又一圈，而不是让我取出录音机提问，还边走边问我加州理工学院基普小组最近的工作情况。早些时候，刚到他办公室的时候，我发现他正在口述给这次萨哈罗夫会议组织者的一封信（实际上是第二届国际萨哈罗夫物理学会议），显然是请他推荐他们应该邀请的一些报告者。我的出现马上就使他把我的名字列到名单上，他让我谈谈引力波的历史，后来我了解到那是惠勒典型的举动。

惠勒以派学生在重要的会议上去谈他们自己的工作，与这个领域中的大人物交往而闻名。他相信，以这种方式年轻人可以获得有价值的经验，而且（毫无疑问）年长者同时也可以学到一些东西。[在自传中，邦迪说，他认为年轻又不太有经验的报告人有种倾向，他们一般会高估听众吸收高度专业的素材的能力，当邦迪任皇家天文学会会长时，他会告诉这样的报告人，“你正在对一些非常著名的天文学家作报告，但是请你像对 12 岁的孩子那样去对他们讲”（邦迪，1990，第 133 页）。]对年轻的物理学家来说，惠勒是个桃李满天下的导师，虽然相对来说他进入这个领域较晚，但开始研究相对论之后，他的学生迅速地形成了一个学派，并成为这个领域中最顶尖的学派之一。

果然，会议的组织者没有忽视惠勒的建议，虽然他们从未听说过我，但还是邀请了我，让我在大会的一个小的分会上作报告。我的导师基普在对待学生方面和他自己的导师惠勒相仿，他筹集了所需的经费派我远道去莫斯科参加会议。因此，我发现，我的听众中到处都是我试图去描述的创造了历史的那些人。相对论的领军人物之一、分会主席沃尔德（Robert Wald）把我介绍给大家。我要讨论的是，在 20 世纪 50 年代，为什么如此众多的相对论者对引力波持怀疑态度及其根源，刚一说出这个开场白，我就立即被坐在前排的布赖斯·德威特打断了：

> 20 世纪 50 年代时，你根本就不在那里。[无可否认，的确如此！]当时并没有人说引力波不存在。

我不能保证这就是他的原话，但相当接近。这时不知何故我的头脑僵住了，这搞得我有点进退两难。我打算罗列

1957年德威特帮助他妻子组织的那次会议(在查珀尔希尔举行的)文集中的一大堆支持我观点的材料。我幻灯片上的视图满是对那次会议文集的引用标记:"德威特,1957"。而且,德威特夫妇都是相对论辐射理论史上著名的大人物。诚然,他们的工作更多地集中在电磁波而不是引力波上,因此我从未打算要去采访德威特,但显然他应该比我了解得多。我该怎么去告诉这个人,我所读的他妻子的会议文集与他自己的记忆有冲突呢?

幸好我不必这么做。我拜会过的一个人,惠勒最有名的学生之一米什内尔从后面大声地说:"邦迪曾说过如此这般如此这般……布赖斯你不记得了吗?"一个著名的俄国物理学家格里修克(Leonid Grishchuk)也大声为我辩护,他回忆了英费尔德的怀疑论,那在俄国是广为人知的。德威特也承认,既然米什内尔提到了,他确实回忆起来有过一些这样的讨论,他们又开始辩论他们之间的事情。幸好,这时主席为我出来调停,他提议应该让我先作完报告,然后再进行小组讨论,而不是先讨论。令人高兴的是,到我作完报告时,没人发现在我的讲述里有什么争议。我讲这段小逸事是为了举例说明,这本书讲述故事的方式并不为一些身在其中的人完全认可。因此,当涉及引力波究竟是否存在或者双星是否发射引力波这个问题时,我自然会特别注意那些持怀疑态度的人,从而有助于排除从来就不认为这是个悬而未决问题的人。

当然,在这个领域自身的历史记忆中,与此相反的一种倾向也在起作用。尽管我的叙述过分倾向于着重强调对引力波是否存在的辩论这一点上,而现代相对论者的一般记忆中却倾向于不去过多地强调它。像爱因斯坦和爱丁顿这样有影响的人物的暂时的或脱离常规的怀疑态度,在一般记忆中仅作为偶然的逸事或引用语而保留了下来,而对这个课题有过的真正的辩论常常没有记载或者不愿意记载。个人有时可能会犯错误或者持有错误的观点，但如果说曾有过很多公开的讨论或是总体感觉上真的存在问题，那可能就离题太远了。人们总有一种偏好，对那些可能被看作大体上对这个领域不太体面的东西，不去记住或不去过分强调它的意义。提出问题或疑问本身可能被当成性格不够好的一个迹象，这是物理学特征的一个方面。一旦新的范式被确立，某些疑问就变得没有意义，某些问题也会变得多余，即使它们曾经是完全合理的问题，对确立理论框架曾起过作用。关于牛顿成功地回答了太阳系的动力学问题（维持行星运动的力是什么?），而忽略演化问题（行星如何进入它们目前所在的轨道?）——之前这似乎是同一问题的不可分割的部分，邦迪认为这种变化是“在整个科学发展中充满生机的特征”（1970，第266页）。

在审视怀疑论者及他们的关注点时，通过考察在物理学研究解决问题中的每一步公开的辩论，我希望能对物理学研究过程的本质性的东西有更深刻的认识。假使如此，我试图去呈现一些怀疑论者本人的肖像也许现在是时候了，但我面临的问题是如何去定义怀疑论者。宽泛地讲，人们记得一些相对论者曾对引力波的存在有所怀疑。当然，他们的观点又非常不一致，特别是因为他们总是处于少数地位。实际上，一些人确实提出引力波不存在，比如爱因斯坦和罗森，但都是在短暂的时间内。更通常的说法是，认为怀疑论者是持各种观点认为轨道的辐射阻尼不存在的人，这意味着引力波不从诸如双星这样的引力系统中汲取能量，而且/或者不传输能量。在这类怀疑论者中，我们可以很方便地找到英费尔德、邦迪和罗森。

怀疑论者的另一种形式是，关注反作用问题的细节，特别是（以传统的观点）描述自由落体系统的引力波能量发射率的四极辐射公式。这种类型的著名的怀疑论者,包括豪沃什、埃勒斯、罗森布拉姆(Rosenblum)等,他们又可以归入另一种类型,他们只是对某个问题持怀疑态度。大多数(但不是全部)以前的小组在心里对引力波的本质持有非此即彼的观点。而大多数四极公式的批评家并没有提供任何可替代它的具体公式,更典型的是他们对它应该如何导出有明确的看法。这两种形式的怀疑论者可能很容易有重叠。说四极公式可能不正确,意味着这种可能性(豪沃什经常叙述,爱丁顿和邦迪也经常强调),即根本不存在四极辐射,因此引力的反作用可能比所认为的弱得多,甚至不存在。正如我已经提出的,我审视所有这些类型的怀疑论者,他们都对与电磁学的类比本身持怀疑态度,他们认为,这种类比自然地倾向于鼓励这样的期许:引力波确实存在,能够传递能量,而且可以通过诸如双星这种做加速运动的质量在引力场特征张量许可的最低阶发射(即在四极这一阶)。

此处可以看到对怀疑论思想的态度的一种奇怪的二元性。一方面,可以认为怀疑论者是一类理想型科学家,他们不想花费时间去接受实际证据或实验数据不支持的主张。但是随着引力波研究的推进,在怀疑论者的坚持下,在某些方面可以观察到不耐烦的迹象在不断地增加。后面我们会看到费恩曼的观点,他指出乐观主义对发展研究项目的重要性,因此有必要在开始时不顾挑剔或怀疑,竭力前行,直到所有难题都被克服或者所有那些由于无法化解的内部矛盾而产生的疑问都被证实。人们也许可以在这里看到认识论在怀疑论与对理论科学的信仰之间作适当平衡的斗争。引力辐射这个领域在它几十年的发展过程中没有任何实验的参与,它当然是这种讨论的一个理想舞台。

在一个小的领域里,在一个甚至更小的学科范围里,任何少数人立场的生存必然取决于相对少数人物的本领。这些人的运气以及他们在传递自己观点上的成功一定会相当大地影响对正统学说成功挑战的机会。怀疑论者的影响有多大呢?在他们的领域中,他们没有取胜的希望吗?在一个容易发现自己被贴了古怪标签的职业团体里,他们能命令别人去忍受他们的意见吗?不仅正统的立场是易变的,而且个人的观点也是易变的,记住这一点很重要。在这个领域或任何其他领域里可能都没有关于怀疑论者的严格定义,但我们可以按照牵涉其中的个人来判断,这差不多是可行的。罗森自己或与他人合作发表过几次论文,他在标题里就质疑了引力波的存在。邦迪也在1957年写给《自然》的信中,把自己描述为一个(暂时的)确信的怀疑论者。这一章并不是我将要讨论的从事关于引力波工作的这3个人的科学传记。除了这个领域之外,他们所有人都还在许多其他领域工作。邦迪是这3个人中最著名的,他曾说他对引力波方面的工作特别引以为荣(邦迪,1990,第79页)。这个学科居然让他们投入这么多年,而在许多其他物理学家的心目中,这个学科似乎很奇怪。毕竟,引力波何时才能被探测到呢?爱因斯坦的学生英费尔德可能是最著名也最直言不讳的怀疑论者,因此我们将从他开始。

英费尔德于1898年在克拉科夫出生,那是波兰的一部分,后来被奥地利帝国控制了[派恩森(Pyenson),1978]。1921年他在家乡的亚格隆尼大学获得博士学位(哥白尼的母校),但是在新的波兰共和国没有多少物理学的学术机会,特别是对非常年轻的犹太物理学家来说更是如此。当了一段时间的乡村教师后,他最终获得了利沃夫大学讲师的职位。1933年他获得了洛克菲勒奖学金,使他得以到国外,在剑桥与玻恩以及在莱比锡与范德瓦尔登(Bartel van der Waerden)

一起工作。返回波兰后，虽然在国外发表了一些受欢迎的论文，但学术发展仍然没有什么前途，他因此再次离开，接受另一份奖学金到新泽西州的普林斯顿大学和爱因斯坦一起工作。无疑，这得益于他与爱因斯坦的密友玻恩的关系。

他于 1936 年底抵达普林斯顿，如我们已经看到的，那正是爱因斯坦相信可以证明引力波不存在的后期。尽管对这种观点的失败感到失望，但接下来的合作使英费尔德成了职业物理学家。EIH 论文成了引力的二体运动问题规范的第一个后牛顿理论解。这种方法允许对轨道力学中的传统问题进行很多更普遍的相对论修正计算。实际上，紧接着这篇论文，《数学年报》(*Annals of Mathematics*)上就发表了罗伯逊的一篇论文，在 EIH 结果的基础上，他重新计算了广义相对论预言的著名的水星近日点进动。

虽然 EIH 论文使英费尔德在物理学圈子里出了名，但他与罗伯逊间亲密的友谊以及他与爱因斯坦的合作，可能是他接下来职业生涯取得成功的一个更重要的原因。到普林斯顿一年后，英费尔德的奖学金结束了，但 EIH 研究还没有完成。由于渴望继续与爱因斯坦合作，英费尔德向他的导师建议合作写一本科普书，这样就可支付他下一年的工资。爱因斯坦清楚英费尔德作为合作者的价值，于是欣然同意。他们的书《物理学的进化》(*The Evolution of Physics*)成了畅销书，而且受到了公众广泛的关注。从那时起，英费尔德就具有了爱因斯坦的合作者的公众形象，与这个时代最著名的科学家一起密切工作的任何其他物理学家都没能获得这样的地位。尽管如此，在这个阶段英费尔德似乎对获得教授职位并不抱多少希望。他已经迈入 40 岁，曾考虑靠写科普书为生(英费尔德，1941)。

然而，他在普林斯顿结交的好友罗伯逊为了他而极力劝

图 9.1　英费尔德(右)，在战后的一次物理学会议上和他以前的导师玻恩在一起。在 20 世纪 50 年代到 60 年代间，英费尔德成为广义相对论领域的领军人物之一。[承蒙美国物理学会埃米利奥 · 塞格雷图片档案馆，莱姆里奇(Jost Lemmerich)赠品和玻恩收藏惠允]

说辛格(多伦多大学的相对论者和数学物理学家)考虑在多伦多大学为他谋求一个职位。英费尔德去了多伦多大学任临时讲师一年,在结束时还真的获得了一个永久职位。辛格最初来自都柏林,在多伦多大学他是应用数学系的系主任,这个系就是为他而创建的。当时,理论物理在加拿大还不是一个独立的领域。战争期间,当辛格离开多伦多去俄亥俄州立大学的时候,他的系和英费尔德再次与数学系合并。英费尔德很不容易才在多伦多创立了一个理论物理中心,但是,虽然他带出了很多学生,他还是没能说服学校设立新的职位。由于加拿大没有其他的中心研究相对论,他的大多数学生毕业后都转到了物理学的其他领域。然而,尽管这所大学对这个项目缺乏热情,但英费尔德还是做了大量的工作,推进了加拿大的理论物理学领域的发展(华莱士,1993)。

英费尔德初到多伦多时,和学生华莱士一起研究把 EIH 方法推广到电动力学。在这篇论文中,鉴于他后来的工作,他提到了一些关于反作用的有趣的东西,但直到第二次世界大战之后他才真正把注意力转到这个问题的引力情况上。同时,他最终说服系里留住了一个学生席尔德(战争的流亡者,在加拿大和邦迪一起作为"敌侨"被英国人拘押),毕业后他们却没法支付足以让他长期留下来的费用。席尔德去了匹兹堡卡内基理工学院(战后辛格也在那里工作过),还带走了另一个年轻的学生皮拉尼。和席尔德一起时,英费尔德研究了无质量的"试验粒子"在外部引力场中的运动(英费尔德和席尔德,1949)。

在 20 世纪 40 年代末,他与另一个学生谢德格一起回到 EIH,并且提出了辐射反作用问题。他们得出结论,引力的二体运动问题不允许辐射引起系统能量的损耗。他们发表了一篇关于这个效应的论文,谢德格在美国物理学会和在温哥华举行的关于这个学科的会议上都作了报告。这个报告确实引起了一些反响。谢德格简洁地说,他在美国物理学会作完报告后引起了“相当多的滔滔不绝的讨论”(1951,第 883 页),伯格曼(他就在美国物理学会的会议上)让他的学生戈德堡用他自己的一篇论文对英费尔德—谢德格的主张作出了回应。

然而,可能是命运使然,无论是英费尔德还是谢德格在这个时候都没能在这场辩论中坚持太长时间。1950 年,英费尔德打算利用自己一年的假期回祖国波兰,努力帮助这个被战争毁坏了的国家重新恢复物理学。加拿大一份小的天主教报纸《军旗》(*Ensign*)选择了这个时机,以荒谬声明的形式,攻击英费尔德试图向苏联或是它的同盟国波兰人民共和国泄露原子弹的秘密。英费尔德与爱因斯坦的密切关系被滑稽地作为他熟悉核武器秘密的证据提了出来。实际上,无论是爱因斯坦还是英费尔德都没有以任何方式参加过加拿大或者美国的核武器研究。主流媒体采取这种诽谤性的攻击,有时假借报道英费尔德的否认为幌子,在由反对派进步保守党的领导人德鲁(George Drew)授予的议会特权的庇护下,这个阵营发起的人身攻击达到了顶峰。

德鲁竟然要求阻止英费尔德离开这个国家,多伦多大学迫于压力取消了英费尔德的休假,这么做的结果是迫使英费尔德在加拿大和波兰之间做出选择。由于公众和个人对他的攻击,以及被加拿大皇家骑警监视并可能受到骚扰,他选择了波兰。因此,相当突然地,他在加拿大的生涯就此结束,并被迫再次从华沙开始。

这些反对他的攻击,其动机可能是各种各样的。他对当时美国和英国的核政策是个坦率的批评家,他到全国作巡回演说,这给加拿大公众留下的印象是,要这位苏联的物理学家保守原子弹的"秘密"是没有用的。他本人是个社会主义者，他的美国妻子也完全是左翼的，她自己在某种程度上还卷入了进步的加拿大政治活动，并在德鲁的安大略省长任期内与他为敌。英费尔德公开加入了保护古琴科(Gouzenko)事件中的被告的行列，在这个事件中，苏联大使馆的叛逃者在渥太华公开指责许多著名的加拿大人包括少数科学家试图做间谍工作[参见鲁本(Reuben)1955年关于这一事件的更多讲述]。最可能的解释是，对政治上很有野心的德鲁以及《军旗》的歇斯底里地反对共产主义的天主教徒来说，他是个有吸引力的目标。这项指控是荒谬可笑的，因为苏联已经爆炸了一颗原子弹。即使西方努力保守机密，苏联还是会得到原子弹，这正应验了英费尔德自己的预言。德鲁认为这是值得怀疑的，他抓住这一点，非常放肆地反对英费尔德。直到英费尔德在很大程度上无意识地"背叛"之后，新闻界才注意到阻止某人出国旅行以防止他泄露秘密，这暗示他已经背叛是不合逻辑的。同样地，加拿大国防研究机构那时才公开表态说，英费尔德并不掌握军事或科学机密。实际上，英费尔德在战争期间的工作局限于与辛格一起研究弹道学和做一些雷达工作。他原来的学生华莱士确实参加过英国—加拿大原子弹工程，这就是英费尔德与原子弹最密切的联系了。华莱士坚持认为对英费尔德的指控是完全没有根据的(华莱士，1993；冷战时期对著名物理学家的怀疑的更普遍的见解，参见凯泽，2005)。

英费尔德离开后，谢德格继续提倡在广义相对论中引力的反作用不存在的观点，在《物理评论》上与戈德堡通过论文交流。但是，与英费尔德在加拿大的很多学生一样，他发现很难在相对论或理论物理学领域获得一个职位。几年后，他得到加拿大一家石油公司的雇佣，后来在地球物理学方面开始了他成功的学术生涯。由于这个原因,第一轮关于辐射反作用这个课题的辩论就此逐渐销声匿迹。

虽然遭遇了不幸,使他被迫迁离了他在加拿大的家庭,回到自己的祖国(在一个不体面的行为中,通过“委员会的命令”这个法庭职权以外的花招,他在加拿大出生的两个孩子后来被剥夺了公民身份,就像英费尔德那样),但英费尔德却发现,他建立理论物理学派的职业目标在波兰比在加拿大更容易实现。波兰政府渴望重建国家科学和教育的基层组织,这些已经被纳粹占领者无情地毁坏了。作为爱因斯坦的合作者的个人声誉,以及作为西方政治迫害流亡者的闻名遐迩,这些使英费尔德成了重建工作的领导者之一。在这次机会中他获得了相当大的成功,建立了兴旺的相对论学派,和以前一样,带出了很多优秀的学生。他的政治麻烦并没有随着他搬到社会主义国家而终止。他的到来正赶上斯大林主义的最后一年,而且他与爱因斯坦的合作并不全是福祉,在这种政治环境下,爱因斯坦仍然被看作反对马克思主义科学的真正实践的理想主义者。福克希望通过去除普适协方差来改革广义相对论,英费尔德公开反对福克的论点,结果于事无补。但英费尔德并没有像其他一些人那样因受到太大的压力而放弃,1953 年斯大林去世后,波兰的政治环境相当迅速地缓和下来。

最终,英费尔德在华沙有了一个兴旺的研究小组,在广义相对论方面做了出色的工作,成了当时全世界为数不多的几个相对论研究小组之一。此外,从 1955 年之后,引力波和反作用问题成了这个领域中一个活跃的课题。有趣的是,英费尔德在波兰的研究小组并没有分享他在这个学科上的观点。特劳特曼和普莱班斯基在运动问题和引力波方面做了很重要的工作,而且这两个人明显都是非怀疑论者。然而,在整个这段时间（从20世纪50年代末到60年代初），英费尔德仍然坚持他的观点，如在1960年与普莱班斯基合著的教科书《运动与相对论》中所表现出的那样。在处理与合作者的不同观点时，英费尔德无疑显示出了一种高压手段。讨论辐射反作用的“运动与相对论”一章是在普莱班斯基因奖学金离开去美国之后，在他不知道的情况下补充到这本书中的。这一章是对英费尔德当时观点的一种出色的描述，但完全没能表达出普莱班斯基的与之完全对立的观点。与之类似，在一个预印本中，英费尔德间接地提到学生们与之相反的观点，但声称他们已接受他的观点是正确的。这并不是事实，甚至是与事实完全相反的。

然而，虽然有这些公开的虚荣，但从个人来说英费尔德对学生还是公正的。在波兰共产主义政府下，普莱班斯基的家庭遭到了严重的镇压（在因政治活动而被捕的时候，他的叔叔因受虐待而去世），他希望永远地离开波兰，英费尔德帮助他获得了许可“暂时永久地”搬到墨西哥城。特劳特曼相信，《运动与相对论》事件之后，英费尔德和普莱班斯基之间的个人麻烦对普莱班斯基希望离开波兰起到了一定的作用（私人通信）。在引力波图像的新发展中，特劳特曼是非常重要的贡献者，其中包括一个辐射反作用效应的重要计算，英费尔德和谢德格先前与戈德堡就此进行过辩论（特劳特曼，1958b），这个计算支持了戈德堡的观点，但特劳特曼仍然是英费尔德小组中重要且受欢迎的成员。然而，在他去世前不久，英费尔德不但没能说服学生，反而似乎终于被学生们的论证所折服，以致和米哈尔斯卡-特劳特曼（Róza Michalska-Trautman，特劳特曼的妻子）一起发表了一篇论文，承认了辐射反作用现象的存在（英费尔德和米哈尔斯卡-特劳特曼，1969）。因此，在这一点上，也许导师对学生的影响没有学生对导师的影响大，但是也有人怀疑,晚期的工作并未准确地反映出英费尔德的观点,是早期和普莱班斯基的故事的一个具有讽刺意味的翻版(如果真实的话)。虽然作为导师和学派的创立者英费尔德获得了很大的成功,但是他的怀疑论一点儿也没有传给那些在这个领域仍然活跃着的学生。然而,他对这个学科的兴趣传承了下去,从20世纪50年代到60年代完成了很多对引力波研究意义重大的工作。

罗森是爱因斯坦的另一名合作者,他直接参与了否认引力波存在的尝试,在整个学术生涯的大部分时间里,他也始终是一位著名的引力波怀疑论者。1909年他出生于纽约布鲁克林,与英费尔德和其他一些当时的科学家一样,罗森是一名社会主义者。他的坚定信仰是如此地强烈,以至于他希望到苏联去生活和工作一段时间。20世纪30年代末,在那个国家对外国人的怀疑达到顶峰的时期,罗森在爱因斯坦的帮助下获得了基辅州立大学的一个职位。不管在大清洗时期他对"实际存在的社会主义"看法如何,两三年后他就返回了美国。这个时期他写给爱因斯坦的信里充满了对苏联社会制度的热情赞扬,但就在这个时刻,1938年7月31日,他突然宣布打算永久性地回到美国。半个世纪后读这些信,很难不感到疑惑,这种赞扬是否有点迫不得已。当然,由于在那个时期著名的公开审判中很多指控都围绕着外国人的蓄意破坏和"破坏性",因此在大清洗时期外国人在苏联有很大的人身危险。考虑到这种歇斯底里的流行,以及极其可能出现的出其不意的被捕,罗森和其他人(像波兰物理学家马蒂松)意识到,这种时候必须离开。20世纪50年代,也是在爱因斯坦的支持下,他移民到了以色列,在海法的以色列理工学院成立了物理系,在那里一直工作到1995年去世。

图 9.2　罗森和韦伯，在理论和实验界围绕引力波的争议中的关键人物。虽然罗森是个攻击传统观念的人，包括他发展了与广义相对论相对立的另一种引力理论，但在自己的观点被证明不正确的时候，他很乐于承认，因此在这个领域中罗森仍然是很受尊敬的人物。（承蒙美国物理学会埃米利奥·塞格雷图片档案馆惠允）

从最好的意义来说，罗森可被公正地看作一位职业的怀疑论者，且在20世纪理论物理学史上担任了重要的牛虻式的角色。在那种角色里，由于与爱因斯坦和波多利斯基合写的论文使他名垂千古，那篇论文确切地阐述了反对量子力学的哥本哈根解释的EPR悖论。虽然他与爱因斯坦看法一致，认为他们关于引力波的最初论文中有争议，但罗森认为针对这个争议在苏联的期刊上发表的一篇修正的版本，限制它本身否认平面引力波存在，这就足够了（罗森，1937）。这个争议是在战后由邦迪、皮拉尼和鲁滨逊挑起的（1959）。

1955年，在伯尔尼周年纪念会上，罗森转而对正式发表的爱因斯坦—罗森论文中的圆柱波解的现实性提出了质疑。他认为，它们可能不携带任何能量（基于圆柱坐标里对能量赝张量的分析），但随后又取消了这种观点（罗森，1958）。后来，可能是由于来自以色列理工学院的公共机构的原因，有很多年他被阻止亲自做进一步的引力波研究工作（佩雷斯私人通信）。实际上，他的伯尔尼会议论文的最终修正稿直到1993年才出现［罗森和维尔巴德拉（Virbhadra），1993］，以任何标准来说，这种出版的延期真是长得非同寻常！

然而到了1979年，也许是受到当时对这个问题的兴趣复苏的鼓舞，他回到了关于引力辐射理论中的时间之矢问题，发表了一篇论文。论文的题目是“引力辐射存在吗？”（罗森，1979），重提1936年与爱因斯坦一起提交给《物理评论》（爱因斯坦和罗森，1937）的观点。在新论文中，他使惠勒—费恩曼吸收体理论适用于引力并得出结论，引力与物质的相互作用比电磁场的要弱得多，由于缺少足够强的吸收体的场，源系统不会受到辐射的反作用。在惠勒—费恩曼理论中，打破源场的时间对称性的是吸收体的场，它对源有反作用（惠勒和费恩曼，1945、1949）。无论如何，罗森的论点似乎甚至连他自己也没有完全信服,因为在论文的末尾,他退回到了更类似于蒂特罗德的立场,为了承认从远处的源汲取能量,就要假定吸收体(例如引力波探测器)可能起作用。不过他的这篇论文再未引起这个课题的更多的辩论。

然而,在20世纪50年代,他已经间接地负责一项对反作用非常重要的研究。在自由的引力系统中,关于辐射阻尼的存在,福克和英费尔德各自持有对立的观点,为了对此作出判断,他鼓励学生佩雷斯研究这个问题。佩雷斯发展了一种近似方法,可以在第一阶后牛顿项正确地再现EIH和福克的结果,但是接下来计算辐射对运动的影响时马上就遇到了困难。就像胡宁一样,他的论文结果也发现会引起轨道系统能量增加,随后他把出错的原因归因于没有对系统的近场区正确地使用无入射波的边界条件。让他和罗森深感宽慰的是,通过小心仔细地把远域条件与近域解相匹配,他克服了这个困难,且再次导出了四极辐射公式。

奇怪的是,他的这个成功相对来说没有产生多大的影响,尽管很多专家对他的这篇论文还是非常肯定的,例如索恩就是如此。虽然他发现了以前的计算为何产生如此巨大变化结果的关键原因,但他仍然没法克服慢运动方法在一些专家(例如邦纳和豪沃什)中产生的不满的感觉,直到伯克提出远域和近域解相匹配的一般性方法后,在慢运动展开中附加边界条件的这种明确的方法才使人们对这种近似方法有了更大的信心。至少事后看来,佩雷斯1960年的论文可以看作关于反作用计算的转折点。在此之前,很难找到两个彼此一致的结果。随后,大量的慢运动计算的预言与四极公式的结果一致,至少对环行轨道中的双星系统的情况是如此。

如果罗森本人在引力辐射领域有广泛的影响,那也许是通过举例。他发表的思想,除了举反例,没有一个是被接受的，但是他的牛虻式的角色（例如，他是与广义相对论对立的一种重要的引力理论的创立者）吸引了很多崇拜者，例如当今最著名的引力波怀疑论者库珀斯托克。在整个生涯中，罗森总是寻求有挑衅性的东西。和许多科学家不一样，在挑战被认为标准的观点和没有根据的假设时，他不怕挺身而出，提出非传统的思想和观点。他真正可以说是直到去世都在持续着活跃的研究（我本人就参考过一篇他去世前不久的论文），而且一直非常坚定自己职业上的信心，其中由于担心偶尔的不一致而劝阻人们发表他们最出色的工作。

另一个硕果累累的怀疑论者是邦迪，他是宇宙学稳恒态理论的创始人之一。虽然现在已经没有多少支持者了，但在20世纪50年代和60年代，这个理论是大爆炸理论的强劲对手［参见克拉格（Kragh）1996年的叙述］。邦迪把爱丁顿作为自己在相对论领域的导师，并竭力效仿他对已有的引力波理论的系统阐述的怀疑。此外，邦迪对广义相对论中有价值的东西有自己独立的看法。他不喜欢研究对牛顿理论做微小修正的运动类型的问题，而是在引力波中发现了一个机会，去研究一种广义相对论理论预言的全新的现象，它对牛顿万有引力理论是未知的，并可能对该理论新奇的非线性方面产生深刻的领悟。

邦迪在两次世界大战期间出生在维也纳，但是，在基督教社会党专政时期他放弃了在奥地利继续自己的物理教育。他前往英国，在他的亲戚、著名数学家弗兰克尔（Abraham Frankel）的推荐下在剑桥大学学习。在剑桥，作为学生他几乎很快就获得了成功，而且移居国外最大的好处不久也表现了出来，1938年，希特勒（Hitler）入侵奥地利。按照邦迪的建议，他的家人也稍早地仓促离开了奥地利，因此避免了遭受许多其他奥地利犹太人在纳粹统治下的那种命运。但由于国籍的原因，流亡也没能马上使邦迪避免被划入怀疑对象。英国与德国的战争一经爆发，他马上就成了“敌侨”，1940 年丘吉尔（Churchill）政府的第一批行动之一就是下令拘捕他和其他许多与他一样的人。但是在自传里，邦迪回忆道，由于采取了与纳粹德国对抗的政策，他对丘吉尔的执政依然感到宽慰（邦迪，1990，第 27 页）。

不管其他可能去的地方多么糟糕，集中营都不可能是个令人感到愉快的地方。邦迪和欧洲的其他流亡者一起被迫去加拿大接受一年多的拘禁，他们被驱逐出境，冒着被德国潜艇袭击的巨大危险，德国潜艇已经击沉了一艘满载被拘押流亡者的没有保护的船，那艘船只是比邦迪的这艘船早一点通过。在被拘押期间，邦迪遇到了另外两位重要的理论物理学家，这些都反映了欧洲流亡人口所具有的令人惊异的智力品质。一位科学家是戈尔德，他的长期合作者以及稳恒态理论的合著者；另一位是席尔德，获释后留在了加拿大，在多伦多成了英费尔德的学生。席尔德后来和他共同创办了有巨大影响的得克萨斯系列研讨会，该系列会议见证了广义相对论复兴的初期阶段，很多年以后，又见证了证明引力波存在的第一个实验证据的宣布。

虽然学术生涯不幸中断，但邦迪还是决定返回英国（在他被拘捕之前，他的家人已移民美国），在那里他在剑桥重新开始了自己的学术生涯，与戈尔德这样的其他恢复正常生活的“敌人”一起参加了战时工作。借助于良好的英国设施，他克服了曾经发生的任何不愉快，完美地融入了英国的学术生涯，并最终因为后来在英国国防部的管理工作而被封为爵士。

邦迪对引力波的兴趣最初是在 1955 年作为纪念狭义相对论的伯尔尼会议上被激发起来的。在这次会议上，罗森在提交的论文中指出，圆柱引力波不可能携带能量。在英费尔德和谢德格早些年的工作之后，引力波不存在的可能性仍悬而未决。邦迪本人回忆道：

> 由于我们进行的……关于引力波的讨论，它［指伯尔尼会议］对我来说是特别值得纪念的。爱因斯坦理论的数学和物理是如此复杂，以至于人们对这个理论是否预言了引力波的存在仍然感到困惑，并存在各种不同的观点。这些讨论中的一个结束后，联邦技术大学联邦理工学院的教授菲尔兹（Marcus Fierz）把我叫到一旁说："引力波问题的解决已经万事俱备，你就是将要解决它的人。"这次谈话在很多年里影响了我学术生涯的相当大的一部分，而且导致了1962年关于引力波的15篇系列论文……我认为1962年的论文［据推测，可能是邦迪、范德伯格和马茨纳（Matzner）］是我所做过的最好的科学工作，这比数学家通常的巅峰时期要来得晚一些。（邦迪，1990，第79页）

促使邦迪对引力波感兴趣的另一个因素是，他的学生和合作者皮拉尼的兴趣。战争期间皮拉尼从自己的祖国英国移民到加拿大，在多伦多以英费尔德研究生的身份开始了他的物理学生涯，但这是非常短暂的，在席尔德接受匹兹堡卡内基理工学院的任命离开多伦多时，皮拉尼也和他一道前往并在那里完成了研究生学业。由于一起拘禁时席尔德与邦迪的友谊，后来皮拉尼也去了剑桥，在那里他与邦迪一起研究宇宙学，获得了第二个博士学位。随后，在都柏林高等研究院与辛格（多伦多与匹兹堡的另一个联系）相处一年后，皮拉尼接受了伦敦国王学院的任命，在那里他和邦迪一道成了一个非常活跃且有影响的相对论研究小组的一分子，1954年邦迪成了该校的应用数学教授。

当《数学评论》请他审阅一篇关于引力波理论的论文时，皮拉尼才开始注意到这个学科所处的混乱状态(皮拉尼，1955)。这篇论文是英国宇宙学家麦克维蒂(George McVittie)所写，他曾经是爱丁顿的博士生，尝试证明平面引力波不可能存在，以前罗森就以不同的论证提出过这种观点。皮拉尼感到这个结果应该是错误的，并随即与邦迪和鲁滨逊通力合作，写了一篇平面引力波的规范论文。他得益于在都柏林的那段时光，在那里他在两个重要的方面受到了辛格的影响。第一个方面的影响涉及测地线偏移方程，它是在广义相对论中考察物质相互作用的一种坐标不变方法，它基于曲率张量，而且这是辛格在两次世界大战期间最先倡导的。这导致皮拉尼通过证明波经过时会使系统中的粒子彼此做相对运动来描述波和物理系统的相互作用。这种描述不仅对引力波的实际运作给出了一幅更好的图像，而且还给出了方法，以便回避诸如波是否携带能量，以及因此是否有物理作用这种令人困扰的问题。

皮拉尼在都柏林受到的第二个方面的影响是，把辐射场按类型划分。他应邀校正辛格的一本书，书中讨论了电磁场类比的分类，他受到启发去对引力辐射做同样的事情。那时，他又接触到了彼得罗夫(Petrov)提出的一种基于不同场的黎曼张量的类型进行分类的方案。该方案最初把引力场分为类型Ⅰ、Ⅱ和Ⅲ，后两种描述辐射场。这种方案被采纳并广为传播。在外尔—爱因斯坦早期对分类的尝试失败之后，这种方案的成功说明，对分类还有另一种不可抗拒的冲动，它支配着物理学家(和其他科学家)。

尽管皮拉尼对怀疑论者表示怀疑，但邦迪是从爱丁顿的书中学习相对论的，受到爱丁顿的影响，他还是为自己贴上了引力波怀疑论者的标签。开始，他似乎对引力波理论是否真的承认他们有所怀疑。1957 年邦迪给《自然》写过一封信，许多人是由于信中"证明"引力波可能存在的判决性思想实验而记住它的，在信中，他把自己说成是在同一年举行的查珀尔希尔会议上的坚定的怀疑论者。戈德堡当年促成并参加了那次会议，他回忆道，邦迪在那次会议上鼓吹引力波不存在（戈德堡，1993）。但是，皮拉尼的评论例证了各种历史记忆间的矛盾，"我很惊讶，在查珀尔希尔对引力波携带能量还存在一些怀疑"（采访）！实际上，这个著名的思想实验在 1957 年被再次使用，用来围攻罗森的赝张量问题。皮拉尼在那次会议上报告了关于描述引力波测地线偏移的工作，这项开创性的工作把这个著名的思想实验"激活了"。[1]

在 20 世纪 50 年代末和 60 年代初，通过与波兰、德国和美国其他小组的密切合作，以及通过戈德堡所得到的美国空军基金的资助，伦敦小组发表了一连串对引力波理论具有深远影响的论文。在关于引力波的流行的正统观念的确立以及对引力波存在的信心的建立等方面，几乎没人做得像邦迪这么多。然而，邦迪本人仍然忠实于他的怀疑论的根本。1962 年，在由英费尔德小组组织的华沙会议上（GR3），他认为二体系统是否受到辐射阻尼的问题仍然悬而未决，而且感到用一个真正的但是理想化的状态方程检验两个延展体的情况是重要的。钱德拉塞卡受到他报告的启发，着手继续研究了这个问题（采访）。

邦迪考虑，由无压力的尘埃组成的两个轨道运动的体系不会辐射，因为这两个体系中的每个粒子在整个运动中都将沿着测地线移动。从亚里士多德学派的常识看，这些粒子在运动中表现得很"自然"，因此从测地线的意义来看，可认为是非加速运动，因此没有辐射。在这个高度理想化的系统中，阻尼是否应该存在，这在其后很多年中邦迪还是没有把握给出回答(采访)。

从20世纪60年代中期开始,邦迪开始越来越多地参与管理工作,对年长的物理学家来说,这是相当典型的命运,正如我们已经看到的英费尔德和罗森。在20世纪70年代,他在英国国防部工作,这大大地减少了他对科学工作的参与。因此,大约从1965年起,在引力波理论中他就不再是活跃的角色了。

如我们已经看到的,这3个怀疑论者似乎都没有使他们的学生与合作者对他们的忧虑产生深刻的印象。邦迪对自由引力尘埃是否会辐射的不确定,在很大程度上是他个人的看法。他的另一个担心是,引力波尾状物的存在。1966年,他把这描述为"绝对灾难性的发现",这可能导致深刻的认识,但却是"非常严重的",它阻止受扰动的系统完全安静下来而再次达到稳态,因为它的场会一直受到它自己曾经扰动的过往史的影响(邦迪,1970,第269页;第270页)。无疑,从那时到现在,尾状物始终是引力波研究中的一个重要课题,而且有些人甚至还提出,它们可能会与引力波探测器发生干涉。但总的来说,后人并没有为邦迪分忧,他还是感到应该把这种担忧提出来(采访)。他也许认识到大多数物理学家本质上都是善于与人打交道的,所以他说,"无疑,在引力中我们可以学会去适应历史。但那不能阻止我为[它]感到遗憾"(邦迪,1970,第272页)。

即使罗森、英费尔德和邦迪不能总是说服他们的学生和合作者把精力集中在他们所认为的基本问题上,但他们每个人都对这个学科作出了重大的贡献。英费尔德是通过EIH形式体系,通过对辐射问题的后牛顿方法的哺育,以及对大批相对论者和理论物理学家的指导做到这一点的,他们中的很多人都在研究与引力辐射有关的问题。在整个挑衅性的职业生涯中，罗森挑起了关于引力波的辩论，而且还通过他的像佩雷斯这样的学生作出了贡献。罗森是一个如此坦率直言敢于攻击传统观念的人，以至于即使在去世后他本人的物理学风格依然众所周知，而且仍然有崇拜者。邦迪和各种各样的合作者一起，共同创立了引力波的具体图像，这种图像是一种真实的理论现象，而不是抽象的数学类比。也许从过程方面来说，如果必须简单地概括的话，最好是把怀疑论者的贡献累加起来。如果有一种东西把怀疑论者团结在一起，那就是他们反对直接地把与电动力学的类比强加给非线性的引力理论。因这种类比而自鸣得意确实对引力波思想形成了一种严重的威胁，这是因为，如果它被太笼统地接受，那么他们就永远都不可能使它成就为一种值得注意的独立的存在，而仍然只不过是场论的一个脚注而已。假如对一些人（比如皮拉尼）来说，通过发展引力的量子理论来深化对这种类比的需要就是他们研究引力波的动机，那么对其他人来说，质疑这种类比的需要，恰恰就是引人入胜的动机。由于他们的努力，在 20 世纪 50 年代为引力辐射理论打下了基础，在随后的 60 年代，恰好赶上了对广义相对论兴趣复苏的历史时刻，并且见证了对引力波的兴趣第一次越过了理论的狭窄界限。

如果怀疑论者的思想被新的一代以非常不同的方式接受，这也许是科学家普遍的命运，他们传授给后代的并不是他们的完整的思想，而仅仅是它的某个要素，然后变成了继承者在构建他们自己的概念时的一种工具。实际上，老科学家如果对没有能让年轻的一代适当地理解他们的工作和动机感到遗憾，在物理学史上这种个人的压抑也许正是吸引人们去研究它的原因。当衰老或死亡的科学家的思想中有吸引力的要素可以被挪用，其中去掉了最初激励他们的情感，并且以一种新的物理学方式被赋予全新的含义之时，有创造力的年轻科学家并不感到背负着这些科学家的个性的沉重负担。在与邦迪和钱德拉(Chandra)会谈时给我留下深刻印象的是,他们两人都注意到自己的继承人并不需要理解他们最出色的工作背后的动机。在这一点上,钱德拉似乎相当伤感。邦迪对我说,"没人充分理解"消息函数这一他对引力波研究最著名的贡献,但他似乎并未过分地受此困扰。

在某个领域中真正建立自己的观点,这不仅在物理学中是困难的(毫无疑问,在各行各业中也都是如此),而且,这对于学生的成长和扩大自己的影响,也可能是一把双刃剑。如果只带少数几个学生,则情况多半是,他们的观点将反映他们导师的观点,但这也意味着,总体来说,他们影响这个领域的机会也更小。如果有更多的学生,他们可以发展成一个重要的学派,并在一个领域里占据重要位置。但作为学生,他们可能倾向于对他们自己的同辈小组作出响应,而与他们导师的观点可能不完全一致。很可能,在这种情况下,每次老师影响学生时,反而是学生影响了老师。毕竟,他们在数量上超过自己的老师。

第十章

接近探测的边缘

1955 年在伯尔尼召开 50 周年纪念会议的时候，引力波作为一种理论已经在广义相对论领域里存在了将近 40 年，然而，可以公平地说，还没有人确切地阐述过关于它们的物理效应的本质和行为的令人信服的图像。毫无疑问，已经产生了诸如它们是否存在、是否会从真实的系统中带走能量等等一些辩论，但是，在战后重要的相对论教科书，伯格曼的《相对论导论》（*Introduction to the Theory of Relativity*，1942）中，我们看到对引力波的介绍只是（这是“场论中典型的说法”）“迅速变化的场，每当质点受到加速时就必定会产生”（第 187 页）。这样的描述很难使读者在心里对这种波产生生动的图像，而且人们必然会怀疑，这样的措辞更倾向于掩盖未知的东西，而不是描绘已知的东西。这让人忍不住有这样的感觉，在这个阶段，相对论者对被迫接受场论的这个非亲生子女多少有点为难，它既没有清楚的理论支柱，在实验上也看不到前途，而且已经被证明在理论上又是非常难以解决的。

我们看到，与电磁场理论的抽象类比在促进引力波理论发展中起了重要的作用，相对论者慢慢地构建了一种描述性类比，或者说对这种现象的暗喻。也许，这正反映了对这种波本身缺少令人信服的理论理解。在战后的许多讨论引力波的科普书和教科书中，作者在描述这种波的时候都完全回避了暗喻，而是更乐于代之以在一些理想系统中去解释这种波的某种效应，如环形的一圈粒子会由于这种波的通过而变形为椭圆形(例如,戈德堡,1966)。在伯格曼的《引力之谜》(*The Riddle of Gravitation*,1968)一书中,使用了与横波的对比,横波是固态物质中声波的两种主要类型之一,这个例子说明,需要有一些可能会拨动读者心弦的暗喻。像惠勒(惠勒,1962)和费恩曼这样的一些作者,在关于引力的讲座中(费恩曼,1995),选择了充分详尽地说明与电磁的类比,直至"引力子"与"光子"的量子类比。

至少,到20世纪70年代初期,我们发现,对这种波的理论理解的信心已经增加到这种程度,即当回顾作为波现象的所有描述之基础的暗喻时,比如水面的涟漪,相对论者最终会感到舒适。在米什内尔、索恩和惠勒(1973)合著的最著名的现代教科书中,我们发现在关于引力波这一章的开头就使用了这种物理暗喻。这也许是个权威的版本:

> 如同把在海洋中起伏的小的涟漪识别为"水波"一样,人们因而把在时空中起伏的小的涟漪命名为"引力波"。什么的涟漪?海洋表面位形的涟漪;时空位形(即弯曲)的涟漪[着重补充]。两种类型的波都是理想化的。任何人都不能无限准确地描述在任意一个瞬间哪一滴水在波里,哪一滴在下面的海洋里;类似地,任何人也不能准确地描述哪部分时空弯曲在涟漪里,哪部分在宇宙背景里。我们差不多可以这样对比;否则就不会说是"波"!(第943—944页)[1]

在霍夫曼1972年写的爱因斯坦的传记里,也找到了相同的描述,"弯曲的涟漪以光速传播",还有,"由于我们经过了时间的旅行,冻结的时空波纹记录了我们的运动情况"(第219—220页)。这表明,到了20世纪70年代,人们认为在普及性的描述中适合使用这种生动的物理暗喻。

不同的明喻继续被一起使用。《麦格劳-希尔物理学百科全书》(*McGraw-Hill Encyclopedia of Physics*)[帕克(Parker),1983,第404页]中,既使用了"时空弯曲中的涟漪",也使用了"传播的张力图样"。里斯(Rees)、鲁菲尼(Ruffini)和惠勒(1974)说,爱因斯坦认为"几何形状能够起伏波动,而且可携带能量"(第84页)。后来当怀疑论者讨论时,他们又补充道(注意"早些时候怀疑[引力波是真实的东西],现在这些怀疑全都消散了"):"任何说引力波携带能量的话都是废话。不存在引力波能量密度这种东西。"

一本名为《寻找引力波》(*The Search for Gravity Waves*)[戴维斯(Davies),1980]的科普书以电磁类比开始,但是说,"应该小心这种类比的应用不要扩展得太远"(第26页)。它也提出引力波像几何形状的涟漪,但告诫要防范与单纯的坐标涟漪混淆的危险(第49页)。

韦伯关于引力波探测的课题对以后的发展有巨大的影响,相比之下,除了抽象的与电磁的类比之外,他没提到任何其他的类似。没提到时空中的涟漪、几何形状或任何其他东西。

到1970年,如果说相对论者对他们自己的引力波的理论图像已有足够的信心,开始发展一种对学生和外行来说更加引人入胜的暗喻式的描述,那么,我们可以在前10年的理论工作中寻找这种自信的根源,它为引力波的物理(相对于只是形式上的,数学的)理论打下了基础。在这种尝试中有两个研究小组发挥了特别重要的作用:邦迪—皮拉尼的伦敦小组和惠勒的普林斯顿小组。

如我们已经看到的,伯尔尼会议本身有助于鼓励邦迪开始引力波问题的研究。当时,这种现象的不确定状态激发他和皮拉尼再次提出了这个曾经被提出过的(由麦克维蒂、罗森、英费尔德和其他人提出过）关于引力波的存在的问题。他们和鲁滨逊一起，以反驳长期存在的反对引力中存在平面波的观点（在战后初期，这种观点相当正统，足以进入教科书［伯格曼，1942］）作为工作的起点。这一点相当重要，因为圆柱形波是相当非物理的，需要一个无限长的源来产生，但是圆柱形波是当时得到的唯一的爱因斯坦方程的精确解。随着鲁滨逊和特劳特曼球面波前解的发现，基本形势有了进一步的发展（1960）。有了这个精确解，伦敦小组就可以继续精确地研究波的渐近行为，即离源很远，且趋向无穷大的行为。虽然还是理想化的，但他们要研究的系统（包括一个源和由它产生的远处的波）将是一个可以接受的理想化的致密孤立的源。

邦迪把1962年与范德伯格和梅茨纳一起发表的论文描述为"我所做过的最好的科学工作"（邦迪，1990，第79页），毫无疑问，在说服人们相信引力波真的可以从源发射出质量和能量的过程中，它产生了很大的影响。就是在这篇论文中，邦迪提出了著名的消息函数。这篇论文本身很清楚地说明了一个道理，即不论某种特别的关注如何激励一个科学家做出了自己最好的工作，最终都会被他的读者完全忘记，即使所讨论的论文相当成功并很有影响时也是如此。

这篇论文涉及邦迪认为非常棘手的两个问题。第一个是自引力源（如双星系统）是否能辐射的问题。虽然当时一些相对论者不再过多地考虑这种事情，但邦迪仍然引用了英费尔德在《运动与相对论》中赞成来自双星系统的物质辐射的论点：

> 自由落体粒子没有辐射，这来自英费尔德的工作，但人们愿意把这推广到非奇性状态方程组。当时最清楚的

似乎是无压力的尘埃的情况，但是除此之外，人们还试图提出完全弹性的状态方程也不会产生辐射。（邦迪、范德伯格和梅茨纳，第 47 页）

这是值得注意的，因为想必邦迪清楚地知道特劳特曼的工作，他证明了 EIH 的辐射项不是坐标独立的，这项工作是特劳特曼在伦敦时在邦迪的系里完成的。邦迪和英费尔德都不认为特劳特曼 1958 年的论文是自由落体系统应该辐射的有说服力的证据。

邦迪的第二个担心关系到引力辐射中无限长的尾状物的存在。20 世纪 60 年代，在纽曼和彭罗斯的工作中已经令人信服地证明了这个现象（参见下文）。尾状物受到扰动没能“跟上”波的其他部分，因此违反了惠更斯原理，总扰动限制在由波的速度决定的单一扩展的波前。在广义相对论中，波与源的弯曲的背景度规相互作用产生尾状物，这些尾状物永久地在四周反弹，阻止系统的场在任何时候完全安静下来不再活动，即再次回到静态。这里所发生的并不是波的一部分传播得比其他部分更慢，而是当时空不平坦时，波的一部分被反射，就如同被碗的边缘反射出去一样，而且开始是朝着向后的方向。如果向后的波的一部分此时又被反射回来，它就将恢复最初的运动方向，但是离扩展波前的后部有一些距离，最初它们曾经是同一部分。这就是波的“尾状物”。

不论最初爆发的辐射是多么短暂，源都会一直被引起辐射爆发的最初扰动的回声所围绕。邦迪把引力波中尾状物的发现称作“绝对灾难性的”，因为它表明“世界是一个比原来所认为的要复杂得多的地方”（邦迪，1970，第 269 页）。如邦迪所见，问题是，这里源的未来行为取决于“很久以前它早期的历史……而且这种对历史的依赖性我认为我们现在可以在一般理论中明确地辨认出来,这使得它成为一种显然缺乏吸引力的理论"。他得出结论,"我们不得不接受这个理论……[但]它表明它本身可能比所期待的还令人讨厌"(第271页)。

1995年当我拜访邦迪的时候,这个广义相对论中的尾状物问题仍然使他非常困扰。在另一次采访中,纽曼很好地回忆了邦迪对尾状物强烈而有争议地拒绝,直到纽曼和彭罗斯的工作使他不得不接受它们的存在为止。毫无疑问,他关注的部分可以在他1962年论文的实际考虑中找到。在那篇论文中,邦迪设法证明,如果一个质量系统初态和终态都处于静态,但其间经受了某些非轴对称扰动,则这个系统在发射引力波的同时将有质量损失。发射的周期是以某种函数为特征的,邦迪称之为消息函数,它只有在发射时才是非零的。他坚持初态和终态都为静态的一个原因是,在广义相对论中,定义一个系统的质量是相当有技巧的,特别是当这个系统是动态的时候。围绕这个问题,从20世纪60年代起使用得越来越多的一种方法是,看一看远离该(孤立)系统处的场,那里应该近似等于施瓦氏度规,它描述了单个物体的引力场。在这种环境下,可以把该系统的质量定义为具有等价场的一个施瓦氏体的质量。因此,邦迪特别强调系统的初态和终态是静态,尽管他成功地定义了一个随时间变化的质量函数,这个质量函数在静态情况下可以简化为静态场施瓦氏质量。不能逐渐地完全消失的尾状物对这种图像是一个明显的威胁。

另一方面,似乎没有任何机制会破坏一个由自由落体尘埃组成的系统初始的静止状态。这样的系统对其他初始的边界条件构成了一种威胁。它

不包含这种意义上的消息。它的未来是它的过去的

清楚的结果，而且在这种类型的不同系统之间，似乎很难画出一条有区别的分界线，然而可以想象，无压力气体可能是唯一的无辐射的物质，所有其他物质如果处于运动之中，则都会辐射（邦迪、范德伯格和梅茨纳，1962，第48页）。

邦迪把消息函数看作可能辐射的系统和不可能辐射的系统之间的分界线。"消息"是辐射系统的特征；信息可能被辐射给了远处的观察者，在一定程度上可以认为这种可能性存在一些值得报告的东西。对邦迪来说，介质就是信息，从这种意义上看，不可能存在信息就暗示着没有介质（没有波）。这种特性对邦迪的消息函数的解释至关重要，在邦迪看来，"没有人充分理解过"这一点（采访）。从1960年开始，少量的研究者，大多数来自老一辈的怀疑论者或是受了他们影响的人，继续认为自由落体系统不（或者很可能结果是不）辐射。从1970年开始邦迪就不再活跃于这个领域了，直到很多年以后，他本人也没能说服自己，即使是在理想的自由落体尘埃的情况中，也应该以两颗充满尘埃的恒星彼此环绕的形式产生辐射（采访）。虽然他本人怀疑这一点，但在20世纪60年代，引力波的图像发展得越来越有说服力，在这个过程中，他自己的工作以及他和皮拉尼的伦敦小组有关的工作发挥了至关重要的作用。另一个著名的天体物理学家钱德拉塞卡也着手反作用问题的研究，在说服他开始这项研究的过程中，邦迪的怀疑论也发挥了作用（参见第八章）。

邦迪（在邦迪、范德伯格和梅茨纳的D部分，1962，这部分是邦迪独立完成的）对引力波接收也做了一个重要的处理。他的接收器由"两个有质量的粒子……和它们之间的一个马达"组成。他分析了它对入射波的吸收、随之产生的运动，以及在假设波很弱并且线性化方法因此而适用时它自身的发射。基于他的分析，他能够导出能量吸收的四极公式，"与电磁的四极公式是一致的（除数值因子外）"。与反作用的四极公式不一样，邦迪的四极公式作为正确的结果被广泛地接受了。和邦迪本人一样，怀疑论者的问题是，像二体系统这样的非线性源是否真的会发射四极辐射，或者是否会按照相同的公式去发射。他的接收器公式表明，离源非常远的波确实携带具有四极特征的能量流。很多物理学家认为，把远域的或接收器的四极矩与源的近域四极矩等同看待是可以接受的。可是，其他一些像安德森这样的人批评说，这是"用命名来证明"（采访），因为他们认为，没有理由假设两个四极公式描述的是相同的量。

值得注意的是，邦迪不满足于在两头都没有进行仔细的研究时就放弃与电磁波的类比。研究引力波接收的同时，他还更加仔细地审视了电磁辐射接收器的理论理解。他注意到，这只是基于非常理想化而不是非常现实的基础完成的，因此在 1960 年他写了一篇论文，从一个不太理想化的角度分析了这个问题（参见邦迪 1987 年的解释）。

20 世纪 60 年代，广义相对论研究在这个 10 年里有了巨大的发展，上面间接提到的纽曼和彭罗斯的工作就是其中之一。这两个数学物理学家，一个是美国人，一个是英国人，他们共同发展了一种巧妙而有力的方法，去解构物体在远处的引力场，因此，复杂的广义相对论张量方程可以简化为普通的微分方程，物理学家已经有了许多方法可以帮助他们求解这种方程。他们的方法使用了四元组旋量计算，从而提供了一种直接且明确的方法，以便从"渐近式"或者离源很远的时空中"分离"出这些项，这是邦迪小组和他们的合作者之一萨克斯（萨克斯和纽曼是伯格曼的学生）工作的核心。纽曼和彭罗斯的形式体系揭示了远离任何行星和星系的遥远空间时空本身的结构。与爱因斯坦最初版本的广义相对论相反，在远离任何物体的地方，仍然存在一些东西。从现代相对论的角度看，这些东西就是引力场本身。在相对论中，这种场完全是空间和时间的基本几何，纽曼和彭罗斯揭示出来的就是这种几何的结构。当然，时空"渐近结构"的研究自然地产生于引力辐射的研究，因为背离简单的渐近平坦时空一般与引力辐射有关。他们的著名论文(1962)的题目是"用自旋系数法研究引力辐射的一种方法"(An Approach to Gravitational Radiation by a Method of Spin Co-efficients)，这种形式体系仍然是当今的引力波和相对论的其他许多方面工作的一个不可或缺的部分。纽曼和彭罗斯的工作是物理学中分散的观点如何通过技术进步取得一致的一个精彩的例子。不管最初是什么动机启发了它，不管它们是主流还是少数，或者甚至完全是奇谈怪论，任何研究项目一旦成熟并开始成为通常有用的研究工具之时都会发现，这些工具也在被其他人使用。一旦物理学家使用相同的工具，他们就会发现他们的结果往往是一致的。只要结果一致，他们就不会特别担心解释的事情或者这样一些哲学问题，比如，尾状物是否是不好的东西，由没有压力的尘埃组成的双星是否能辐射引力波。

然而，具体的时空结构的发掘本身具有哲学含义。相对论开始就是一个基本的理论，其目的是建立相对论性时空观：时间和空间都不是独立存在的，只有通过物质以及与它们有关的事件之间的关系才能被感知(因此我们说，桌子位于离椅子两米远处，或者说 A 坐在椅子上比 B 坐在桌子上提前两分钟)。与此不同的另一种观点是，空间完全是先前就存在的容器，可以存放桌子和椅子，没有空间，东西就没有地方存放。爱因斯坦早期对自己理论的理解是，远离实物的非常遥远的时空简直就不存在，他后来放弃了这种观点，并满足于这样的信念，即他至少表明了，时空的结构是由物质决定的，因此没有物质就不会有时空结构。到了20世纪60年代初期，人们终于开始了解由物质决定的远距离时空结构的性质，这要感谢引力辐射的研究（关于空间和时间的哲学读物，可以从厄尔曼1989年和施塔赫尔2002年的作品开始）。

对我们的研究的主要意义的一个实际说明中，关于时空的渐近结构的主要工作在纽曼和彭罗斯的论文里已达到了顶点，它具有关于辐射问题的边界条件的敏锐思想。结果表明，在时空中存在很多不同的无穷远，其中包括类空无穷远，过去类时无穷远，未来类光无穷远（引力波在那里真的结束了）。到20世纪60年代末，最后终于搞清楚了，应该不会从系统外面携带能量进入源，这种原本表述得既模糊且不具体的边界条件可以准确地表述为，在适当的无穷远处，没有入射的或只有出射的边界条件（参见图10.1）。

在普林斯顿，惠勒和他的学生对涉及引力波的物理描述的问题也很有兴趣。惠勒和他的小组对这些问题有一些不寻常的影响。例如，韦伯在发展他的引力波探测思想的时候就曾花了些时间接受一份奖学金与惠勒合作，这自然有助于在那里激发出一些有益的东西（米什内尔，采访）。当然，惠勒本人也参加了圆柱波是否携带能量的辩论，他的学生在50年代末的会议上（如查珀尔希尔会议）参与到辩论中。和邦迪一样，惠勒和他的小组也不喜欢处理引力质—能问题的赝张量方法，而愿意通过检验源的远处的场来决定它的质量[从这个阶段起，有两种重要的引力波质量的定义，一种是邦迪质量，一种是阿诺威特（Arnowitt）—德塞尔（Deser）—米什内尔（ADM）质量，米什内尔是惠勒的学生之一]。

普林斯顿小组集中精力做的关于引力波的另一个课题是

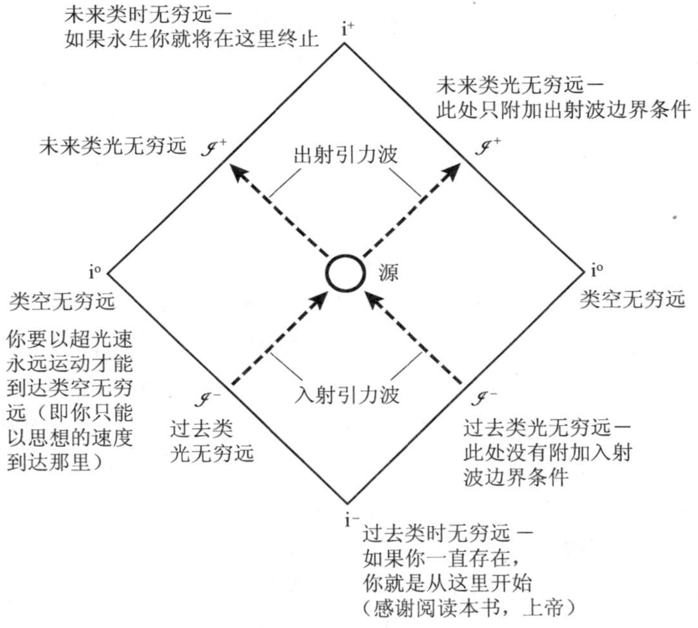

图 10.1　彭罗斯图。这些图也被称为紧化时空图。它们使用了特殊的坐标，使得无穷远被绘制在一张 A4 纸上。和光一样，在时空图中引力波沿着零线传播。它们指向类光无穷远。用草体字母𝒥表示类光无穷远，相对论者称之为 Scri。它与古词语 Scry（用水晶球占卜）的发音相同，意思是“看或感觉”。类时无穷远就是亚光速世界线终止的地方。

吉纶，它是惠勒命名的一种实体，是由借助自身的引力吸引结合在一起的波束构成的。惠勒仔细考察了电磁吉纶，它由高频电磁波构成，这种思想在一定程度上是有趣的，因为有种感觉，这样一种“物体”可能证明是一个由纯场构成的基本粒子的经典原型（布里尔，采访）。

20 世纪 50 年代，当惠勒把注意力转向广义相对论时，他已经是著名的理论物理学家了。从直觉上引力被看作量子场论发展的下一个阶段。费恩曼也许更典型,他起初就对量子引力感兴趣,当时量子引力发展很慢。惠勒则和他的学生费恩曼不同,他采取了相对论领域大多数人的做法,而并不拘泥于他的唯一的物理方向。他认为,这个理论的本质特征是对时空的几何描述,而不是一个难以捉摸且异乎寻常的场论。

惠勒让他的学生布里尔和哈特尔研究引力吉纶问题,吉纶是由短波长的引力波构成的。特别值得注意的是,吉纶可由纯无源引力场构成,引力场中的扰动可由于它们自身的引力吸引而结合在一起。惠勒从光学中借鉴了一种工具来研究这个问题,那就是双尺度长度规展开或短波展开的思想,其中很强的引力场(并且因此有很大的非线性)可以用描述场的定域扰动的一个短的长度规和描述背景曲率的一个长的长度规的比值展开,扰动将通过背景曲率发现自己。这提供了一种方法,可以通过它们自己的背景弯曲来研究波。也就是说,度规被分为一个长—长度规,和一个短—长度规,前者即表示由引力波质—能产生的引力场的时间平均曲率,后者即实际的定域变化的波场。布里尔和哈特尔(1964)得以使用这种方法研究吉纶,布里尔(1959)指出,从远处看时环形波脉冲似乎具有质量[环形波脉冲最初是作为爱因斯坦圆柱波的空间极限形式由韦伯和惠勒提出的(1957),随后邦迪就提议了一个适当的度规]。引力吉纶是作为有能量的引力波而提出的,这在当时是有争议的。实际上,后来库珀斯托克(参见第十一章)试图表明引力吉纶并不存在。他做这种努力是为了支持他的能量是定域的假说,在这种假说中,引力场的能量不能通过真空传播。

艾萨克森是惠勒的学生米什内尔的学生,他进一步发展了引力波的短波展开式描述,其中产生了一个在几个波长范围内平均的张量，该张量以一种不变的方式描述了波的能量。这个张量提供了一种为估算引力波的能量通量而计算引力波能量的方法，而且也避免了用有争议的赝张量方法去估算波中的能量。

在广义相对论里，双尺度长度规方法对引力波的形象化起了重要作用。弯曲（引力场）的小尺度的"涟漪"叠加在大尺度的背景时空弯曲上，这种引力波图像导致了现在老生常谈的把引力波比喻为"时空弯曲中的涟漪"的提出（索恩，私人通信）。毫无疑问，具有形象化和创造新词（吉纶[2]，黑洞）两种天赋的惠勒借助他 1962 年出版的《几何动力学》（*Geometrodynamics*）一书普及了广义相对论时空弯曲的图像。惠勒本人指出，在数学家克利福德（William Clifford）的一篇论文里就包含了 19 世纪黎曼几何对我们当代引力波图像的预言（惠勒，1961）。克利福德是维多利亚时代的数学家，他向讲英语的读者普及了黎曼几何，他受到黎曼对非欧几里得几何学的归纳的启发：

> 我认为实际上（1）空间的小的部分实际上是本质上类似于平均起来平坦的表面上的小山；也就是说，几何学的普通定律对它们无效。（2）这种弯曲或变形的性质不断地以波的方式从空间的一处传播到另一处。（3）这种空间弯曲的变化就是我们所说的发生了*物质运动*的现象，这些现象或是可测量的或是不可测量的。（4）在物理世界中，除了这种变化外什么都没有发生，（可能）服从连续性定律。（克利福德，1876，引自惠勒，1961，第 63 页）

克利福德弯曲波的思想与庞加莱加速度波的思想从起源上很不相同。爱因斯坦的引力理论，结合了黎曼几何与相对论场论,包含了统一这两种图像的可能性,但直到20世纪50年代和60年代,它们在引力波的现代描述中才真正统一了起来。惠勒支持大尺度弯曲和小尺度涟漪的引力场多面性的设想,在双尺度方法中找到了表示,无疑,这有助于激发引力波思想的一种新的形象化。布里尔回忆,虽然在米什内尔、索恩和惠勒使用的物理学暗喻得到真正的流行之前,可能还需要一些时间,但当时“小尺度涟漪的思想在这个领域里很突出”(采访)。

现在,理论家的作用是什么呢?他们的大的争议已经平静下来,理论家似乎除了等待结果到来之外,没什么更好的事可以去做。没有什么会比真理更遥远。实验家的工作异乎寻常的艰难。LIGO需要测量非常小的移动,大约是原子核的宽度,从它的镜子的位置(在4千米以外)来成功地探测引力波。由其他各种影响引起的镜子的运动(所谓探测器的“噪声”)将会同样大,这完全在意料之中。为了从噪声中提取信号,需要提前知道这个信号是什么样子。这正如一个人试图在雾气朦胧的夜晚找到路,知道去寻找什么样的明显标志会大大有助于找到路。由于以前从来就没见到过这种信号,因此只有理论家能够提供信号的模板,这些信号的模板是探测器要求的复杂的数据分析所需要的。多亏了本书中所描述的这些工作,关于致密双星的演化及其发射的引力波的非常详尽的图像才发展起来了。但这完全是在爱因斯坦理论近似的基础上得到的,即随着两个物体彼此靠近并合并在一起而完全坍缩。遗憾的是,就是在这一步发出了波的最强烈的爆发。一个双星互旋以及合并的最后阶段的精确解将会非常美妙。为了得到那个解,就需要能进行惊人巨量计算的超级计算机。很多物理学家以大大小小的研究组尝试求解这个运动问题的精确的爱因斯坦方程,这种努力已经进行了很多年。一位重要的物理学家索恩甚至和重要的数值相对论者（用计算机辅助的理论家的称谓）打了个赌，在实验家首次实际观察到黑洞对撞（在索恩和其他理论家精通的近似计算的辅助下）之前，他们将无法解决这个计算问题。谁将获胜只能拭目以待。

尽管理论家自己的项目面临困难，但他们可以从探测引力波的异常的技术困难中得到些宽慰。20 世纪 50 年代和 60 年代，类星体、脉冲星等相继被发现，在天体物理学这种令人激动的氛围里，虽然最初引力波是以涌现新思想为特征的，但它们很快就被丢弃了，研究者转向具有更明显的天体物理学应用的更热门的课题。引力辐射这个学科似乎仍然由于没有任何实验介入而吃亏。在 20 世纪 60 年代末，虽然理论家对引力波的存在更有信心，而且比以前盛行的关于观测结果的可能性更加乐观，但实际的实验证据仍然非常匮乏，而且还都是负面的。

20 世纪 70 年代初期，就像排着队一样，引力波的实际探测第一次作为轰轰烈烈而有争议的课题出现了。如果这已经出乎意料，那么一个显然是理想的引力辐射反作用的观测试验平台的出现，就更令人难以置信了。到 20 世纪 80 年代，广义相对论的辐射反作用问题成了一个活跃的学科，雄心勃勃的大型探测器工程的开工，需要引力辐射效应的理论预言达到前所未闻且梦想不到的精确程度。物理学家试图通过仪器使引力波成为一种具体可见的物理现象，这种在形象化方面的尝试结出了硕果，且这个过程比任何人期望的都快得多，这是 20 世纪 50 年代末和 60 年代理论发展的成就。只有了解了这个学科的发展历史，才能体会到这种努力仍然是最有争议的。

如我们已经看到的，20 世纪 60 年代在描述波的传播以及与物质相互作用的很多前沿都取得了重大的进展。在这个

图 10.2　韦伯检查他的共振柱体引力波探测器。虽然对他的工作存在争议，但他直到生命的终结始终坚持认为他的设备已经看到了一些东西，而那些东西很可能就是引力辐射。（承蒙美国物理学会埃米利奥·塞格雷图片档案馆惠允）

阶段，最初由于受到韦伯工作的启发，人们提出超新星、中子双星可以作为天体物理的可能的源［戴森（Dyson），1963］。在1960年前后当韦伯开始着手他的实验计划的时候，从实用意义上讲，还不存在源的理论。大多数关于引力波发射的理论研究都集中在二体系统，地球自己围绕太阳的轨道就经常被作为一个例子。有些人很相信从这样的系统发射引力波的真实性（例如朗道、利夫希茨和福克），那些人大多数也倾向于认为观测这种效应实际上是很方便的。从韦伯的观点看，挑战只取决于他的仪器可能达到的最高的灵敏度，因此从这个意义来说，理论的缺陷并不重要。可是，他选择的设计是，在其基频处会对引力波作出“丁零丁零”反应的共振柱体只有相当窄的频宽。因此，应该去选择一个频率，在那个频率有最好的机会检测到任何可能在那里的宇宙的源。这次又是灵敏度的要求限制了即将进行的选择。要达到更高的灵敏度就需要大的柱体条，但是供给的考虑限制了总尺度。由于总尺度是共振条频率的主要决定因素，而工作频率的范围是有限的。韦伯选择了1661 Hz的操作频率，主要是依赖他对这个学科的直觉，这是他花费了相当长时间的理论准备所得到的结果，其中一部分就是他花了一年时间在普林斯顿做博士后时与惠勒的合作成果。

实验项目一开始，韦伯就开始接到一些可能的源的建议。随后有一次当韦伯访问普林斯顿的时候，戴森提出，不对称的超新星坍缩时，经受引力坍缩的恒星中的一个隆起物会随着恒星的收缩而旋转得越来越快，释放出越来越大量的四极辐射，其频率会覆盖圆柱体的千赫兹范围（韦伯，采访）。超新星爆发时，在核坍缩过程中，恒星的旋转会达到相当大的速度。就如同一个滑冰的人，当她的手臂收回到靠近身体时其转速会更快，一个径向更致密的物体必定旋转得更快，以保持角动量守恒。遗憾的是，四极公式预言，一个完美的球状恒星不论它旋转得多快都不会产生引力波，这是每个人都认同的理论的一个方面。但如果在恒星表面有一个隆起，那么随着恒星的旋转，它就会产生变化的四极矩，坍缩时它旋转得越快，所产生的波就越多。如果这个隆起足够大，在恒星完成坍缩之前，就会有相当大量的能量以引力波的形式辐射出来。

很多年来，这种类型的源一直是引力波探测中被偏爱的候选者。可是，它最终却被取代了，取代它的是戴森出版的《星际通讯》(*Interstellar Communication*)一书中一篇题为"引力机器"(Gravitational Machines)的文章中所提出的建议(戴森，1963)。这篇文章讨论的是"先进文明"对引力能量的可能的利用。其中之一就是中子双星系统，它的强烈的引力场和快速的轨道运动可以用来把宇宙飞船引力加速到极大的速度(像20世纪70年代和80年代引力弹弓效应加速"旅行者"宇宙飞船一样)。戴森观察到，"如果一个密近双星系统是由一对中子星形成的"(他注意到，它们的个体的存在是"不确定的")(第119页)，那么，这些系统就会发射足够大量的引力辐射(由于高度凝聚的物体在很小的范围里产生了强烈的场)，导致系统在相对较短的时间尺度里衰退，直到这两个子星彼此合并，最终在一个适合韦伯的设备探测的频率范围内爆发出非常强烈的引力波。他估计，"在100兆秒差距量级的距离的这种辐射应该能被韦伯现有的设备探测到"，从现代标准看，这是个相当不错的估计。因为它给出了一个范围，覆盖了一个包含1000万个星系的广阔的区域，"似乎值得用韦伯的设备或者用其他进行了适当修改的设备对这类事件保持观察"(第119页)。

最初，戴森假定存在的源多少有点可能被看作科学幻想。当然，他是在一个不寻常的背景下，即在一本关于与外星人通讯的书里(诚然,这是一本非常严肃的不追求轰动效应的书)提出的。另外,在华沙会议上,我们发现某个“身份不明的提问者”,他提出了一个显然是在奚落韦伯的问题,他问韦伯是否“测量到了任何戴森的中子双星”(英费尔德,1964,第82页)。当时中子星的存在还很不确定,这种源似乎都是在近乎疯狂的想法中推测出来的(直到1967年贝尔和休伊什才发现脉冲星)。不过,此后发现脉冲星拥有伴星(参见下文),并且现今这些脉冲双星和迄今为止尚未发现的双黑洞系统一起成为下一代引力波探测器最偏爱的源。

因此,在理论以任何有意义的形式预言引力波是否存在的这场辩论中,尝试通过实验探测引力波的发起者便出现了,并扮演了一个角色。在整个20世纪60年代,韦伯在引力波探测上孤独地努力着。到1962年华沙会议的时候,他有了一个探测器在运行,而且还介绍了他早期的结果。在这个阶段,他真正百感交集。正如韦伯后来所说的,受他激发的这个领域沿着他的足迹前进之前,他受到嘲笑,后来也是。[3] 然而,他不仅成功地建造了运行设备,还成功地详细说明了一些这个领域最重要的未来发展,那时,他是这个领域唯一的倡导者。他选择的探测器由大的圆柱形铝块构成,它与环境的震动隔离,装配了电阻应变规,可以探测由转瞬即逝的扰动在铝块里引起的任何共振。他还勾勒出干涉探测器的思想,那正是当今的像LIGO这样的大型探测器的运行方式。他的学生福沃德(Robert Forward,当今著名的科幻作家)在20世纪70年代初期在加利福尼亚第一个建造和运行了这种设备(索恩,1989)。韦伯注意到,在韦伯圆柱体铝块模型中,地球本身就是一个大型的引力波探测器,因此它设置了穿过它的可能引起它振动的引力波的量的上限。随着时间的推移,他改进了这台探测器(位于马里兰的学院公园里),最终又在芝加哥建立了第二台探测器。这种安排使得他可以通过在两个探测器里寻找一致的扰动来消除仅仅是局部震动对探测器的影响。两台隔离在真空室中的探测器是彼此独立的,如果它们同时受到明显的扰动,这可能就是引力波经过地球的证据。

1969 年,韦伯宣布他的设备探测到了超出统计预期的纯随机的(高斯)噪声脉冲。在接下来的几年里,他的两台探测器产生了越来越多的一致的数据,其中还包括被称为与恒星相关的迹象。在一天的某些时间达到峰值,在一年里不断变化,这种过多的一致性以这样一种方式表明,有一个或多个波源位于太阳系之外。韦伯所宣布的这些相当丰富的结果消除了最初的冷淡反应,说服了其他几位实验家建造和运行原理类似的探测器。但他们最终没能观察到足够有说服力的与他们的设备发生相互作用的引力波的迹象,这导致了对韦伯的讽刺和长时间的争议。然而韦伯仍然继续自己的研究,理由是至少他探测到的一些事件显示了引力波的存在。然而,他早期的结果几乎被其他引力波实验者普遍拒绝。(关于这段有吸引力的历史的完整描述,参见柯林斯,2004。)

在初期对韦伯的一次打击是,他最初宣布观察到一个事件的峰值每 24 小时出现一次,这表明,它与当时在上空的天体有关。但是与电磁波不一样,引力波并不以这种方式在意地球的存在,它们经过地球却并不怎么衰减,这是它们难于探测的原因之一。因此,当物体在"脚下"的时候应该与在"头顶上"的时候一样可见,这表示有 12 小时的循环。当指出这一点的时候,韦伯声称,他的数据支持这种 12 小时的循环。可是后来一些物理学家开始发现这种早期的疏漏,作为模式的一部分,韦伯对数据进行了过多的处理,以致他最终可以使它适合任何需要的形式。

广义相对论理论家对韦伯的发现的反应有些五花八门。

虽然引力波的发现可能被当作理论家的好消息，但韦伯的宣布违反了关于信号强度的所有理论预期，虽然从韦伯开始他的探测项目之日起的10年里，这些预期已经被其他力量根本改变了。一方面，韦伯估计的灵敏度（本身就是而且一直是相当有争议的议题）和他宣布的探测水平显示，有意料之外的强的辐射通量碰撞地球。这个恒星相关性可用来指示星系中心方向的一个源，考虑到它相对高的物质密度，这是一个似乎可信的源。如果星系的中心是源，而且如果它发射的辐射是各向同性的，那么韦伯的圆柱体铝块在观察的只是总输出中的一小部分，那么可以估计，由于辐射的发射，星系的这个区域必定每年损失几百个太阳质量——这是一个令人难以置信的数字。这样的能量损失速度可能表明，该星系完全消失的时间尺度比它本身的估计年龄要短得多！

然而，理论上对韦伯的发现的反应并不是简单地拒绝。有人提出，计算背后的很多基本假设中有一些可能不正确。甚至有人推测，这种星系中心质量的损失率或许是太阳附近恒星运动形式的实验证据（戈德堡，1974）。

如果靠近星系中心的源的辐射在各个方向上大致相等，如四极公式所要求的那样，那么，到达韦伯探测器的引力波实际只是巨大冰山的一角。但是，当引力波被激发的时候，理论家可以显示出极大的灵活性，一些理论家采取了通情达理的态度，现在该由他们负责去找到可能解释韦伯结果的方案。米什内尔是重要的相对论理论家之一，也是韦伯在马里兰大学的同事，他指出，如果源是聚束辐射的以便使几乎所有能量都指向或接近银道面，那么，能量悖论就可以解决了。聚束是电磁辐射熟悉的特征，与非常高阶的多极辐射有关，远远超过四极辐射。以接近光速运动的粒子在它们前面就会辐射出成束的电磁波，很像汽车的前灯。在其他方向基本不辐射。但是,聚束与非常高的源速度有关(以便使展开式中的更高阶项变得重要)。这种思想是,只有当诸如两个黑洞这样的致密双星系统的轨道运动彼此非常靠近时,才会达到非常快的速度,但是,引力辐射速率的提升却又会迅速地导致两个黑洞靠得更近并彼此猛撞。那么,这么高的速度如何实现并长期维持呢?

大家一致认为,这种场景是四极公式不再是首阶项作用时的一种情况。更高阶的多极辐射会发挥主要作用。米什内尔认识到,也许可以利用快速旋转的黑洞在旋转中锁住的巨大能量[这是著名的俄国物理学家泽利多维奇(Yakov B. Zeldovich)原来在引力波研究中曾经提出过的一种思想]。已经显示,当物体落向快速旋转的黑洞时,如果物体的一部分落进去而一部分又飞了出来,那么飞出来的那部分能够带着比整个物体进去时还多的动能飞出来(彭罗斯,1969)。能量来自黑洞旋转的损失,这会使黑洞的旋转慢下来。对引力波而言也可以发生相同的事情,一些引力波被黑洞吸收了,其他的随着放大了的能量飞散出来。黑洞可以受到一阵引力辐射的碰撞后反射出更大的一阵引力辐射,称为超辐射。从原理上讲,超辐射可以打在一个物体上,给它以更多的能量,就像佩雷斯和胡宁计算中的那些假想的入射波使恒星盘旋向外一样。如果由黑洞飞散出来的超辐射获得的能量大于辐射到空间里的能量,那么做轨道运动的恒星或黑洞就不会向内盘旋。它可以在相当长的阶段做轨道运动并以一个固定的频率辐射出强烈的引力波。轨道运行的物体会彼此靠得非常近,因此会运动得非常快,辐射可能是成束的,在这种情况下,韦伯的探测器就可以被调制成恰当的频率去捕捉一个或多个具有"浮动轨道"的系统[参见米什内尔,1972;佩雷斯和图科斯基(Teukolsky),1972]。

注意,这很有意思,刚刚描述的超辐射效应可以被看作潮汐摩擦的一个例子,就像在地球—月球系统中运行的那样。围绕黑洞做轨道运行的物体扭曲事件视界(在表面内部,即使光也不能从黑洞的引力拉力里逃出去)的形状,就像在黑洞里引起潮汐隆起一样。产生潮汐滞后的黑洞旋转,引起了一种力矩,使角动量从黑洞转移到轨道运行的物体,因此该物体可以像月球那样向外盘旋(参见图 10.3)。注意,这些观点中的任何一种(引力波超辐射图像,或潮汐耦合图像)都不比其他的更“正确”。在近域,不可能辨明动力学的潮汐效应和引力波效应的差别;每种描述都同样有效。

非怀疑论的物理学家并不是只为无结果的现状而奋斗,这应该是个有用的提醒。他们本应该为发现四极公式失效情况的证据而高兴,但是,他们对存在这种情况的悲观是由于在天体物理和电磁场理论中类似情况的经验。他们有充足的理由去期待,四极是多极发射最低的阶,而且与电磁学的类比表明,更高阶的多极将支配特定的、涉及极高速运动的源的情形。很难想象,这样运动的双星或任何星际质量系统,作为源如何能长时间维持。如戴森在早期就已指出的,中子星彼此靠得太近,将很快导致它们盘旋着彼此合并。但是,当出于实验上的理由去寻找这种类型的源时,像米什内尔这样的物理学家就会很快提出挑战。实际上,米什内尔 1972 年的论文是物理学中富于想象力的杰作,也是对真正的创造性必不可少的自我约束的一个很好的实证,因为他一个接一个地推翻了大部分他自己的建议。如我的一位同事提到的,一旦真正的新物理显示出:“引力波研究似乎倾向于‘新效应’和论战,但是传统观念似乎是占优势的。(真令人厌烦!)”即使是现状的支持者也会喜欢它[怀斯曼(Alan Wiseman),私人通信,幻灯片]。

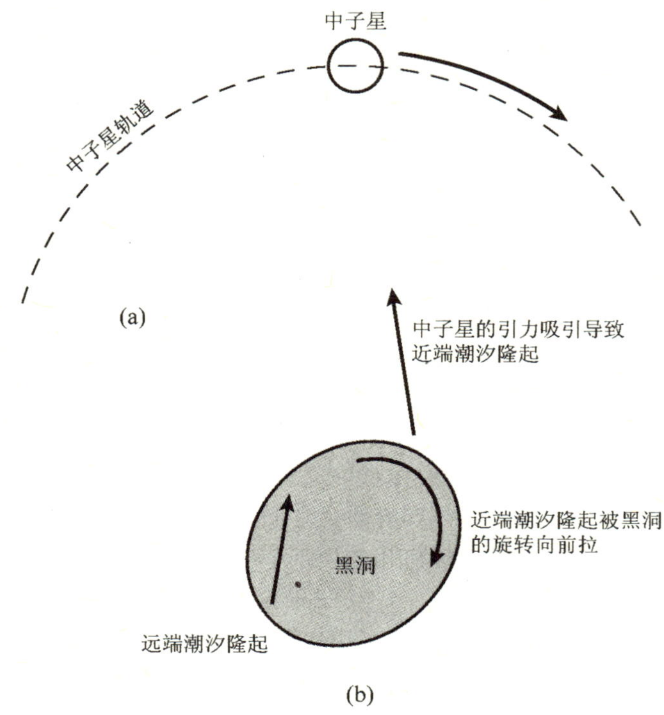

图 10.3　浮动轨道。由引力波发射引起的辐射反作用力把轨道运动的中子星向内推,而潮汐摩擦力(或潮汐耦合力)把中子星向外推,这类似于地球—月球系统中产生的情况,当辐射反作用力与潮汐摩擦力精确地平衡时,就会产生浮动轨道。引力波从黑洞的旋转运动中获得能量继续发射的同时,中子星的旋转就会停止。由轨道运动的中子星引起的潮汐隆起作用于事件视界,导致黑洞呈椭圆体的形状。黑洞的旋转运动引起潮汐隆起运动朝向中子星的实际位置的前方。

虽然有这些早期的努力,但当时或后来都从没建立过关于浮动轨道的任何理论的例子。似乎即使当物体被拉得非常靠近一个大型黑洞的时候,散射回黑洞的辐射量永远也不会与散失到宇宙中的量相等。[4] 最后,主要是由于与理论没有多少联系,韦伯的结果对其他实验者和整个物理学界都没有产生多大的影响。

在初期阶段,理论家在韦伯的争议中只起很小的作用。直到 20 世纪 80 年代末,韦伯宣布,在总共只有两个探测器工作的情况下,已经探测到来自巨大的超新星 1987a 的引力波,这时理论家才开始走出来反驳他的主张。在那种情况下,实验者处于不利的位置,因为探测本身是无法再现的(所讨论的超新星爆发是从 17 世纪初以来所观察到的最强烈的爆发),而且韦伯同时还提出了新的探测器理论,他宣称该设备的灵敏度要比他最初估计的已普遍认可的要高得多。韦伯希望以这种方式克服早期理论家反对的理由,即银河系中没有足够的能量来驱动他的探测器。如果他的探测器比原来认为的更灵敏,那种反对的理由就会失去很多影响力。

不管怎么说,20 世纪 70 年代,韦伯争议确实促进了一些理论的探索,且更为重要的是,长期来看,通过引起实验领域引力波探测的活跃发展,它对理论的影响是不可估量的。韦伯的问题,包括他与理论预言的强烈冲突,表明实验者最终会发现他们还是要依赖于理论的指导。早期(1975 年之前)的实验者曾否认韦伯的结果,少数几个小组决定在这个领域坚持下去,他们所面临的是需要使他们的项目满足理论预期的目标。实际上,现在运行的第三代探测器(如 LIGs)必定是基于波形的详细的理论预言,通过使用复杂的信号滤波方法的设计找出某种波形,从而在探测器的输出中能检测出这种信号,否则就会迷失在探测器的噪声里。

1974 年,随着在双星系统里第一颗脉冲星的发现,引力波又得到了大的发展。由于这个发现,赫尔斯和泰勒后来荣获了诺贝尔奖。这个发现立即被看作是为广义相对论提供了第一个强场观测实验台。直到这个时候,理论上的所有尝试都停留在牛顿理论一阶修正的范围里。对于这个新系统是否会显示出由于引力波发射而引起轨道衰变的可测量的信号,理论家最初对此的反应是悲观的[达穆尔(Damour)和鲁菲尼,1974]。

1978年,经过几年对这个系统的有价值的观测,泰勒及其合作者宣布,存在这种长期轨道衰变的明确证据。在拉普拉斯第一次构想了这样的效应之后200年,人们终于找到了一个系统,也许它真的确实能展示出由于推迟吸引力而引起的轨道衰变。在慕尼黑召开的得克萨斯研讨会上首次公开宣布了这个发现,这依然保持了重要的新发现要在该系列的某次会议上第一次宣布的传统。新的天文发现一般通过诸如国际天文学联合会通告以及口头通知的渠道快速地传播(当今通过互联网甚至传播得更快)。例如,达穆尔和鲁菲尼关于新脉冲双星的理论论文发表于1974年末,虽然关于这个发现的论文本身直到1975年才在一本学术期刊上出现。

让我们考虑一下中子双星是如何形成的,因为对戴森来说,这似乎是一个不搭界的工程师的工作。PSR 1913+16子星的轨道运动彼此靠得如此之近,以至于如果它们仍然是普通恒星,就会碰撞而彼此合并。只有它们的密度像中子星那样,才能靠得很近,从而成为具有高轨道运动速度并因此产生强烈引力辐射的源。但是它们是如何进入靠得这么近的轨道的呢,它们毕竟曾经是主序星?答案是,当一颗恒星达到它生命终点的时候,两颗恒星中的另一颗已经是中子星。前者在极长的阶段发生了巨大的膨胀,太阳有一天也将如此,并且变得非常巨大,它可能会吞噬地球。对PSR 1913+16,中子星必定已经穿过它的伴星的外层大气,吸积了一些质量,但摩擦使其速度慢了下来,这就会使它进入大气层更低处,因此,到

图 10.4　泰勒，他领导的射电天文学小组发现了第一颗脉冲双星，并且成功地使他的实验室成为检验爱因斯坦相对论的最有权威的实验室。[承蒙美国物理学会埃米利奥・塞格雷图片档案馆和梅格斯(W. G. Meggers)诺贝尔奖获得者画廊惠允。罗伯特・P・马修斯(Robert P. Matthews)拍摄]

第二颗恒星也坍缩成中子星时，它们的轨道就会靠得非常近。一旦这两颗中子星靠得这么近，引力辐射反作用就可能发生作用并开始使它们进一步衰变。如果它们保留最初的轨道半径，则引力波就需要比宇宙寿命还要长的时间，才能使它们的轨道稍稍有点衰变。

虽然从宇宙标准来看,PSR 1913 + 16 是衰变速度非常快的双星,但从人类的标准来看,它旋转的步调变化还是慢得难以忍受。长时间仔细观察 PSR 1913 + 16 所得到的轨道衰变的数据给出了慢运动的结果,证实了四极公式,这一点非常值得注意。第一篇明确的关于轨道衰变的期刊论文[韦斯伯格(Weisberg)和泰勒,1981]在得克萨斯会议宣告之后过了相当一段时间才出现,即使在那时,一般人还是很小心。只是到20 世纪 80 年代期间,全面的观测和理论工作才逐渐地使大多数专家相信,这个效应是真实的,与辐射阻尼没有关系的其他因素,诸如系统中的第三体、其中一颗恒星的质量损失、一些其他形式的散失等等的影响都无法解释这个效应。不过,一些其他的不为人知的效应会使这种衰变与四极公式的一致性失效,即使在今天,也不能从逻辑上排除这种可能性。

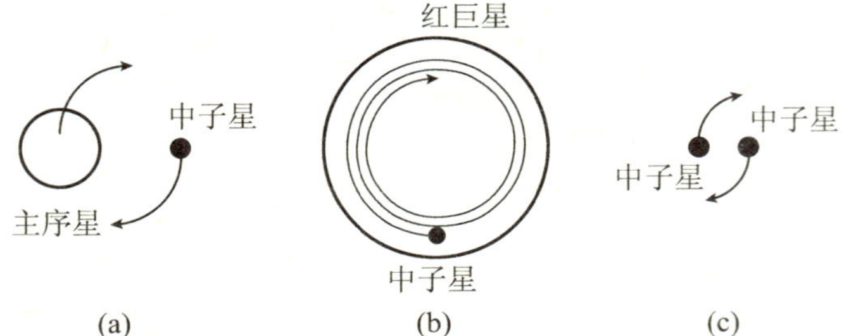

图 10.5　可能的中子双星的产生。(a)中子星在小于1AU(AU:天文单位)的距离围绕一颗主序星的轨道运行。由于引力辐射反作用引起的轨道衰变可以忽略不计。(b)主序星变成了红巨星。中子星在红巨星的剩余的大气层里,与那里的气态物质的摩擦导致它的轨道随着其动量的损失而缩小。(c)红巨星坍缩成中子星,留下中子双星,它的两个成员的运行轨道彼此靠得如此之近,以至于引力辐射反作用将导致它们在几百万年之内就会盘旋着彼此合并。

自从发现了第一个脉冲双星系统之后，又发现了其他的脉冲双星系统。第二个系统的轨道衰变是可测量的，实际的观测结果与四极公式并不一致。人们认为其原因在于，这个系统相对于地球在加速，因此我们观察到它的轨道的钟速不是常数。在这种情况下，为了允许对脉冲双星在银河系中的位置进行估算，四极公式的值实际上是基于它的视加速度给出的，而这并未引起新的争议。英国曼彻斯特附近的乔德雷尔班克天文台的一个小组发现了第一颗"双脉冲星"，这个最新发现充分证明了对四极公式的信心的正确性。在这颗双脉冲星里，两颗脉冲星都是可见的，而且这两颗星比以前观测到

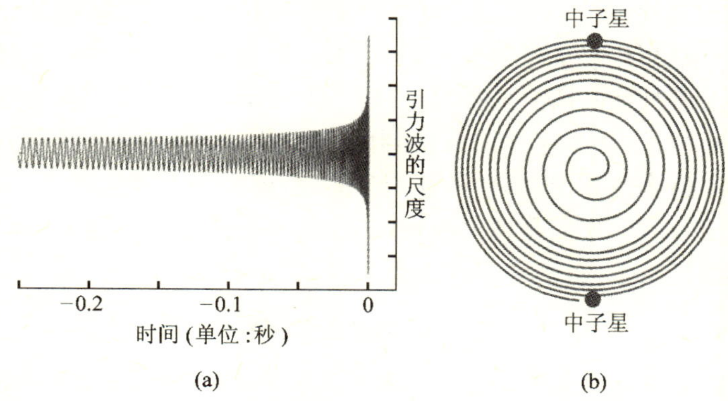

图 10.6　中子双星的引力波形。(a)对中子星的每个轨道，双星引力波发射有两个循环。随着轨道缩小，波的频率增加，开始时是缓慢地，然后是快速地，波的振幅的增加表明每个循环带走的能量在增加。在两颗中子星盘旋着彼此合并之前，频率达到千赫兹的范围。(b)随着双星轨道的衰变，引力波带走更多的能量和角动量，所以轨道衰变的速度在不断地增加。因此随着中子星盘旋着彼此合并，发射的波形以特征性的"线性调频脉冲"而结束，这是频率和振幅迅速增加的一种信号，很像鸟鸣。

的系统都靠得更近。在这种情况下，轨道衰变如此之大，甚至达到了轨道每天缩小7毫米的程度，因此这两颗星不到85兆年就会碰撞。这个系统轨道衰变的速度与包括四极公式在内的理论预言非常吻合。因此，在引力波这个词开始正规使用了100年后，似乎每个理由都认为它们的存在已经确凿无疑。

70年代的激动给人们带来了希望，认为引力波直接探测的时代即将来临，这一点儿也不令人惊讶。关于这个课题索恩最早的赌注是在1978年下的，他和意大利相对论者贝尔托蒂打赌，在10年之内可以探测到引力波。到1992年，他"沮丧而遗憾地认输了"。贝尔托蒂"也遗憾地接受了"，这个赌局的裁判、索恩原来的学生卡夫（Carlton Caves）风趣地补充道，"遗憾地见证了"（引自赌局的内容，在加州理工学院索恩办公室外面的墙上宣布的）。（注意，考虑到有争议的探测这种可能性，认为还是需要裁判的。）到目前为止，这个领域充满了许多遗憾，许多失望，还有许多争议。令人难忘的是，理论家和实验家们充满了顽强的决心，不论需要多久他们都会继续坚持下去，直到获得成功。

表10.1　四极公式争议

1970年　伯克在和导师索恩打的赌中认输，他承认四极公式的首阶对双星系统可能不正确。

1973年　豪沃什反对那些认为四极公式对双星的适用性问题已经解决的人（如索恩）的看法。

1974年　豪沃什的学生罗森布拉姆参加埃勒斯在德国慕尼黑的研究小组。

1974年　库珀斯托克开始他的基于双星系统的研究项目，这个系统最初是由两颗星之间的刚性支撑物撑开的。

1974年　赫尔斯和泰勒发现第一颗脉冲双星PSR 1913+16。

1976 年　埃勒斯、罗森布拉姆、戈德堡和豪沃什争论双星的四极公式的各种推导的有效性。

1976 年　埃勒斯在意大利瓦伦纳创立关于孤立引力系统的费米(Enrico Fermi)学校。

1978 年　泰勒及其合作者宣布,观测到的 PSR 1913 + 16 的轨道衰变与四极公式的预言一致。

1980 年　沃克(Martin Walker)和威尔提出四极公式推导有效性的三次迭代测试。

1980 年　安德森公布了基于 EIH 的四极公式的新推导,与渐近展开(来自伯克)和其他方法符合。

1981 年　罗森布拉姆公布了与四极公式不一致的快速运动散射计算。

1982 年　库珀斯托克与霍比尔(Hobill)不赞成沃克与威尔关于争议的历史已经从根本上解决了的论题。

1982 年　关于引力辐射的北大西洋公约组织高等研究所在法国莱苏什建立。

1983 年　达穆尔裁定脉冲双星的数据和理论与四极公式的推导一致。

1985 年　从这时起关于四极公式的争议实际上结束了。例如,罗森布拉姆和库珀斯托克在《物理评论 D》(*Physical Review D*)上最后发表的关于这个争论的论文的日期分别是 1984 年和 1986 年。

1991 年　罗森布拉姆去世。

1992 年　库珀斯托克借助他的能量定域性假设试图重提引力波存在的争议,但以失败告终。

第十一章

四极公式争议

在某种意义上,20 世纪 70 年代和 80 年代的四极公式争议可以用费恩曼 1957 年在查珀尔希尔会议上的讲话作为总结。他的话作为对相对论(以及整个理论物理学)“不严格的”方法的总结是值得注意的:

> 可是,[在相对论引力研究中]存在着一个严重的困难,那就是缺少实验。而且,我们也不会得到任何实验,因此,对如何处理得不到实验帮助这样的难题,我们必须选取一种原则。有两种选择。第一种选择是数学的严格。研究引力理论的人都相信,这个领域的方程比任何其他领域的方程都更难,但是在我看来,并非如此。如果让我来解其他领域的方程,我肯定也会说解不了。可是,也许在最初几年,任何人都可以通过各种不严格的也没有经过数学证明的近似做大量的工作。在历史上,在发现了正确的东西很多年之后,才会出现对一个人所说的是对还是错的严格的分析。而且,正确的东西都是在实验的帮助之下才发现的。在没有实验指导的情况下尝试数学的严格,这才是造成这个学科困难的原因,而不在于方程。
>
> 第二种选择是靠直觉“做游戏”并继续下去。就拿引力辐射来说吧。很多人认为,这种辐射很可能是发射的。因此,假设它就是这样的,并且计算各种东西,比如恒星散射等等,一直继续下去,直到自相矛盾为止。那时再回过头来,找到困难所在。确定一个思路,以一种试探

> 性的方式不严格地去计算。你什么也不会失去;没有实验。我认为最好的观点是假装存在实验和计算。在这个领域,由于没有实验来推动,我们就必须用想象来拉动。(德威特,1957,第150页)

费恩曼强调依靠想象的力量去发现正确的东西,这使我们想起布莱克(William Blake),他写过天堂的力量与地狱的力量之间的冲突,前者支持理性至上,后者的目标是释放想象的力量。虽然我们习惯地认为物理学是理性的堡垒,但布莱克本人把理性对其他智力的专横称为"牛顿的麻痹",像费恩曼这样的评论提醒我们,想象的能力在物理学发展中起着重要的作用。费恩曼指出,想象不能被分析控制得过紧,免得完全妨碍创造性的冲动。必须给想象的能力留有足够的空间和时间,使它有希望发现真理,然后再使之合理化。

数学和物理学之间的认知的分化是现代理论物理学的特征,而且自广义相对论诞生之时起就存在了。福克回忆,他年轻时在彼得格勒,当时有两个教授弗里德曼(A. A. Friedmann,膨胀宇宙的创立者)和弗雷德里克斯(V. K. Fredericks)就辩论过广义相对论的课题:

> 我清楚地记得弗里德曼和弗雷德里克斯的谈话。这些谈话的方式不同:弗雷德里克斯深刻地理解理论的物理的一面,但不喜欢数学计算;弗里德曼强调的不是物理而是数学。他为了数学的严格而奋斗,他认为初始前提条件的完整和准确对系统的阐述非常重要。弗雷德里克斯和弗里德曼的讨论很有意思。(翻译并引自戈列利克,1993,第309页)

1957年到70年代初期,在引力波这个课题上确实完成了大量的严格程度不同的各种工作。许多相对论者采纳了费恩曼的建议。其他人更谨慎,但在加强对引力辐射的理解的许多方面进展也并不少。到20世纪60年代末他们的成就已经达到一定的程度,因此索恩(像费恩曼一样,他是惠勒的学生,以及开明的、不那么苟刻的学派的坚定一员)才会说,引力波和引力辐射反作用是否存在的问题最终解决了,而且已经进入了理论应用(例如四极公式)的阶段,可应用于天体物理而不用担心会出错。这个时候,严谨的相对论者可能会问,那我们的作用是什么呢?既然费恩曼说的几年已经过去了,此时可能需要对零散的材料进行一些严格的整理,而且将要宣布我们在任何情况下都是多余的!天堂的力量开始重整旗鼓。

在1968年的一次讲话"相对论传奇与我们真正了解的东西"中,埃勒斯谈到证明曾经想象的东西的价值,他引用了辛格关于科学发展的论述:

> 随着科学的发展,似乎有种焦土政策。前进的大军对进入未知充满热情,因为未知的东西总是激动人心的。如果回头看一眼已经攻占的领地,除了单调乏味看不到什么,而这种单调乏味是对似乎完全了解的东西的乏味,几乎不再可能对那种知识加以补充或有更深刻的理解。(埃勒斯,1987,第61页)

埃勒斯继续说,"因此,现在让我们把注意力转向那些似乎完全已知的黯淡东西。也许它既不黯淡,实际上也并未真正被了解"(第62页)。

埃勒斯尝试把前进大军的注意力从仓促地向前冲转向回头看看自己的身后,这清楚地表明了不断前进学派的一个奇妙的悖论。在对历史的态度上,他们倾向于保守。虽然这个领域的历史对他们来说并不令人厌倦,但他们对修正主义通常怀有敌意。对不断前进的人来说,他这个领域的历史即使是被动的也起着重要的作用,它是这个学科可能取得进一步发展的坚实基础。如我们将会看到的,像埃勒斯那样尝试去评论已经完成的事情,是意图从逆向历史的角度强化什么是公认的"已知的"观念(即埃勒斯所说的"传奇")。正像布里尔(附和他的导师惠勒)在一次采访中对我说的那样,不断前进的人是一种"无畏的保守者"。正是因为他们对已知的东西持保守态度才能够使他们敢于进入未知领域。

彼得斯(Phillip C. Peters)和乔恩·马修斯(Jon Mathews)1963年关于二体互旋的论文是进步派在行动(布里尔的"无畏的保守者")的一个例子。这篇论文应用四极公式计算了来自开普勒轨道中的粒子的辐射图样,以及这种轨道在辐射反作用下的演化。有些人强调反作用效应对任何轨道运动的描述是多余的,还有些人怀疑它的存在,他们的见解显然不同于前者,也因此更不同于后者。和费恩曼一样,彼得斯和马修斯也是以加州理工学院为基础,他们最初是这样表述自己对引力波争议的态度的:

> 爱因斯坦广义相对论的线性版本与经典电磁学惊人地相似。特别是,任何人都可以期待任意运动的质量辐射引力能量。但是,问题已经提出来了,那就是这样计算出的能量是否具有任何物理意义。此处我们不去关心这个问题;我们将认为与电磁理论的类比是正确的,而且能量确实是辐射的。(第435页)

如果彼得斯和马修斯感到不得已才以类比开始,不论当时是多么具有挑战性，10 年以后在诸如伯克发展的那些新技巧的鼓舞下，对于加州理工学院观点的信心已经增加了。前面的章节曾经讨论过的关于天体物理学中的那些新发现，已经揭示了在宇宙中发现实际可探测的引力波源的前景。索恩和他的学生科瓦奇(Sandor Kovács)在一篇论文中提出了适用于非边界但有引力相互作用的源的快速运动方案，例如那些产生引力轫致辐射的源(参见下文)，勾勒出了一个雄心勃勃的计划：

> [由于]到 1980 年"引力波天文学"可能是个现实……加州理工学院的研究小组已经开始着手一个新的计划：我们寻找(1)阐述这种标准波产生公式的有效范围；(2)设计在新的有效范围内计算引力波产生的新技巧；(3)计算由天体物理系统的具体模型产生的波。(索恩和科瓦奇，1974，第 245 页)

提到"标准波产生公式"的"有效范围"，如四极公式，这表达了一种与怀疑论者完全不同的观点。索恩和科瓦奇在为宝贵的四极公式寻找新的应用范围，他们倾向于放宽而不是缩小它的使用范围：

> "四极矩公式"始于爱因斯坦(1918)，是由朗道和利夫希茨正式宣布的(1951)。在文献中我们发现，这个公式的推导只对具有低速内部运动及弱(但又不可忽略的)内部引力场的系统才有效。可是，详细的分析……表明只有低速运动的假设是必须的；不论内部场强如何，四极矩公式对任何低速运动的系统都是有效的。(第 245—246 页)

到1980年,一些整合已经有些条理了。在索恩的综述文章"引力辐射的多极表达式"(Multipole Expansions of Gravitational Radiation)中,摘要是这样开头的:"本文用一种统一的表示法集中了各种人构建的引力辐射的多极公式。"还列出了一些哲学方面的参考文献:

> 应该提醒读者,这篇文章及其作者并不追求高层次的数学的严谨和优美,那是许多数学相对论的特点[例如彭罗斯(1964,1968)类光无穷远的共形处理,以及邦迪等(1962)—萨克斯(1964)—纽曼和彭罗斯(1968)引力波场渐近性质的处理]。作者寻找的严格程度是(1)高得足以使他对得到的结果有信心,(2)但又低得足以在现实的非渐近平坦的宇宙中对真正的天体物理系统进行处理。这样的处理强烈地表明了,"定域波区"概念的引进可将波的产生理论从波传播理论中分离出来。这种分离是为了处理例如星系中的源,近处的中子星和黑洞以及远处的可能弯曲到闭合的非均匀宇宙,因而舍弃了邦迪—萨克斯—纽曼—彭罗斯方法的优美的严谨。(索恩,1980,第301页)

因此,广义相对论的许多优美可以看作对相关学科的一种潜在的障碍,至少对天体物理学是这样,所以,前面所说的必须作出一定程度的牺牲对于相关学科的发展是必要的。匹配渐近展开式的方法提供了一种可以把波的产生理论和波的传播理论结合在一起的办法。但是,即使不牺牲优美,舍弃严谨也同样招致批评。实际上,在20世纪70年代初,对诸如索恩所宣称的辐射反作用问题已得到令人满意的结论这样的事,豪沃什也是明确反对的。对豪沃什来说,不仅是四极公式的有效性问题还处在争议之中,而且,实际上,是否真的存在来自二体系统的引力波的四极辐射都还是个悬而未决的问题。当然，豪沃什也意识到，他通过快运动方法抨击这个问题的努力还不够完善，但是，他反对的是慢运动方法的提倡者所表现出来的自鸣得意，他认为四极公式的各种导出是基本问题，但这却被他们忽视了。对豪沃什来说，当他们凭着在“电动力学中相应的难题”中训练出来的“直觉”，开始坚持再现那些只是看起来似乎合理的结果的时候，就已经宣告了这些方法的成功。这种直觉在广义相对论的情况中可能引起误导（豪沃什，1974，第 384 页）。

在 20 世纪 70 年代，豪沃什没有大型的研究小组来发展他的快运动方法，但是，有一个学生却充分地分享了他关于反作用问题在运动问题中的重要性以及慢运动展开式技巧的失败的重要性的观点。罗森布拉姆不但决定自己继续努力发展快运动方法，还证明了他自己是一个能干且有效的严谨派反攻宣传员，在费恩曼给引力波理论家提出建议——“不要过于严格，否则你就不会成功”——之后恰好 10 年，那一天显然已经到来了（德威特，1957，第 150 页）。

师从豪沃什在费城坦普尔大学获得博士学位后，1974 年罗森布拉姆去了慕尼黑，同数学物理学家埃勒斯的研究小组一起工作。在那里，他对引力辐射反作用的热情以及对现行状态的尖锐批评鼓舞了埃勒斯对这个问题的兴趣。埃勒斯本人无疑传承了广义相对论“严格的”传统，这个传统更喜欢以数学方式通过定理和证明来处理问题。他的方式距离相对论天体物理学中所使用的方式非常遥远，从严格的角度来说，它处于这个领域的另一端。从数学家的观点来看，辐射反作用的问题无疑还留下了大量有待完成的工作。

与索恩和科瓦奇一样，罗森布拉姆也认为两个质量体彼此散射的问题在低阶近似情况下比二体问题更适合快运动方

图 11.1　虽然（或者说由于）具有来自电动力学这个显然可类比的领域的背景，但豪沃什却是针对过于随便依靠与电磁学类比的最尖锐的批评家之一。特别是，他非常怀疑四极公式对双星是否适用。在他职业生涯的后期，他成了所在领域中的一位著名的历史学家。［承蒙伊娃·豪沃什（Eva Havas）惠允］

法。在散射问题中，两个有质量物体从非常遥远的地方彼此靠近；由于引力相互作用而改变它们各自的路径；然后退行到彼此非常遥远的距离。在与电磁学的类比中，所发出的这类辐射称为轫致辐射（德语为"braking radiation"）。在 20 世纪 70 年代，他用自己和豪沃什发展的快运动技巧解决了这个问题。索恩和科瓦奇（1974）则通过不同的快运动方法（或者他们所谓的后线性方法）解决了这个问题，与他们不同的是，在慢运动限制下，罗森布拉姆的结果与四极公式不一致，给出的能量损失约为两倍（罗森布拉姆，1981）。他自己的计算在一个重要的实例中与已确立的结果不一致，这使得罗森布拉姆在四极公式有效性的辩论中扮演了一个非常活跃的角色。同时，他继续把他的快运动方法推广到了二体系统中束缚轨道的情况（罗森布拉姆，1982）。

同时，埃勒斯采用了一个相当不同的方法来处理这个问题。他本人没有详细地研究过运动问题，尽管如此，由于身为教师，他却能了解它的最新情况。他发现这个课题的文献含糊不清，难以理解，并认为福克的书是处理得最好的。受到罗森布拉姆兴趣的鼓舞，他开始鼓励组里的人做辐射反作用这个课题的工作，还邀请了对此感兴趣的访问学者。他还接受了这个领域所用的各种方法的独立批评者的角色，与罗森布拉姆、豪沃什和戈德堡合作发表了一篇关于这个课题的综述文章（埃勒斯等，1967），为了克服他所感觉到的这个学科的不足，1976 年他在意大利瓦伦纳组织了“广义相对论中的孤立引力系统”专题研讨会（埃勒斯，1979）。

埃勒斯的评论文章内容广泛。他不喜欢使用质点，并在研究组内部努力去发现处理有限非刚体的方法［狄克逊（Dixon），1979］。他感到在那个方向即使有些进展，但会在表达式展开中的高阶产生发散积分的后牛顿方法非常令人怀疑（一些人针对钱德拉塞卡的工作的批评，在他的工作中也使用了扩展体）。伯克和索恩证明后牛顿表达式应该只用于“近域”，其中使用了匹配方法把近域的解与波域的边界条件联系起来，这足以促使埃勒斯邀请伯克在瓦伦纳专题研讨会上作一个系列报告。但是，从数学的角度看，埃勒斯认为匹配方法还不够严格，尽管随后达穆尔又取得了进一步的发展，他提出了另一个“中间域”，在那里进行匹配。

对于埃勒斯这样一个真正的数学相对论者来说，尽管会议上的一些交流笼罩着讽刺的气氛，但四极公式这个插曲为持不同见解的相对论者提供了乐于接受的相互之间的交流。在会议上，数学和实验物理学家被共同的兴趣所鼓舞，在自己的小组里，像安德森这样的访问学者提出了不同的见解，他享受了不同情感间的相互接触。因此，争议既促进了困难学科的理解又使相对论的不同学派之间有了交流(采访)。

埃勒斯也许可以被看作纯粹的怀疑论者，这不仅因为他相对来说无利害关系(他自己没有做过什么争议中的工作)，还因为从通常意义上来说，他作为"一位对普遍接受的事情有怀疑、有疑问或者不下结论的人"，就是个不折不扣的怀疑论者，这是韦伯斯特(Webster)字典里的解释(《韦伯斯特新学院字典》(*Webster's New Collegiate Dictionary*，第8版，1977)。作为一名数学家，由于存在描述引力波的精确解，他确信引力波是真实的；作为一名物理学家，他又被邦迪著名的思想实验说服。线性理论对探测器来说是完全可以接受的，他感到，沃克和威尔(1980)的评论文章"在合理的物理层面上"解决了四极公式有效性这个问题。尽管一些方法的问题仍然非常突出(例如，相对于渐近平坦的时空，需要严格地定义弯曲时空的边界条件)，但他认为四极公式已经得到了实验上和理论上的恰当的充分的证明。因此，他的批评既不是来自直接的个人兴趣，也不是来自对所论现象存在性的怀疑，而是来自使那些已经被接受的观点受到质疑的渴望，他认为它们存在的理由不充分。

作为1978年在慕尼黑举办的得克萨斯天体物理专题研讨会的东道主，埃勒斯在大会上从他所描述的那些"少数相对论理论家"的角度对该领域的现状做了总结。所谓的少数相对论理论家，是指他们不能分享普遍持有的观点："广义相对论的推论……已经满意地演绎出来了……占主导的长期的引力辐射反作用对轨道的影响"，包括对著名的脉冲双星系

统的影响,这个发现作为重大新闻是在同一会议上宣布的。他还小心地强调了他所持的异议的依据:

> 在我看来,[这些]计算的……主要不足之处并不是使用了未经过严格数学证明的近似——它们也分享了物理学中使用的许多近似——而是它们:1)在广义相对论的基本概念方面,使用了未清楚地定义的概念,例如引力束缚的物体与其他这样的物体相互作用时的"引力场能量"、"总质量和线动量",以及"点粒子"、"引力辐射反作用力"、"近场区"、"辐射场区";2)使用了在广义相对论里还没建立的定律,如"在辐射与物质源之间能量的平衡";3)本质上依赖于特定的假设,但这些假设不仅在广义相对论里没有根据,而且还有迹象表明,它们可能或是与广义相对论的基本假设相矛盾或是它们彼此之间相矛盾,如整体坐标条件,特别是把度规整体分裂为一个平坦的背景和一个"小的"扰动,非协变的"出射辐射条件",各种"小的"项的忽略,等等。
>
> 在我看来,对于那些似乎没有缺点、也似乎不是仅仅基于与牛顿理论或爱因斯坦理论类比的孤立系统来说,去发现可观测的相对论效应,特别是结构和辐射效应,这似乎是一个重大的挑战。特别是,需要用至少比爱因斯坦理论要简单的理论严格证明过的近似方法,这种方法即使不能估计出误差,至少也要能对误差的范围有个合理的猜测。(埃勒斯,1980,第279—280页)

对于任何武断地反对在"严格的数学"基础上的物理实践,埃勒斯是拒绝的,这一点很值得注意。他既了解大多数物理学家的实践也知道所面临问题的困难,这些问题妨碍了证明有关理论的努力。相反,他的异议是基于大多数相对论理论家没能始终符合广义相对论本身的原理。具体地讲,他攻击那些把像场能、能量平衡等这样一些其他物理理论中典型的概念引入广义相对论的努力。有一些人,他们希望按照理论物理其他领域的标准趋势去发展相对论,也就是说,通过试图在广义相对论框架中发现与诸如总质量和线动量这些量相类似的量,这些量会在"标准"场论中的类似问题上被使用;还有一些人,他们喜欢按照广义相对论自身独特的传统去追究,但由于严格性,他们避免使用在理论本身的框架中还未确立的概念;简而言之,在他们之间存在认识论的争论。这些对立的见解间的辩论不仅涉及计算中的严格性问题,还涉及希望对重要概念进行更严格定义的问题。

在埃勒斯的讲话中,有一种重要的对辐射反作用理论的哲学攻击,这在后来在瑞典斯德哥尔摩举行的一次会议上讲得更加清楚(埃勒斯,1987):

> 似乎普遍相信的另一种叙述是:牛顿的万有引力理论是爱因斯坦理论的"极限",但通常基于相当不可信的论据。理解这种极限关系是很重要的,因为:1)牛顿理论成功地解释了许多引力现象,而且2)广义相对论与观测的比较是以近似方法为基础的,近似方法假设了这样一种极限关系,甚至还使用牛顿理论中的诸如引力相互作用体的质量和线动量这样的概念,这些在广义相对论中并没有意义……
>
> 注意,在后牛顿理论近似方法中假设了[这种极限关系]。如果这种假设不正确,广义相对论和太阳系、脉冲双星或激变双星观测的比较将失去理论根据。遗憾的是,在近期似乎还没有希望去严格地回答这些问题。(第68页和70页)

无疑,这对现代相对论中大部分的基础是个根本的打击,特别是对它的大部分实验验证。这并不令人惊讶，职业关系更靠近物理学而不是数学的人会有强烈的兴趣去反对这种笼统的历史性的重新评价。

埃勒斯论点的主要攻击是基于整个认识论基础而继续下去的，他坚持去除违反“广义相对论基本假设”的概念和假设。只是在得克萨斯会议讲话快结束的时候，他才又重新回到对“严格”的呼吁，普遍认为在这个领域中带有某种形式的误差控制或估算的近似方法的技术需求会持续下降。另一方面，如第七章中提到的，在费恩曼写给韦斯科普夫的信中谈到，在引力波出现时，展开的量一般都非常小，因此，在物理学中没有什么问题比它更适合这种近似。

对引力辐射实验数据的到来主要有两种直接对立的反应，它们如何对立是令人感兴趣的。作为相对论者，埃勒斯的反应是再一次把注意力转向理论的根本：推导出依附于广义相对论“基本假设”的“可观测的相对论效应”。对于倾向天体物理的那些人，为了顺应更广泛的物理学界工作的要求，变得更像是外行而不是内行，总的来说，物理学界对广义相对论传统的当务之急不感兴趣，有时这也令相对论者懊恼。在一次与莱特曼(Alan Lightman)的访谈中，彭罗斯谈道：

> 从外部进入这个领域的人，不是广义相对论或宇宙学的专家，但他们了解粒子物理学、对称破缺思想等等，而且把这种专业技巧带到了这个学科中。我认为这样的人远比相对论者多得多。蝗虫也许是个不当的类比，但存在大量的人，他们在这个学科里看到了机会，并进入这个学科，而且几乎把它接管了。我感觉这有点像超对称。在广义相对论中，对许多试图使之量子化的人我再一次意识到这一点……从其他学科带来思想很好……只要粒子物理学家意识到广义相对论的这些问题。但我常常认

为他们并没有意识到。新进入者并没有意识到在一般相对论者之间曾经没完没了地争论了很久的那些非常基本的问题。在试图量子化的过程中,存在着非常基本的困难,但这些人却试图把它们一扫而光。[莱特曼和布拉韦尔(Brawer),1990,第429页]

无疑,许多相对论者极力保护他们这个优美的理论,对于它可能纳入量子场论并不总是很激动。豪沃什发表了一些支持怀疑论者关于引力波立场的论文,其中的一篇在四极公式争议真正开始之前于1972年就在巴黎发表了,它激起了梅西耶的兴趣,1955年梅西耶在伯尔尼组织了纪念会议,推进了相对论的复兴:

物理学家……在相信(理论)物理学应该总是以同一种方式去做和去进行解释方面也许过于保守,例如,希望在广义相对论和引力(GRG)中使用与电动力学中相同的方式来进行。也许,广义相对论所蕴涵的变革恰恰是关注物理世界的另一种方式。爱因斯坦的戏剧性事件也许是,终其一生他都致力于把引力与电统一起来,至少他相信或暗示了这两种现象是相似的,即如果电是一种相互作用的话,那么这两种现象都是相互作用。我个人并不确信质量是一种载荷,我不能肯定物理学应该是假设一个真空并把东西放进去这样组成的,以及存在自由的场和扰动的场等等。从爱因斯坦的意义来讲,统一从来就没有成功过。也许,严格意义上的相互作用(电磁相互作用、强相互作用和弱相互作用)可以统一;在上周一的讲话中我提出了一些观点;但不能与引力统一,它不是同样意义下的一种相互作用。

我会像那样继续下去,唤起对广义相对论和引力(GRG)与其他领域所研究的物理学的根本的差别的注

意。(豪沃什,1974,第 390 页)

完全独立于埃勒斯、豪沃什和罗森布拉姆的工作,另一个对四极公式的挑战来自库珀斯托克,他是加拿大物理学家,从做研究生时起他就对引力波感兴趣。在 20 世纪 70 年代初期,由于与帕帕佩特鲁(Achilles Papapetrou)的讨论,他被打动了,于是尝试从反作用计算中通过去除二体系统过去的历史来解决尾状物的问题。由于发射的引力波对源本身背景弯曲的散射,发射引力辐射的二体系统会受到来自它历史上以前所有状态的尾状物的影响,看上去就像原来的波返回来缠绕着它。要对付曾经那么困扰邦迪的这些尾状物,多少是有些难度的,因为从方法上它们改变了无入射波的边界条件。像双星这样的源在它的历史的早期可能已经发射了波,其中的一些波被散射返回,从而对源本身产生影响。因此,即使宇宙在任何时间都只有一个源,也会在很小的量级上存在入射辐射,而且更糟糕的是,这种辐射取决于源的早期状态的解(它自身被更早时候发射的辐射改变)。

库珀斯托克的想法是,假定一个源,它在静态系统中是由刚性支柱分开的两个物体构成的。然后断开这个支柱,两个物体得以从静止变成向彼此靠近(库珀斯托克,1974)。库珀斯托克早期的结果显示出该系统的发射率比四极公式预计的要高得多,这也是他批评四极公式结果的基础。同时,为了避免他的玩物似的模型的一个原则问题,他引入了其他几个同样重要的原则。广义相对论中不允许刚性的支柱(因为它的局部声速将会是无穷大,甚至比思想的速度还要快!),流体本身必须由某种外壳把它们连成一体。因此,库珀斯托克开始进一步精心制作他的模型,对来自其他人的反对作出反应。在任何长期的争议中都可能见到这种挑战与反挑战的过程,在这个过程中,模型和计算必须没完没了地修改,必须重复地对一连串无止境的反对作出答复。正如埃勒斯所指出的那样,争议迫使物理学家去回顾他们自己的历史,可惜这并不常见。

20 世纪 70 年代和 80 年代,四极公式争议的一个重要特征是发表了一系列由不同作者完成的综述文章,每一篇都利用这个学科的历史来例证同一个时期这个领域中的某种观点。从这些文章看出,相对论者敏锐地认识到他们所在领域的历史,他们能够借鉴所读到的那些能增强他们希望得到的见解的历史[参见加利森(Galison)1995 年的在弦论学家中的类似举止]。这些文章中最早的是埃勒斯、罗森布拉姆、戈德堡和豪沃什的(1976)。他们提出,以前处理反作用问题的尝试无论如何都是不充分的。作为回答,他们提出了一项能克服过去这些失败的计划的要点。实质上,他们是想尝试阐述对这个学科的一项研究计划,他们的论文得到了埃勒斯在瓦伦纳组织的费米暑期学校的追随,其目标也是要促进这个领域的新工作沿着比以前更严格的方向发展(埃勒斯,1979)。

1980 年沃克和威尔采用非常不同的方法讨论了非再生性问题,这个问题曾经烦扰着这个学科,并已经成为慢运动计算方面的一件特别烦人的事,他们得到了极为不同的结果(沃克和威尔,1980)。他们认为,可以利用一种对快运动和慢运动方法都适用的基本迭代法,从反作用计算中重新获得四极公式。下面回忆一下,在包含辐射的运动问题计算中,人们被迫假设源运动的某种初始路径,计算运动所引起的辐射,再计算该辐射对运动的影响,然后再开始第二次重复,使用新的路径去计算辐射。沃克和威尔提出了一种众所周知的计算截面的方法,他们追溯到胡宁 1947 年的论文,并认为那些在迭代法中进行了三步的人就能得到四极公式,而那些迭代次数较少的人则不会得到,除了个别人会在补偿误差的辅助下得到这个公式之外(显然这是对预先"知道"这个结果的巨大危险的可怕警告)。

从这个领域的历史来看,存在某种确定的方法,用这种方法可以在一种可靠的方式中重新得到标准的结果。实际上,沃克和威尔的迭代试验成了后续研究的基准,这种迭代试验即:成功地解释束缚轨道中推迟效应的原因需要场方程的三次迭代。由于散射问题(那里的物体不受引力束缚)只需两次迭代,所以通常为那些使用快运动计算的人所偏爱,因为在第三次迭代时的计算量变得很大。在某种情况下,索恩在一个特定的范围内使用伯克的辐射反作用势(在第八章末讨论过),用两次迭代推导出了二体系统的四极公式(索恩,私人通信)。在米什内尔、索恩和惠勒的教科书(1973)中,他在不同的通常需要三次迭代的范围内尝试了同一种技巧。然而,如沃克和威尔所指出的,下意识的补偿误差使他也得到了四极公式。尽管这是怀疑论者所担心的梦游类的成功,但沃克和威尔的论文恢复了对这个领域的信心,因为它似乎搞清楚了进行一个完全正确的计算所需要的迭代次数。

这与埃勒斯等人所表达的观点形成了鲜明的对照,埃勒斯等人提倡的是更普遍的方法,但他们的结果至今仍不知道。然而,1982 年库珀斯托克和霍比尔提出了另一种观点。他们拒绝提出一个普遍的方案或是主张一个特定的结果,而不是对预先形成的概念提出反对(库珀斯托克和霍比尔,1982)。由于适合他们的观点,他们的经历不是常例的,而是更具描述性,这个领域发展过程中的这种多样性是值得庆贺的。另一位对这个领域的历史有兴趣并对它极为了解的主要参与者是达穆尔。他的论文常以把自己的工作放在历史背景中的讨论开始(例如,达穆尔,1982)。在这个角色中,历史的目的是激励人们提出新的工作，而焦点在于新贡献所提到的以前的失败（参见，例如，达穆尔，1983）。在安德森的描述中可以发现历史文献的一个更积极的作用，他回到了爱因斯坦—英费尔德—霍夫曼方法，先用面积分的方法完成，然后与伯克的匹配渐近展开结合起来，再加上他自己的进一步补充，得到了四极公式的另一个有影响的推导方法（安德森，1987）。

在20世纪70年代和80年代，这场辩论的一个非常重要的方面是理论何时结束的问题。回忆一下加利森的书《实验如何结束》（*How Experiments End*），书中讨论了一个棘手的问题，即实验者如何知道何时该停止在该实验方法中寻找误差，并把当时的答案作为正确结果来接受。无疑，理论家似乎也面临同样的进退两难，对个人和群体的研究都是如此。如我们已经看到的，不同的作者会察看相同的历史并对这个问题给出很不一样的答案。一种答案可能是，理论已经结束了，而我们实际上已经知道了答案（"保守者"）。另一种是，到现在这篇论文提出这些问题时才刚刚结束（"技术专家"）。第三种是，我们提出的整体计划一经完成它就会结束（"马克思主义者"）。第四种是，它永远也不会结束，而且它最好不要结束（"无政府主义者"）。最后，还存在这样一种观点，答案就隐藏在过去，有待于从文献中把它们归纳出来并拼合起来（"考古学家"）。这就好比对历史的细节看法一致（而且在很大程度上，这场辩论是历史的辩论），而对事件的解释则使意见分道扬镳，这很有意思。历史的教训对每个人是不同的。情况仍然是这样，但是，辩论已经失去了它的推动力，对历史的个人见解已经再一次失去了它的共同的意义。辩论的原动力在于，对已经存在的问题的解决必须达成某种程度的共识，可是对很多科学家来说，进展似乎是用一个问题解决到什么程度，并允许提出下一个问题来衡量的。像广义相对论这样的领域具有孤立的历史记忆，这可能就是一个在这条道路上没有进展的学科的命运。费恩曼在查珀尔希尔会议上的评论表达了进步论者的观点，他当时说："第二种行动选择是……继续下去"，去"确定一个思路[引力辐射是否存在]并以一种试探性的方式不严格地去计算。"他以这个建议作为结论，"不要过于严格，否则你就不会成功"（德威特，1957，第150页）。此处表现出的态度对比可以解释为什么辩论在最后阶段往往会变得更加刻薄，由于许多人达成了共识，而与此同时，有些人仍然坚持认为事情还没有解决。实验者最终对辩论作出了贡献，虽然不会立即平息争议，但却引起了使之结束的种种努力，也可能使当时还相当文明的辩论平添一些刻薄。

1978年12月召开了第九届得克萨斯研讨会，那是该会议第一次在美国之外（在慕尼黑）的地方举办，当时关于二体系统运动问题的激烈辩论还正在进行之中。会议上有一个专题讨论会专门针对这个主题，会议文集的报告显示了这个领域中广泛的讨论以及一系列相当丰富的新工作。而会议所取得的最激动人心的进展是使这个问题提高到了一个重要的新层次：泰勒及其合作者宣布脉冲双星中可测量的轨道衰变（在第十章中讨论过）。人们普遍认为，具有强内场的物体所构成的显然独立的二体系统，其运动的更高阶演化的数据具有相当高的质量，这个因素促进了辐射反作用问题和运动问题的各个方面的工作，从而使20世纪80年代成为迄今为止的各个年代中最多产的一个年代。随后，对一系列新的引力波探测器设计的需求，鼓舞着人们继续努力于对展开式参数更高阶的计算。

但当时，来自泰勒在研讨会文集里所描述的"检验引力理论的理想设备"的新实验数据却支持埃勒斯所倡导的返回到基础的呼吁,这个设备可能就是为此目的而设计的。

在整个20世纪引力理论的历史中,最强有力的主线之一是寻找与之竞争的理论的决定性的检验。如果现在一个对四极公式预言的检验被找到了,那么它立刻就会成为一件具有某种重要意义的事情,即更加严格地表明了四极公式是广义相对论的一个结果,并被誉为它的"基本假设"。实验数据是四极公式的一个检验。只有大家一致认为这个公式是这个理论的一个确定的结果,它才能成为对这个理论本身的检验。然而注意,例如费恩曼,可能并不像大多数相对论者那样,认为实验结果来自理论的严格推导这一点是多么的关键。对他来说,能成功地计算出一个与实验一致的结果就足够了。再引用一次他在查珀尔希尔会议上的评论,"真正的挑战并不是找到一个优美的形式,而是解决一系列其结果需要检验的问题"(德威特,1957,第150页)。

自脉冲双星轨道衰变数据被首次宣布之后,出现了大量关于四极公式的研究文献。在这里应该讨论两个最引人注意的四极公式的新推导——作者是达穆尔和安德森,以及在这一阶段的后期作为当时四极公式的两个主要反对者的罗森布拉姆和库珀斯托克。达穆尔详细地分析了运动问题,试图直接与来自PSR 1913+16的实验结果相比较,从全部或部分地令尽可能多的人满意的意义上讲,这是最接近解决四极公式争论的事情。许多权威人士认为,安德森的方法是最可理解的直接推导四极公式的方法,因为,在某种程度上,公式的有效性对于达穆尔方法来说是附带的。

达穆尔是相当正规且注重数学的法国教育体系的产物,他的关于张量(类引力)场环境下经典重正化理论的研究生工作是在巴黎完成的。在进入学院之前,他通过研究EIH方法切入了广义相对论的运动问题。这个早期的兴趣鼓舞着他作为一名学生去研究这类问题。完成学位论文后，他获得了去普林斯顿的奖学金，恰好在 PSR 1913 +16 被发现的消息宣布之前到了那里。很快，他就和鲁菲尼一起写了一篇关于这个新发现的论文，对有辐射效应的存在表示了悲观。那之后直到 1978 年参加慕尼黑的得克萨斯专题研讨会，他都没有在辐射反作用的问题方面再做进一步的研究。会议上宣布的轨道衰变数据以及关于理论方面的进展情况的生动讨论鼓励了他去研究这个问题。他和一个朋友德吕埃勒(Nathalie Deruelle)及她的指导老师贝尔(Lluis Bel)还有其他合作者一起，研究了一种应用于辐射阻尼问题的新的快运动方法[贝尔、达穆尔、德吕埃勒、伊瓦涅斯(Ibanez)和马丁(Martin)，1981]。像科瓦奇、索恩和罗森布拉姆曾经做过的那样，为了简单，最初的工作本身限制在(非束缚)散射情况，因为束缚轨道问题所需要的额外的迭代[沃克和威尔(1980)把它看作关键的]在快运动情况下非常困难。他开始发展一种针对这个问题的自己的方法，在整个 20 世纪 80 年代，他一直在完善他的工作，他的努力总是与脉冲双星这个特殊系统密切相关。独自地或与德吕埃勒一起，后来又与学生布朗谢(Luc Blanchet)一道，他的运动问题的计算结果与泰勒及其合作者对 PSR 1913 +16 的观测结果在相当高的程度上取得了一致。

即使在他本人过去有着强烈兴趣的领域，达穆尔也具有可上溯到庞加莱，甚至拉普拉斯的广泛的文献知识。1982 年在莱苏什会议上提交的关于引力辐射的论文中，他讨论了运动问题中的快运动传统，他更喜欢称之为后闵可夫斯基近似(PMA)。应该注意，那时慢运动近似和快运动近似之间任何可能的严格界限已变得多少有些模糊。伯克和索恩的工作则使这个界限绝对清晰了，后牛顿近似(PNA)非常不适合场的远域，那里需要线性类型的近似，以便正确地表达适当的边界条件和匹配技巧,然后用于近域中源的运动的 PNA 解。类似地,为了避免繁重的计算,达穆尔截断了近域中的源运动的展开式,将讨论限制在如脉冲双星系统这样的慢速运动物体上。因此,他也保留了运动方程的 PNA 类型的展开式。在几何结构的问题中,不同类型的展开式更适合于不同的区域,再采用匹配来使它们一致。

达穆尔方法和 EIH 方法间的一个重要的类似就是点源的使用。EIH 使用了围绕奇点的面积分去从视野上"遮挡"它们,因此,只有在所讨论的表面之外的场的效应才对问题起作用,隐藏起来的物体可被随意地假设为任何适合处于表面之内且产生相同场的物体。达穆尔保留了遮挡效应,目的是使他的物体可被假设为像 PSR 1913 + 16 中致密的中子星那样的物体,但他拒绝了会包含太多计算的 EIH 的面积分方法,而代之以体积分。点源的使用给他带来了熟悉的无穷大积分问题(来自电磁场理论),他引入 20 世纪中叶在电磁学理论中由里斯(Riesz)发展的一种重正化技巧解决了这一问题。这个技巧是由豪沃什引入广义相对论的,他更喜欢使用*里斯位势*。达穆尔更喜欢使用*解析延拓*这个术语。

总的来说,在某些方面,达穆尔 1982 年论文中的方法(与关于辐射的许多现代工作一起)也可以与福克在使用简谐规范条件时,附加"无入射"边界条件,然后进行匹配的技巧相比较。但是,达穆尔广泛的文献知识使得他能够把各种影响精炼成一种全面的显然是他自己的方法。除了 EIH 之外,他利用的其他早期贡献还有佩雷斯和卡尔梅利的工作,卡尔梅利是另一位以色列物理学家,他做过快运动方法的工作(私人通信)。他对以前文献的评价的另一个方面是他的批判方式,这使得他在最倾向于效仿以前成就的地方,如对 EIH,能够做出明显的改变。

20世纪80年代末，在安德森的工作中发现了一个与EIH和以前的文献非常不同的方法。安德森是伯格曼的学生，直到职业生涯的后期他才开始研究辐射反作用问题，他进入这个领域时正值20世纪70年代末四极公式的争议期间。和达穆尔一样，他是一个对以前推导四极公式的尝试的强烈的批评者，他把其中的一些工作描述为"由命名来证明"，因为它们在没有证明的情况下就使用能量平衡的推论，把波场区的能量通量与源系统的能量损失联系了起来，在安德森看来，这些量确实是有关系的。然而，安德森并没有立即拒绝使用能量平衡的论点，在1980年关于四极公式的论文里他还使用了它们。他在这个学科最令人关注的论文也许是他1987年的论文，在这篇论文中，他使EIH方法复活了，在他看来这个领域已经严重地忽视了这种方法。为了处理同时操作两个类型极为不同的展开式的问题，他把EIH方法与伯克的匹配渐近展开式方法以及诸如多重时标展开式的其他应用数学的技巧结合了起来。

安德森认为EIH论文是"爱因斯坦对物理学最伟大的贡献中有疑义的地方之一"（安德森，1995）。主要是因为这种方法需要涉及很多计算，所以除了英费尔德本人之外，没有任何人使用过EIH的面积分，他对推迟势的不信任使得他拒绝了展开式中的辐射项。另外，在安德森看来，慢运动近似本身无论如何也不能处理辐射，直到伯克匹配渐近展开式的工作才克服了这个缺点。安德森认为EIH的好处在于，通过使用围绕点源的面积分，避免了对无穷大质量重正化技巧的需要（如解析延拓），这是在场论问题中为去掉在自己的场里没有物理扩展的粒子的无穷大自能所需要的技巧。安德森还提到了英费尔德对任意使用推迟势的批评，并表示，如果"初始场能是有限的，那么渐近的未来场是完全出射的"（安德森，

1992,第466页)。

安德森"考古学的方式"使用了场的历史,他用文献中预先存在的要素构建新的解,这与很多综述文章中对历史的大量带修辞色彩的使用形成了对照。然而,与20世纪70年代和80年代的许多其他文献评论家一样,他对声称推导出四极公式的其他过程是非常挑剔的。例如,他和达穆尔之间就对彼此的计算进行激烈批评!每个人都倾向于认为自己的贡献才是运动方程的唯一正确推导。在这方面,安德森和达穆尔可以与埃勒斯、豪沃什和罗森布拉姆等人为伍,这些人坚持方法是首要的:把问题的解决看作找到能克服重大的原则性困难的方法。索恩(1989)、库珀斯托克和霍比尔(1982)以及沃克和威尔(1980)采取一种较为轻松的观点,他们认为现有的计算中不止一种包含积极的要素。沃克和威尔认为,应该说在遇到具体的标准时四极公式是可以再现的,并且列出了满足那些需要的一系列现有的计算(也列出了其他不满足需要的计算)。

20世纪70年代和80年代,辐射反作用的工作本质上与前几个年代不同。在大多数情况下,发表的各种文章的结果不仅彼此一致而且也与四极公式一致。不需要到太远的地方去寻找可能的原因。当时,理论和实验在很大程度上都认为,四极公式对于首阶的结果是正确的。这一点的必然结果不仅是拒绝其他所有结果,还包括诱使你拒绝或是深深地怀疑导致冲突结果的任何方法或计算。在这个阶段只有两位活跃的研究者坚持赞成与四极公式相矛盾的结果。一位是罗森布拉姆,他的快运动散射计算(与索恩和科瓦奇的不同)得出的结果是——正如埃勒斯在第九届得克萨斯专题研讨会时所引用的——预言的能量辐射比四极公式所预言的多出约1.3倍。另一位是库珀斯托克,他的刚性支柱模型预言的辐射也超过由四极公式所得到的。与上一代怀疑论者相比，这代表了立场的转变，如罗森布拉姆的导师豪沃什，他一般倾向于怀疑四极公式高估了孤立系统的能量损失。

尽管他们的立场相当孤立，但他们二人都是各自观点的有力鼓吹者。在公开辩论中，谁都不会退缩，到 20 世纪 80 年代初期，这种交流已经变得相当刻薄。他们都有强有力的个性，在处于少数派的立场时也都有杰出的能力把争议坚持下去。他们也都能用幽默潜移默化地影响辩论，无疑这有助于实现他们的目标。库珀斯托克在加拿大维多利亚大学的学生甚至充满深情地专门为他的幽默设计了一个网页，称为*库珀斯托克经历*。然而，至少从人数上开始说明问题了，从 80 年代中期开始，意见已经明朗，明确地反对怀疑论者，因此，当 1991 年年仅 47 岁的罗森布拉姆意外地英年早逝后，就不再有进一步的辩论了。这对豪沃什和戈德堡在 50 年代创立的（而且豪沃什一直提倡的）快运动方法是个突然的打击，因为罗森布拉姆是最后一个非常活跃的代表人物。如以前在辐射反作用问题的历史上曾经多次证明了的，物理学中少数派研究方法的脆弱地位往往会由于少数派阵营中重要人物的个人危机或去世这类意外历史事件而产生逆转。（另一个悲剧性地早逝者是伯克，1996 年他因车祸死于加利福尼亚。）

库珀斯托克在很大程度上放弃了这种不平等的斗争，面对一连串的批评，在尝试使自己的理想模型更加精细的过程中，不断增加的复杂程度使他气馁。他通过引入特殊的初始条件来克服某个重要的原理性问题，但这种探索本身的弱点，则会通过随模型发展而引起的成倍增加的其他原理性问题而暴露出来。由于某种原因或其他因素，少数人的研究方法在与对手的竞争中又一次遭遇了困难。

随后，库珀斯托克彻底放弃了 20 世纪 80 年代初期的立场,宁愿选择回到旧的怀疑论者的看法:四极公式是错误的,因为引力波根本就不能携带能量,因此对于独立系统来说,辐射阻尼不存在。他的立场基于他的能量定域的新假设,他的新假设是,为了描述不存在物质的定域场能量,应该只选择那些去除了赝张量,因此似乎就不会留下定域场能量的坐标系。简而言之,引力场能量不能经过真空传播。可是,库珀斯托克仍然坚持存在引力波,而且它们是由诸如脉冲双星这样的系统发射的;它们只是不会在这样的系统里引起动力学衰变而已。另外,这样的波是能够探测的,不是由韦伯使用的那种共振条探测器,而是用新的干涉探测器探测,按照库珀斯托克的分析,这种新的干涉探测器无须接收任何能量输入就可以由波观察到所考查质量体的运动。[1]

在某种普遍的意义上,由于库珀斯托克的新假设是对 20 世纪 50 年代中期的怀疑论观点的一种回归,所以发现他提到那个时代的一些论点也许并不令人惊讶。为了批驳邦迪—费恩曼 1957 年的思想实验,他提出了一种简单的引力波吸收器的新分析,这种引力波吸收器进行了这样的设计,虽然它的元件相对运动,但它不从这种波吸收能量(库珀斯托克,1992 年)。在更新的一篇论文里,他尝试说明在广义相对论中引力吉纶不存在,因为这样的个体结合在一起的能力取决于组成它的具有质量因此具有能量的引力波[库珀斯托克、法劳尼(Faraoni)和佩里(Perry),1995]。这些论文引人注意的是,它们给库珀斯托克安排了一个历史修正主义者的角色,这是指他通过揭示长期被接受的结果的不完善,来探寻这个学科旧文献的另一种阐释。顺便说一句,使用*修正主义者*这个词,我并没打算有任何轻蔑的含义。

鉴于史评上的保守主义在科学进步观点中起了如此关键的作用(这一点已经观察到了),库珀斯托克反驳那些来自以前时代的支持引力波携带能量的观点的努力迄今为止几乎没遇到什么来自其他相对论者的反响，这一点也许并不令人惊讶。当用于自己的历史自画像时，一般任何社会群体都会抵抗修正主义，也许科学家对它的抵抗会特别地强烈。然而，库珀斯托克对历史的彻底重读与他早期的历史见解是一致的，这正如库珀斯托克和霍比尔在1982年论文里所论述过的。在那篇文章中，提到对广义相对论缺少实验支持，他谈到“由于物理理论的真正目标是描述真实的世界，因此，关于引力理论，它特别应适合于培养怀疑论者的精神。当然，对任何科学的发展，这都是一种健康的成分”（第362页）。他补充说，这种精神“由罗森例证了”。接着他提醒“乐观的空想家”和“数学家”这两种危险。应该注意前者

> 在广义相对论中要比在麦克斯韦理论中发现的多得多，虽然乐观主义是令人钦佩的，但它必须经过现实的调和。另一方面，数学家忘记了物理学不是数学，而且从本质上讲，严格并不是它本身的一种目标。物理学真正的进步来自实验数据、直觉，以及普遍的概念与原理的引入之间微妙的相互作用。可能是实验数据的缺少使进展不能正常进行，从而使这个学科［广义相对论和引力］具有完全属于自己的特色。（库珀斯托克和霍比尔，1982，第362—363页）

初期我将这种观点称作“无政府主义者”，这不是从政治意义上说的，而是因为它似乎在某种程度上反映了法伊尔阿本德（Paul Feyerabend）在《反对方法》（*Against Method*，1988）中的观点。按照库珀斯托克和霍比尔的观点，物理学的进步是几个因素之间“微妙的相互作用”的结果，在工作中应该拒绝强加的死板的计划性方案的影响。在这一点上，他们的观

点比大多数物理学家通常离法伊尔阿本德"知识的无政府主义者理论"的思想都更近一些,在"知识的无政府主义者理论"中,如果"随你怎样都行"起作用,就如库珀斯托克和霍比尔强调的,如果"物理理论的真正目的"就是成功,那么持怀疑态度是必需的。在广义相对论的最初几年,关于能量定域性的辩论特别活跃,曾引起了最初的一系列对诸如邦迪—费恩曼思想实验这种想法的质疑。从历史学家的角度看,库珀斯托克重新开展这种辩论的努力无疑值得注意,但是,库珀斯托克的思想几乎未受到物理学家的任何关注。只有某些具有大量的被社会学家称为"社会资本"[参见平奇(Pinch)1977年和布尔迪厄(Bourdieu)1975年的讨论]的人才可以复兴这种辩论,而库珀斯托克的资本已经在早年的四极公式的争议中被耗尽了。与之类似,韦伯宣布成功地探测到了来自1987A超新星的引力波,如果这是真实的,那它将是一个应该获得诺贝尔奖的发现。但令人惊讶的是,这个发现并未引起什么争议,韦伯的资本也已经大大降低了,他已经很难再使别人听他的了(参见柯林斯2004年的讨论)。

到20世纪80年代末,人们对一度曾经至关重要的辩论课题突然失去了兴趣,这并不反映人们对引力波作为一个研究课题的兴趣的降低,而是恰恰与之相反。无疑,20世纪80年代末和90年代初,大多数对引力波仍然感兴趣的相对论者忙着研究各种各样的课题。在这个时期,引力波研究在历史上第一次成了相当大的重要的研究领域。这粒种子最初是韦伯在1960年前后播下的,它毫无规律地生长,临时的观察者对它并不乐观,但是它最终成熟并开花了。在美国,加州理工学院[由德雷弗(Ron Drever)领导,后来由沃格特(Rochus Vogt)领导]以及麻省理工学院[由韦斯(Rai Weiss)领导]的实验小组(有来自理论家索恩的强有力的支持),获得了来自国家科学基金会的对大型探测器项目 LIGO 的空前水平的资助。随后，在欧洲（法国—意大利的 VIRGO，德国—英国的 GEO 600）、澳大利亚和日本也有了类似项目，所有项目都处于不同的概念或不同的发展阶段。有几个现在正在运行之中。这些探测器项目使引力波的研究提升为所谓的"大科学"，为引力波理论家提出了新的任务。与引力波探测的初期相比，一个标志性的变化是，为了从相对较强的探测器噪声中把信号过滤出来，这些新的探测器期待利用来自互旋双星系统信号的详细的理论预言。

这种需求的一个结果是，特别强调在超级计算机上发展数值计算方法，以得到二体黑洞系统的爱因斯坦方程的精确解。维尼库尔（Jeffrey Winicour）是在这方面投入努力的学者之一，按照埃勒斯所说，他得出了"远场四极辐射定律的第一个严格形式"（埃勒斯，1987）。维尼库尔是伯格曼的锡拉丘兹学校的另一名研究生（而且他还与戈德堡一起参加过空军的工作），受到埃勒斯的鼓励研究这个问题。他的成功表明，在严格定义且物理上又合适的一组条件下，四极公式（用明确的牛顿量表示）可能是邦迪消息函数的牛顿极限（令光速 $c\to\infty$）。维尼库尔认为，没有人曾经得到过完全满意的四极公式，这一问题或许可能因数值相对论的出现而解决。随着数值相对论提出了看待场的一种新方式以及谈论它的一种新语言，他期待四极公式问题将会消失，因为它可能不再是一个问题，任何人都可以用完全的广义相对论方式来阐述它（采访）。一个没有牛顿概念和场论类比阻碍的充分被认识的广义相对论的最终出现，与数值相对论整个项目的成败密切相关。

数值相对论始于 20 世纪 70 年代，斯马（Larry Smarr，后来成为伊利诺伊州的厄巴纳-尚佩恩美国国家超级计算应用中心的首任主任）是其中的一位先驱者。最近几十年，人们已经在电子计算的迅速发展中认识到了数值相对论的潜力，即使对诸如二体黑洞这种情况，它也可以用详尽的数学方法得到爱因斯坦方程的精确解。这种努力的成功实际上可能对来自诸如 LIGO 这样的探测器的数据分析起着关键的作用。不过，已经证明数值相对论领域也存在着巨大的困难。部分原因是社会学的，这是因为，为了共享代码，大的研究群体必须使他们的努力紧密地结合起来。这个领域以前都是由思想非常独立的研究人员组成的，因此需要一种重大的文化转变。而严重的技术困难也是拦路虎，其中的一个例子把我们带回到长期存在的坐标系难题上。数值解决二体黑洞问题的大多数方法都涉及坐标系，这在计算机程序里是由计算网格实现的。这意味着数值计算中包含的某些信息描述的是有关系统的真实的物理，而另一些则仅仅是关于特定网格结构的坐标（或度量）信息。虽然数学限制物理信息以光速穿过网格，但是，对度量信息却没有这种限制。数值相对论的编码之所以会遭受较大的不稳定，这是一个原因。在借助纸和笔完成的分析计算中，少量非物理的度量信息可以精确地彼此抵消，但在数值计算中，数字中总会存在一些误差，而误差的总和却并不恰好为零。在这种情况下，误差以超过光的速度传播到整个网格。在黑洞的情况下，这意味着虽然这个问题中包含的物理信息不能从黑洞内部逃逸出来，但内部产生的数值误差却可以！逃逸的误差迅速增强，编码就会突然崩溃。根据爱丁顿的解释，数值误差似乎以思想的速度传播，就像伪引力波那样，超级计算机的思想速度是最快的。由于诸如此类的原因，在我看来，当被索恩指名就完成来自二体黑洞的引力波信号的分析的期限打赌时，顶尖的数值相对论者看起来并不是非常高兴（这发生在二体黑洞大挑战联盟的最后一次会议上，得克萨斯的奥斯丁，1995 年；更多与引力波有关的数值工作,参见肯尼菲克,2000)。

从这件事我们可以看出,理论家的命运与新一代引力波探测器的成败是如何紧密地联系在一起。这些实验的支持者希望它们能成为引力波天文学新领域的第一批设备。有人已经听到过这种支持者用电磁天文学家一词来描述先前的天文学家。但是30年来,由于与物理学和天文学其他领域的联系不断增加,广义相对论已经兴旺发达起来,像黑洞这样的物理系统是广义相对论专有的独占领域,现在一些专业人员可以看到,包括能提供对这种系统的直接洞察的观测计划在内,广义相对论凭借着自身的实力作为物理学的一个实力雄厚的领域已经脱颖而出。在这种希望中我们意识到,作为一个理论本身,为了保持它的独立性,广义相对论必须发展,否则就会被更有活力的理论学科超越。

第十二章

跟上思想的速度

在讨论了“数学家严格的”方法与“物理学家富于直觉的”方法之间的对比之后，应该对这些词语的含义进行一些解释。“数学家”这个词被以一种随意的方式用于广义相对论，既用来指专业归属，也用来描述物理研究的风格。从专业的意义上说，从他们所受的训练或爱好看，一些相对论者真的是数学家，广义相对论吸引的数学家比理论物理其他分支吸引的数学家都要多。实际上，至少在欧洲，有时仍然会发现相对论小组是在大学的数学系而不是在物理系。然而，大多数相对论者受到的是物理学家的训练，有一些甚至只是来自天文学或只有工科背景。尽管如此，他们中的一些人在方法上还是更偏重于数学，因此，应该小心地去理解在广义相对论中这个词的含义。

在一篇值得注意的关于数学中的严谨性标准的文章中，贾菲(Jaffe)和奎因(Quinn)引用了朗道和利夫希茨关于这个课题的话，“还没有尝试过在处理中采用数学的严格方式，因为在理论物理中这只能是幻想”(贾菲和奎因，1993，第5页)。贾菲和奎因认为，在理论物理远离真正的实验的领域中，数学可以起到实验的作用(以弦论作为一个重要的例子)，并反对以费恩曼为代表的一些人的态度，这些人对数学家们的工作并没有给予多少尊重，因此往往阻碍了这种有价值的工作。他们指出，“与此有关的一项观察的结论是，大多数理论物理学家对相应的实验家非常尊敬。”但许多实验物理学家，至少包括一名活跃的引力波实验家，可能会不同意这种观点，虽然如此，这种观点却可能是正确的。贾菲和奎因继续说道：

> 如果物理学家把数学家看作"高智商的实验家"，而不是轻蔑地认为他们是毫无用处的偏执的理论家，那么，物理学家和数学家之间的关系就会相当地缓和了。（第5页）

而且，他们还想知道，是否可能存在类似理论物理学家的数学"理论"风格，那是一种直觉和思索多一些、严格少一些的数学风格。

把相对论者描述为物理学家似乎简单明了，但用法上却有不容易说清楚的细微差别，即使对业内人士而言可能也是如此。宽泛地讲，物理学家可能更倾向于把广义相对论与理论物理其他分支的问题联系起来，像在其他领域中所做的那样，以理论物理的风格继续开展他们的工作。数学家更关注的是，广义相对论按照它自身的历史逻辑，以及按照感兴趣问题本身的意义发展，并采用一种代表应用数学的风格。虽然对这些风格中每一种的含义并没有普遍一致的描述，然而，我们可以把物理风格与*直觉*一词联系起来，而把数学风格与*严格*一词联系起来。笼统地定义，我们所说的*严格*指的是证明的标准，*直觉*指的是内在的，可能是下意识的寻找问题正确答案的本能。这就是物理学家常说的*启发式方法*，这个词与希腊语的"eureka"一词有关，意思是"我找到了"。众所周知，找到数学证明的方法可能是非常神秘的，而且与正式叙述的那个证明极为不同。在数学中，即使是叙述一个不附带证明的结果一般也是不允许的，与物理学的其他领域相比，在相对论中许多重要的工作都涉及定理的叙述和证明。另一方面，在物理学中，给出一个后来被其他人证明或是被实验确认的结果则往往可以得到巨大的声誉。

施韦伯(Silvan S. Schweber)在关于QED历史的书中给出了数学家与物理学家之间证明标准的差别的一个很好的例子，书中对一些著名物理学家的不同风格作了经典的描述(1994，第464页)。(爱因斯坦风格曾经被詹森描述为“机会主义的”，关于这个讨论，参见詹森，2006；肯尼菲克，2005。)在其中他描述了费恩曼对费马大定理的“证明”，直到最近，它还是数学史上最著名的未被证明的猜想。费马大定理表述为，如果 $n>2$，x，y 和 z 的任何整数值都不能满足方程 $x^n+y^n=z^n$。费恩曼的证明是，在 n 的值比已知这个猜想正确的 n 的最大值还大的时候，找到一个反例(即找到在 $n>2$ 时确实满足这个方程的整数)的概率微乎其微(大约 $n=100$；证明定理的困难在于对所有可能的 n 都要这么做)。费恩曼发展了一种积分，对给定的 n，用这种积分表示发现反例的概率，并且得出结论，由于那种概率非常小(小于 10^{-200})，因此“在我看来，费马大定理是正确的”。在很多年以后，当数学家终于完成对这个猜想的证明的时候，这个证明却复杂得出了名(长达150页)。费恩曼的方法对纯粹的数学家来说一般是不可能接受的，这就是一个例子，施韦伯曾提到一位数学家曾经向费恩曼证明，在某些类似的情况中，这种方法可能草率地导致错误的结果。

在物理学中，直觉的作用是什么呢？分歧在于明显借助于直觉的情况很少出现在正式发表的物理学论文中。如果物理学家在工作中确实经常使用它，那么就可能在如何作出他们发现的正式说明中找到它的痕迹，尽管没有像在数学家中那样普遍。我们可能认为，这种灵感或洞察力在认为自己完全是理性文明传统的群体中是得不到信任的。然而,这个群体的口头民间传说却描绘了相当不同的图景。在一般的科学中[阿基米德在他的浴室中,凯库勒(Kekulé)和他的苯环]以及特别是在物理学中[狄拉克意识到泊松(Poisson)括号与海森伯的对易子之间的类似,这些都是"突然地"进入他们的视线;爱因斯坦对等效原理的领悟是"我一生中最快乐的想法";这两个例子均引自钱德拉塞卡(1987年,第20页),他还讲述了有关费米和海森伯的有趣的例子],常常充满了理性的灵感和直觉飞跃的故事。实际上,与其他物理学家相互交流时,物理学家可能会把发表文章的过程颠倒过来,把理性的推导表现为有灵感的洞察力。在普雷斯基尔(John Preskill)和索恩为费恩曼的《关于引力的演讲》(1995年)所写的前言里,给出了一个这样的例子:

> 1963年初的某段时间,霍伊尔在[加州理工学院]举办了一个……关于强射电源的超级恒星模型的研讨会。在讨论阶段,费恩曼提出异议,他认为广义相对论效应会使得所有超级恒星不稳定[发生引力坍缩]——至少如果它们不是旋转的。(普雷斯基尔和索恩,1996)[1]

费恩曼反对的事随后得到了几个研究者的证实。普雷斯基尔和索恩继续道:

> 对霍伊尔和福勒[霍伊尔超级恒星模型的合作者]来说,费恩曼的评论是一种"突然的打击",完全出乎意料之外,而且,除了费恩曼惊人的物理直觉之外,没有任何明显的根据。这给福勒留下了深刻的印象,他对世界各地的许多同事讲述了这次讨论会和费恩曼的洞察力,还给费恩曼的传奇补充了另外一个(真实的)故事。

实际上，费恩曼的直觉也不是没费吹灰之力就能得到的。此处，就像在其他地方一样，在很大程度上，它是以费恩曼在好奇心驱动下所做的详细计算为基础的。

这些计算的证据保留在1995年发表的费恩曼的一份讲稿笔记里（这个演讲是在霍伊尔1963年的讨论会之前不久进行的），在加州理工学院档案馆保存的费恩曼的笔记里也保留着。

如果一个学科的口头传说对阐明科学家的态度有一定价值，那么来看一下起源传说这类特殊的传说是特别有益的。我认为教科书和传记叙述的仅仅是收集的民间故事，但它却处于与期刊上的专业文献截然不同的非正式的背景中，以适合于非常有学问的群体的方式传承下去。物理学中含有特别丰富的起源传说。一个著名的经典例子就是比萨斜塔实验。它讲述的这个小插曲可能从来就没有发生过，但却确定了这个领域的某些精神。描述了先驱人物——此处便是伽利略——是如何进行科学研究的。这种精神并不出人意料：伽利略进行的是一个决定性实验，它能立即摧毁虚构的对立的旧理论并证实他的新理论。物理学家有可能希望从这个角度描述他们的职业，以一种明确的方式求助于自然以挫败他们的对手，这一点也不令人惊讶。足以摧毁伽利略所不赞成的占主导地位的物理学世界观的决定性实验究竟是什么还没有搞清楚，这个事实反映了这个故事的传说性质。

在一个同样著名的起源传说中，以另一位先驱人物为中心，我们遇到的是另一种不同的精神。牛顿苹果的故事实际上起源于同时代的一个真实的趣闻，但很显然，在真正意义上它是一个传说。在故事中，物理学家在一棵树下休息，偶然地，一个苹果掉了下来，一瞬间，他突然得到了一种不寻常的顿悟。这个故事与比萨斜塔的故事形成了鲜明的对照。科学家坐在一棵树下,俨然像一位远古的圣人。我们可以把它想象成世界树,虽然它并不是北欧神话中的世界遗迹,相反,它反映了《圣经》的象征手法。宇宙真理自上而下地浮现在他眼前(实际上,在很多流行的描述中,苹果是打在牛顿头上的)。这个故事非常清楚地表达了富有灵感的思想突然出现在物理学家的脑海里,这个直觉顿悟的瞬间(其他早期的现代理论家如开普勒也提到过[2])被用来以传说的形式代替很多年以来牛顿为充分发展宇宙引力概念所需要做的全部工作。然而,它也强调了为整个过程指出了方向的这个顿悟瞬间的核心作用。这是物理学家讲述的格外流行的一个故事,它特别有意识地把科学家描述为被神的力量赋予了灵感的先知。物理学家希望通过这样的起源传说来宣布思维获得灵感的方式,就像他们会把自然的实验研究放在伽利略的故事里宣布那样,得出这样的结论似乎是公正的。[3]

科学变革的起源传说中第三个重要的组成部分是,在对伽利略的异端邪说的审判中,他作为唯物论者勇敢地面对教会的迷信与教条的传说。从历史来看,这是易于引起误解的,这个片段的流行叙述声称,理性主义者传统的外衣是物理学遗产的一部分。如以前所引用的("实验数据、物理直觉和一般的概念与原理……之间微妙的相互作用"),由比萨斜塔、牛顿苹果和伽利略审判传说所代表的同一个三位一体的重要性是库珀斯托克和霍比尔所呼吁的。

科学艺术的三重分裂反映了艺术与科学的传统的分裂,培根(Francis Bacon)是公开谴责古代哲学忽视有用知识的那些早期现代学者之一,早在他生活的时代就可以发现这种分裂。在他对知识所做的分类中,他认识到三种智力能力,即历史的记忆、诗歌的想象力以及哲学包括自然哲学的推理,每一种都支配着艺术的一个特定的领域。当然,培根了解大脑的各种能力是协调一致地工作的,而且在学习过程中各种能力都起着作用;然而,分派负责推理的就在我们现在所说的物理科学中起支配作用,他呼吁一种古老的信仰,同时,他也期待一种越来越严格的划分。后来的许多学者受到培根方法的影响,包括百科全书的编撰者在内,在组织人类知识的过程中他们遵循了培根的一般方法。[马丁内斯(Martinez),2001,第16—21页]

科学艺术三位一体的描述反映了与时间的三重分裂有关的古老的信仰。物理学的起源传说与神话的更深刻的联系也许是以埃利孔山的三位缪斯女神最初的名字为象征的,这三个名字译作沉思、记忆和歌曲[格雷韦斯(Graves),1966]。换句话说,它们表示富有诗意的艺术的三个不可分割的组成部分。记忆是过去的知识,沉思(或者也可以说是,实践)是现实生活中的综合艺术,而歌曲是创造性的综合,暗示了灵感,综合的将来形式"被记忆"。如研究已表明的那样,口头的叙事诗用我们理解的方式记住了传诵的故事,但并不是逐字逐句的[洛德(Lord),2000]。而在传诵的时候,他们使用自己储备的所有词汇和惯用语句,在每次表演的时候都即兴创作。因此,每次表演的总的状况都是在过去(从以前的表演中获得的经验)和未来(因为每次表演传诵时都是独一无二地改编了的)两方面被记住。我们能够找到自己与现代物理学家工作的类似性,用经验代替记忆,用数学和实验代替实践,用直觉代替歌曲。实验和其他形式的技能(社会学家称之为旁门知识)存在于现在,并且影响了所有的科学工作,甚至理论,因此这里我们应该把理论家在计算中所使用的各种数学技巧包括在内。然而,大量的分析工作植根于过去,正如我们已经注意到的,形式上的数学类比对物理学家是有价值的，这有助于他们从以前的计算或实验经验中获益。在物理学推理方法的典型图像中，人们向着最终答案构建一系列的步骤，每一步本身都是确定的且是有把握的。每一步逻辑上越可靠，所做的计算或证明就越严格。另一方面，直觉突然进入未来，在人们到达那里之前就认识了最终的答案形式。对任何数学或科学分支来说，直觉本身都是非常不可信的，但又是不可或缺的。初看起来，它比分析方法更加依赖于经验，而分析方法自认为是符合逻辑的完满的证明方法，它不依赖于类比或其他启发式方法。直觉是一名向导，它使得研究者可以选择一条路，穿过可能性的灌木丛到达最终的答案，但是这根本不能表示它会选择正确的答案。毕竟，通过直觉的灵感得到答案的途径通常是不能重复的。为什么科学家不信任直觉的灵感，这就是一个恰当的理由，因为，正如哲学家所说的，证明的过程与发现的过程是不同的。作出发现的论据可能并不适合于随后的证明。另一方面，科学家非常熟悉直觉在他们的领域里所扮演的令人印象深刻的角色。所以，一个像费恩曼这样的其能力已很受人尊敬的人，也许为了给自己再增加一些神秘感，而不会揭示出他的洞察力来源于他那同样惊人的计算能力。在认识到霍伊尔和福勒提出的超级恒星可能会对引力坍缩不稳定之前，费恩曼似乎已经花费了些时间。碰巧的是，他得益于自己以前就仔细地研究过这个问题。

因此，在这些起源传说中，物理学家自认为实验、物理直觉或灵感、逻辑论证是他们的科学的三个组成部分。由于在学术论文（即期刊论文）中他们抑制直觉这个组成部分，他们置身于经典的启迪传统，其中的三个缪斯女神［后来发展到九个，给出了更加严格区分的专长，如乌拉妮娅（Urania）是掌管天文的缪斯女神，据推测可能是我们故事中的科学家的指导缪斯女神］象征性地附属于她们的母亲摩涅莫绪涅（Mnemosyne)，或称为记忆女神。布莱克在《米尔顿》(*Milton*)的序言中表达了另一种罗曼蒂克的观点，“记忆女神的女儿可能会成为灵感的女儿”。因此，数学的严格的支持者可以形象地看作在面对布莱克所说的地狱的力量(支持经验和想象的力量)猛攻时天堂的保卫者(因此，他们既是无知的，也是理性专制的)。

天堂与地狱的差别并不在于过去与未来本身，而是在于两者之间关系的一种变化，即从口头形式到文字形式的变化。依赖经验去激发直觉这是典型的口头思想方式。在文字方式和理性思维模式中，记忆被表示得更加客观，以书写的方式被具体化并被固定下来。理性思维试图搭建一座从已知通往未知的桥梁，但却是用典型的与直觉的思想不同的方式。个人经验毫无价值，因为所有论证应该是一般性的，它们应该适合每个男人(或每个女人)，无论他(或她)的个人经验如何。因此，方程介于无知与推理之间。为了变得更具一般性，证明本身应该去除个体经验，这是直觉永远都做不到的事情。直觉和经验可以讲述给另一个个体，但它却不能被整个群体所理解。虽然物理学可能看起来更像文字和理性思维方式的学科，但按照我的经验，在很多方面它还是一种相当口头化的文化。

在这种深刻见解的帮助下，我们就可以明白诸如朗道和利夫希茨推导四极公式那样的计算如何会激起分歧如此之大的反响。他们二人认为，在物理学中严格是“虚幻的”，显示出直觉和经验的证明在与作者有共同经验的那些人中引起了强烈的共鸣。这留下了其他问题，也引起了较严谨的有数学背景的那些人的深深的怀疑。例如，安德森曾告诉我，朗道和利夫希茨根据四极公式对双星发射引力辐射的证明，只有在“如果你相信朗道与上帝有联系”时才是可信的(采访)，而邦迪也认为它"有点肤浅"并且"全是漏洞"(采访)。朗道和利夫希茨方法的提倡者,如索恩则认为,著名的简明扼要的朗道和利夫希茨风格容易使人接受。以简洁方式交流意味着只与那些按照他们自己方式领悟的人交谈。

如果创造性的科学工作存在三个极——分析、技巧和顿悟,那么,对哪些极是重要的进行强调时的种种差别,就可以描述科学里的不同学科的特征,这种猜测是合情理的。选择削弱哪个极确定了物理学的风格,因为把重点放在方法上强调了科学的唯理论者的表达特点,反之如果把重点放在正确结果的意义上,就不可避免地会导致对关于哪个结果是真正正确的结果的个人直觉的依赖。在科学进程中,永远也不可能把逻辑和直觉完全区分开。例如,钱德拉塞卡坚持认为,在最伟大的科学家的工作中,这些特征是均衡的。他引用费米的话说,他永远也不会相信一个没有数学推导的物理论证,也永远不会相信没有物理解释的数学(采访)。然而,四极公式争议的主要参与者经常提到的这种风格的冲突,似乎更强调它根植于已知的这三种方式中的一个或另一个。

不同的相对论者对引力波与电磁波的基本类比产生了不同的反响,风格上的这些差别可能由这些不同的反响反映出来。更加喜欢物理方法的那些人希望,能用他们已经得到过正确答案的有一定可信度的确定性的方法去解决难题。在这种努力中,以从电磁学中获得的经验为基础,类比可能就是指向正确道路的一个有用的向导。如果他们正在进行的计算似乎与由基于更熟悉情况的类比所得出的预期相违背的话,那么它就是值得怀疑的。另一方面,喜欢严格方法的那些人想要证明答案是如此这般,这自然就意味着排除了所有其他的可能性。对费马大定理的证明,数学家证明的是肯定没有反例,而费恩曼这位物理学家"证明"的只是,非常不可能有反例，这就是二者的差异。如果你希望穷根究底，并反驳所有可能存在的异议，那么在检查可能的分类时会证明类比更加有用。通过分析它的缺点，人们希望在论证中发现它的缺陷，并在需要时进行破坏性试验。另外，对许多物理学家最有吸引力的是“新物理”的可能性，这意味着引力情况与电磁情况可能明显不同。爱因斯坦和邦迪似乎都被引力波不存在的思想所吸引，因为对物理学来说，这将是一个新的惊人的结果。

如我们已经看到的，类比是想象力的一个强有力的工具，而且，想象力可以由此飞往许多不同的方向。回顾一下邦迪和惠勒这两位物理学家，在第一章里描述了他们对这种类比的不同领会，我们可以发现他们之间有很多类似之处。他们都成名于物理学的其他领域，都具有出色的物理直觉和数学技能的天赋，对年轻物理学家都有非凡的影响。他们二人都因大胆假设而出名，并且都准备向传统观念挑战。在许多方面，他们的技巧是类似的，然而多么滑稽的是，在1957年的查珀尔希尔会议上，他们对与电磁学的类比的评论却存在分歧，这是一种可能的迹象，表明他们各自所属的学派在见解上的深刻差别。我本人的印象是，深受邦迪影响的英国学派在方法上比惠勒学派更加数学化也更为严格，而惠勒学派以更倾向于天体物理学的方法而闻名；理论天体物理学可能是理论物理学所有领域中最具有启发性的也是最不严格的一个领域。

关于引力波是否存在以及它是否由双星发射的争论实际上进行了好几十年（把争论的各个阶段都加起来），这种争论怎么能进行那么久呢？而且，争论还并不局限于引力波物理学的理论方面。在引力波实验探测的热烈交流中这种争论甚至更加白热化，那个时期的顶尖人物韦伯不顾其他专家的意见，固执地宣称他已经探测到了引力波。这种争论（以及这些争论者)为什么能如此顽强地坚持下去呢?

通过对韦伯争论的研究,柯林斯提到了实验者的逆向推理的存在,这是在试图测量相同东西的实验不一致时可能会出现的状况。如果确定哪个实验正确的唯一方法是看哪个实验得到了正确的结果,而说出哪个结果正确的唯一方法是通过进行"正确的"实验,那么,实验者就陷入了一种恶性循环。问题在恶化,而且争论持续的时间也大大地延长了,这是因为实际上不存在已知的通过检验来绝对无误地区别不同实验的方法。原因是只有实验者自己知道,他们的仪器设备正在发生什么,而他们的大部分知识不是很容易表达清楚的。正确地进行一个实验需要社会学家所说的不言而喻的知识,这类知识我们会视若无睹。骑自行车就是不言而喻的知识的一个经典例子,因为这类知识的最重要的特征就是通过观察和实践来学习。若想通过说明书或电话指导学习骑自行车,那可是个严重的错误。类似地,学习做实验的方法是自己去做,但最好是有个经验丰富的专家陪同。

因为多数实验者所知道的是不言而喻的知识,在辩论时,就很难确定谁的实验方法是正确的。辩论的焦点不仅会集中在正常情况下不在公开场合作全面讨论的细节上,而且问题真正的起因可能涉及实验者自己也没有意识到的实验方法的某个细节,而这可能正是所有因素当中最重要的。柯林斯(2001,2004)讲了一个俄国引力波实验小组的揭秘故事,他们在用金属丝悬挂晶体的实验中,在非常低的实验噪声下,取得了前所未有的巨大成功。因为其他小组不能重复它们的结果,有人怀疑俄国人夸大了他们的成果。最后,一个国外的小组派了一个人到俄国与他们一道工作,才逐渐发现了问题所在,原来是其他小组在润滑金属丝时出了问题。俄国人在安装金属丝前通常会把金属丝在耳后擦几下,而可以理解,他们在发表的报告中并没有提到这一步骤。

因为实验中的一些细节具有重要价值，而做实验过程中的一些知识是不经意间的，辩论甚至很难通过重复实验来平息。有时候觉得，重复实验正是科学的特点，然而实践中，真正的重复实验是很少的，而且往往会带来麻烦。重复一个没有争议的实验一般不是很有必要（在课堂上重复一些著名的实验不算，因为每一个自相矛盾的结果都可以归因于学生没有经验而被忽略）。在产生大的歧义的时候，实验的重复对所有挑战者和实验原创人是一样的。有人会说，是的，你试图重复实验，但你做的是错误的。可能的错误实验方式，显然不是无穷多，但至少足以耗尽物理学家们的耐心，他们急切希望科学的进步与给每个人公平的发言机会的愿望可以协调一致。在一个长时间持续的辩论中，会出现这样的情况，从某个时刻开始，这个团体整体会开始不理会某些人的意见。这个时刻似乎是经过长时间仔细的辩论后令人惊讶地突然来临的，这是一个庞大团体内部复杂的社会性相互影响的结果，其背后的原因是不可思议的，甚至是反复无常的。同样的论证不能使每一个人都信服，但当逐渐地有足够多的人认同这个结果正确时，细节就不再重要了。

最著名的反对实验者逆向推理存在的论证归功于物理学家和哲学家富兰克林，他研究柯林斯的韦伯辩论史，发现韦伯的批评者断章取义，不再听取韦伯的申辩。他相信，基于他们创造的大量反对韦伯立场的论据，他们做得很对，也很理性（富兰克林，1994）。我要说的是，与柯林斯的看法相同（1994），韦伯也采取了合理的行动继续为自己申辩。由于没有人曾确切指出韦伯实验中的错误之处，韦伯当然可以继续把他的结果解释为和引力波探测是一致的，而实际上，他固执地坚持自己观点的品质正是他的事业如此成功的基础。我注意到,主流的意见是赞成韦伯接受失败,他的很多同事也极力敦促他这样做,可见这从本质上说是社会性的,换句话说,他坚持不接受大多数同行的压倒性的意见,将损害他自己的职业声望。

我们有必要在这里回顾一下科学史上曾发生过的一些这样的情况——合理的论据却导致错误的答案。例如,在关于太阳系的哥白尼模型的辩论中,怀疑论者,像布拉赫(Tycho Brahe)观察到地球的运动应该可以通过测量恒星彼此相对位置的视差位移检测出来。这些恒星太远了以至于观测不到这种位移,这个回答尽管正确,对怀疑论者来说则似乎是为逃避一个决定性实验结果的一个典型的特定尝试。真相是,在任何一个辩论中,总有很多论证的路线,但生活永远不会使它们全部一致。由于不同的人对不同领域的影响力是不一样的,不可避免地,人们完全有理由设法达成合理的不一致。很遗憾,这种意见不一致经常是不愉快的。我再顺便提一下,关于实验者逆向推理的本质的哲学辩论似乎也不像以前那样泾渭分明,作为一个实际问题,富兰克林和柯林斯在对待关于韦伯公开论战的观点上并无太大分歧。

那么对于理论问题,情形会大不一样吗?理论计算确实比实验更明晰,不必考虑物理仪器本身所带来的问题。但是实际上,理论家也有他们的不言而喻的知识,他们每个人都在用自己的方式进行演算。重复一个结果在一定程度上比实验容易,但还是存在问题,且当结果不一致时,更容易引起争执。感谢上帝,一个严谨的物理演算中的步骤还不是无穷多,但还是多到足以令相应的讨论持续非常长的时间。既然像广义相对论这样的学科中的很多计算都是部分或全部通过计算机完成的,理论计算与实验的关系就更加清楚了(肯尼菲克,2000)。计算机程序是虚拟的仪器,设计程序的理论家应该最了解它的内部运转方式，但他或她也不可能了解它的全部。如我们所见，即使在纯粹的纸和笔的时代，也会有一些理论家没有察觉的因素被带入到计算中，像佩雷斯发现的他所没有预料到的入射波入射到源的情况。

所以，如果检验正确的计算结果的标准是其得到了正确答案，而计算的目的是需要建立与正确答案的一致性，在这种情况下，就可能出现“理论家的逆向推理”。当两个或多个计算结果不一致时，人们可能陷入令人讨厌的一个观点及其对应观点之间的螺旋式的纠缠，每一种计算或每一个观点都会遭到似乎无休止的批判。最后，当足够多的人决心支持其中一个观点时，这个辩论开始转向其他方面并逐渐平息下来，虽然还有些人心有不甘，但大部分人的注意力却转移到了下一个问题上。

但是，直觉及相关风格的作用应该是明显的，因为最简单的避免逆向推理的方式就是判断哪一个可能的答案是正确的。对哪个才是正确的计算的争论有可能没完没了，可是，一旦你判定一个答案正确的可能性更大，那么，这种能给出这个答案的计算方法或者容易重新获得那个结果的方法相比其他方法就更能令人相信。要记住，与实验人员一样，理论家也需要对照已知和为人所接受的结果检查他们的计算，以使他们自己相信自己的结果的正确性。如前所述，直觉本质上是一种提前猜想正确答案的窍门，因此，每当理论家的逆向推理抬头时，直觉就可能在其中发挥作用。这就不用奇怪，对于引力波的情况，大辩论很大程度上被看作凭直觉的物理学家和严格的数学家之间的争斗，物理学家接受了重新获得四极公式的计算的合理性，而数学家却高度怀疑，认为这种情况只不过是类比导致的一个似是而非的计算结果。举个例子，对于典型的“物理学家”来说，从 20 世纪 60 年代的某个时候开始，很多不同类型的计算结果都是一致的，这个事实使人们更放心地认为结果确实是正确的。而对于更数学化的思维来说，很多概念上有些含糊的不同结果之间的一致性只说明了，那些结果的作者知道他们自己在寻找什么。

理论何时及如何完结的问题，同实验何时完结的问题一样（加利森，1987），本质上都是如何认可所发现的答案的正确性。常用的可能做法是彻底检查一遍计算或程序，从而发现另外的可能改变结果的错误或瑕疵。到了某种程度，我们必须确定，眼下的答案就是正确答案。当所有中间结果的检查和特例的检验都给出了同以前的工作大相径庭的结论时，我们就距离在研究工作中发表新的成果不远了。我们提及过的每一个理论家，都会非常小心地检查他们的工作的各个方面，但终究他们总要决定停止这种检查。对于像豪沃什这样的怀疑论者，一次，他和两位合作者都对他们的研究结果中的一个符号达成了一致，但他们是在犯了各不相关的（并且不同的）错误后才得到这个结果的，这实在是对过快结束一个理论工作所存在的风险的有益的教训。再回顾一下早先讨论过的安德森对“通过命名来证明”的批评。虽然四极公式的重新获得本质上是偶然性事件，然而与日俱增的结果又令人无法忽视。这不是说几个个别的事件就可以打动所有的人，但当通过不同的途径得到相同的结果的情形相当多时，就能说服足够多的持有不同判断标准的物理学家，并使这些物理学家的数量达到一个关键多数。一旦到了这一阶段，其他持反对意见的物理学家就不再有以前那么多的发言机会了。

对于四极公式的情况，有助于部分打破这个循环的事件是脉冲双星数据的获得。当然，实验或观测数据能摆脱理论家逆向推理的困境并不令人感到意外，但值得注意的是，这些数据最初为之注入的活力也导致了更多的混乱。数据对四极公式给出的人们乐于接受的“正确结果”提供了关键性支持，尽管到目前为止，除了倾向于排除不能得出正则结果的方法，它还不能结束人们对各种方法的正确性的争论。这个支持足以逐步结束关于四极公式的公开辩论。一旦一个结果不再有争执，大多数观察者就不那么关心哪一个计算更准确这些细节。虽然对这一结果是否就是最后结论，一些理论家私下里会有怀疑，等待确认检验的观测出现也需要时间，但这种讨论一旦结束，曾经的大辩论就永远不会再出现了。

在没有实验数据支持的情况下，对于理论家团体内的社会性约束的作用，四极公式问题的前后过程是个很好的明证。需要注意的是，作为一个领域，广义相对论以前的特征就是“太多的理论寻求太少的实验”（邦纳，1963，第 555 页），[4]这一度是物理学的病态，现在正日益成为物理学中的常态。例如弦论，其兴盛之势和领域之广阔远胜于当年的广义相对论，但与实验领域的联系却非常之少。对弦论学家来说，在没有数学或实验严谨支持下如何开展物理研究，是一个尚在争论的问题（如贾菲和奎因在他们 1993 年的文章中所讨论的，之前已经提到过）。

起初，在四极公式的论战中，对可以接受的答案（从可发表的意义上说），甚至，用佩雷斯的话说，根本就不可信的答案，没有任何有效的约束。佩雷斯所面对的强大社会压力，使他接受了他的第一个，但是错误的结果。这个问题是他的学位论文的主要内容，而毕业的愿望成为他完成计算的强烈动机。正是在他完成博士论文答辩之后，他发现了他算法中的瑕疵（佩雷斯，私人通信）。相似的情况是，胡宁在他发现错误之前已经公布了他的结果，并在正式出版之前改变了他的答案的正负号。而对豪沃什来说，这种奇怪的结果代表了这个领域令人不满意的状态，但每一个遍及所有预期的结果的发表都有他们自己的理由。不过,从 60 年代中期开始,确实不再有进一步的有能量增益的结果发表了。似乎很明显,随着描述辐射的渐近行为的努力的成功,这个领域似乎不再像以前那样泛泛地接纳各种解释了。可接受结果的空间有点儿收缩了。一个自内部有引力相互作用的系统以引力波形式辐射的总能量是多少?问题的答案现在有一个"正确的"符号和一个"错误的"符号。随意的辩论不再能把这样的结果装扮成貌似可信的样子。早期的例子中包括胡宁,他把自己的膨胀轨道的结果同哈勃的宇宙学膨胀联系在一起,而佩雷斯则招来了与电磁学的"非相似性",观察到引力吸引的符号与电磁学中的相反,也就是说,同种电荷相吸而不是相斥(因此在双星系统中场的能量密度是负的,因此能量变化的符号与电磁学的情形相反)。诚然,佩雷斯的引力波可能携带负能量的论断,罗森直到 1964 年还在继续发展它。事实上可以看出,和其他一些少数的引力理论一样,罗森的双度规理论将给出轨道膨胀的结果,而不是引力波辐射导致的轨道衰退(韦斯伯格和泰勒,1981)。不管怎样,这些特别的引力理论现在都被认为肯定是不正确的。

尽管到了 1970 年代早期,合理的分歧的范围在一定程度上有所缩小,但还是留有足够的活动空间。在 20 世纪 70 年代,罗森布拉姆和库珀斯托克凭借四极公式的结果争夺这一领域。此外,以豪沃什为代表的不可知论者又有了像埃勒斯这样的新的拥护者。只有脉冲双星数据的获得,才使这个结果的可接受的范围差不多缩小到只剩下了一种选择。无论如何,这个故事的最后一章不可能一下子发生。分歧的范围只能逐渐被缩小,而这些进步是以在最后阶段对声誉的损害为代价的。在早期,异议是允许的,而到了 20 世纪 80 年代,情况就变了。似乎有一些迹象表明,虽然在专业上仍然很活跃,但由于公开挑战新兴的正统观念,在这个问题上库珀斯托克的威望遭受了一定程度的损失。很难说罗森布拉姆如果还活着是否会得到相同的待遇,但这种可能性很大。或许,从他无力挑起对新兴正统观念的辩论这一点,可以看出他的威望受损的实际效果,在他的挑战中,又重拾关于引力波是否携带能量以及赝张量的作用的问题。发表意见的渠道还是有的,罗森布拉姆的关于能量定域化假设的原始论文就发表在《物理学基础》(*Foundations of Physics*)上,这本期刊鼓励发表“有别于艰难的可证明的事实、[但]对物理学的新基础方向有启发性的探索”[编辑的序言,《物理学基础》1(1),3]的论文,韦伯近几年也在上面发表过文章。尽管如此,如在第十一章中谈论过的,挑起一场辩论并引来相应的回应常常比简单获得一个讲台更困难。

最终,尽管关于引力波反作用首阶结果的分歧消除了,但方法问题的分歧却未必也随之消除。对于那些总是把这个作为首要考虑的人(豪沃什、埃勒斯、达穆尔、安德森)来说,在大量的四极公式的推导中,对所有的推导,或者除了一个之外的所有的推导并不令人满意。达穆尔实际上反对把这个问题简化为一个证明四极公式的问题(采访),它分散了对双星系统运动问题的正确方法这个更大的问题的研究。在采访埃勒斯和豪沃什时,他们表达了对这个领域现状的某些方面的遗憾。埃勒斯觉得,现有的工作足以使他相信四极公式的近似正确性。豪沃什似乎在那一点上还有所保留。达穆尔和安德森都继续对除他们自己以外的双星反作用问题的解持批评态度,尤其是他们相互之间。然而,在最终答案都一样的背景下,原则上这样的分歧不足以支撑一场公开的辩论。

所有的大会、研讨会、论文、综述、求助于实验等等的目标似乎都不是强化或鼓励一致性,而是消除或减小分歧的空间。

这个群体能够赞同和不赞同的东西与他们需要说服别人不去做的事情这二者之间是有差别的。在初期(大约1945—1965年),最重要的原则问题即引力波是否存在或者是否由双星系统发射,就是需要说服别人不要去做的事情。在战争爆发之前的阶段,虽然爱丁顿已经注意到这个问题,但这个学科还没有成熟到足以维持这样一种辩论的程度。20世纪60年代初期,这种辩论不再有重要意义,因为已经形成了足够的反对怀疑论者立场的舆论。随后,豪沃什、罗森或库珀斯托克试图重新挑起争议,但并没有引起多少注意。与此类似,直到1965年之后,四极公式争议才真正出现。但直到那时,这个学科也还不能维持这种辩论,因为技术上的可靠性或成熟程度还没有真正成型到能够支撑单个权威的结果。但是到了20世纪70年代,各种后牛顿方法至少在一致的基础上与其他方法取得了一致,有了足够的对四极公式进行辩论的话题。致密物体和引力波与天体物理学的相关性不断增加,达到了顶点,直接有关实验数据的获得增加了这件事的紧迫性。但逐渐地,持异议者进一步增加了。最终,形成了支持四极公式广泛的适用性的决定性的大量舆论,这足以封杀进一步的辩论。随着引力波这个领域进入一个新的时代,当时的(解释脉冲双星的数据)和未来的(引力波探测器)实验尝试可能都会需要超过四极公式的详细计算,反对意见已经不再被看作有益的或需要的了。当有迹象表明一个领域将要向着物理学的最前沿迈出重要一步的时候,进一步的争论只能阻碍这个领域的发展。

这个领域充满争议的历史是有趣的,这恰恰是因为这场辩论的百折不挠的本质迫使参与者留下他们的见解,即使仅仅是作为彼此攻击的语言武器。把这个问题的历史看作病态的,就像费恩曼所认为的那样,这是令人感兴趣的,例如,他曾说过,“优秀的人都在其他地方”(参见第八章)。然而,这可能是对的,即使是优秀的人也可能沿着一条比看起来所需要的长得多的迂回路线,去解决一个问题。费恩曼自己就非常清楚,科学家很善于掩盖他们的足迹。布莱克在取自《天堂与地狱的结合》(*The Marriage of Heaven and Hell*)的《地狱谚语》(*Proverbs of Hell*)中的一篇中说过,“进展铺就笔直的大道,但没有进展的弯路才是天才之路”。许多很有天赋的人和少数天才对引力波理论的发展作出了贡献。历史是充满争议的也是螺旋式的,这个事实为我们专心研究天才的轨迹提供了难得的机会。物理学家自己对这种弯路没表现出多少兴趣,这是他们“大胆的保守主义者”的一个特点,这已经间接地提到过了。他们总是向前展望而不愿回顾。如前面我已经提到过的,在我看来似乎是,对很多非常富有创造力的年轻科学家来说,对过去的遗忘正是物理学具有吸引力的一个部分。对每一代人,物理学总是重新开始,而且仍然会继续前进,他们只是把昨天的结果作为工具,去除掉迷住上一代人的任何多余的概念性的包袱。和其他人一样,在笔直的大道上行进时物理学家会快速前进。

本书的书名参考了爱丁顿描写坐标波或规范波的虚幻本质的名句,它们可以传播得任意地快,就像你所能希望的那么快。思想的速度确实迅速,这是众所周知的。在斯蒂德吕松(Snorri Sturluson)的《散文埃达》(*Prose Edda*)中,最有名的一个故事就是《索尔前往外宫的历程》(*Thor's Journey to Utgard*),强大但并不太聪明的雷神被巨人精灵(巫师)乌特加德-洛基(Utgard-Loki)的幻影欺骗而蒙羞。在一系列竞赛中,索尔和他的同伴被对手击败,后来才知道对手是无形观念的显灵。因此,虽然索尔的仆人斯贾尔菲(Thjalfi)跑得非常快,但在一次赛跑中却被巨人于吉(Hugi)战败。但于吉并不是他看起来的那样,在古挪威语中他名字的意思是“思想”[注意,也是奥丁神(Odin)的渡鸦,Huginn和Muninn,即思想和记忆,他们的名字再次唤起认识世界的不同方法之间的分歧]。后来乌特加德-洛基承认,“和斯贾尔菲赛跑的那个人叫于吉,那是我的‘思想’,斯贾尔菲不要期望他可能与它一样迅速”[布罗德(Arthur G. Brodeur)译,《散文埃达》(纽约:美国斯堪的纳维亚基金会,1916)]。

爱丁顿对引力波以思想的速度传播的怀疑论者的评论,引起了许多关注这个学科的怀疑论者的注意。正是精明能干喜欢追根究底的怀疑论者诠释了什么才是最适合的科学方法。但从一开始,怀疑论者有时就会引起一种缺乏耐心的反应。费恩曼就是那些人中的一个,他认为过于谨慎会制约这个领域研究的步伐。在1957年的查珀尔希尔会议上,他就曾提醒道,“不要过于严格,否则你就不会成功,”还补充说,“在这个领域中,由于我们不能被实验推动,因此就必须由想象力来拉动。”

这个领域的物理学家在他们的个人研究中表现出的思想出奇地迅速,怀疑论者和非怀疑论者都一样,但是在数十年中进展的步伐却异常地缓慢,我们看到,在20世纪80年代还在辩论爱因斯坦1918年工作的有效性,人们如何解释这种差异呢?思想的速度实际上似乎是非常易变的。一方面,个人可以朝各个方向高速发射,而另一方面,群体知识这个巨大的波前只能以极其缓慢的速度前行。

应该记住,群体思想的速度才是要紧的。用不同的方式定义光的速度就可以得到不同的数值(群速度和相速度等等)。这常常使一些人困惑,他们从爱因斯坦那里得知光速是一个绝对的值,或者至少是个不变的量。光能够以超过光速的速度传播,这是什么意思呢?光速真的是个极限吗?这种观点认为,光速是信息传播速度的极限。根据相对论,信息不能以超过光的速度传播。部分光波是可以的,但是任何由这种波承载的信息都将以这个极限速度传播。在科学中,群体思想的速度才是要紧的(可能有人会说,是“群速度”)。无论个人的思想多么快,如果他们的思想“太超前于时间”,在恰当的时间之前,它都不会有多少影响。一旦团体或群体赶上来,那时这种思想才能被吸收。当然,不同的群体有不同的思想速度,就像光在通过一片窗玻璃时传播的速度会慢得多一样,它完全取决于介质。在一个群体的初期,正如在这个故事中所描述的那样,进展可能实际上看起来很慢,因为很多努力是用于构建一个有条理的群体,创立一种语言、一种世界观以及一个科学群体所需要的其他东西。只有当一个群体有了共有的经验和集体的记忆(包括那个领域的专用文献形式的书写记忆),也只有当它不仅仅是个人经验和离奇直觉的积聚的时候,它才能期待对取得的成就有普遍的认同,从而取得飞速的进展。这意味着,在许多事情之中的一件就是,提出何种标准的证明和严格才适合那个领域这样的问题。相对论比理论物理其他领域的严格标准要高得多,但它比数学中普遍的标准要低得多。

标志广义相对论群体初期的特征之一是,“数学家”与“物理学家”之间,要求对这个学科多一点“数学严格”的那些人,与像费恩曼这样的希望“由想象力拉动”的人之间的某种紧张状态。布莱克的一个短句可以作为这个领域的座右铭。它是《地狱谚语》中的一句,在广义相对论的权威典籍即惠勒、索恩和米什内尔合著的大型教科书的结尾处引用过。它说道:“现在所证明的正是曾经只能想象的。”思想的速度在想象中策马飞奔,却在证明中缓步前行,但最终都会抵达终点。

图 12.1　米什内尔、惠勒和索恩与他们著名的教科书《引力》。[齐特科夫(Anna Zytkow)拍摄及版权所有]

附录 A

审稿人的评审报告

1936 年，爱因斯坦和罗森给《物理评论》提交了一篇论文，罗伯逊是这篇论文的审稿人，这在第五章中已经详细地讨论过了，这里给出了审稿人的评审报告的抄本。这个报告保存下来了两份。一份保存在耶路撒冷的希伯来大学阿尔伯特·爱因斯坦档案馆里(EA 19－090)，另一份是第一份的副本，保存在加利福尼亚帕萨迪纳的加州理工学院档案馆的罗伯逊文集里(7.12 柜)。只有罗伯逊文集里有抄本的封面，其他页(从“审稿意见”开始的以下部分)在两个档案馆里都保存了。

两份评审报告都保存得很好。首先，罗伯逊非常正确，论文开始的大部分重复了爱丁顿 1922 年的结果。但是，爱因斯坦可能就是被这个意见激怒了，因为他实质上也是在重复他本人在 1918 年的讨论(参见第四章)。其次，罗伯逊直觉地感到，平面波在物理上可能是允许的，他感觉爱因斯坦和罗森担心的很可能是“总的来说，这些困难与涉及时空的……有关，而不是与在分析时空的有限区域时可能突然会出现的任何东西有关”，值得注意的是，从战后解决这个问题的角度看，他的这种直觉是多么地有先见之明(参见邦迪、皮拉尼和罗伯逊，1959)。还应该注意的是，在评审报告最后一页参考的爱丁顿、鲍德温和杰弗里的论文，实际上是鲍德温和杰弗里 1926 年的论文：

I[封面]

如果全文是正确的,那它具有最高级别的重要性。但是,我并不相信作者已经证实了他们的实例——参见所附的"审稿意见"。

打字方面:参见意见(a),(b)。逻辑方面:参见意见(d),(e),(f)。

第一部分可以通过引用以前的结果而缩短,但并不会改变原意——参见意见(c)。

[意见e]如果愿意,"完全波"解可以完整地被以前的工作接替,但那会使"非完全波"悬而未决。

直到第13页中部,分析都是无懈可击的,但我不能同意第13页后半部分、第14页前半部分和第15页中间部分的关键分析;而且,没有这些,这篇论文的整个论点就不存在了。参见附带的关于这一点的详细"审稿意见"。

特别是,我坚持认为,由我的式(v)和(vi)所定义的场满足作者论文中的式(31)-(34),这个场是一个"反例",表明他们的论证是不合逻辑的。参见意见(e)。

转给作者考虑审稿人的评论。

I[第1页]

审稿意见

作者:爱因斯坦与罗森。

题目:引力波存在吗?

(a) 第2页,式(3):$\overline{\gamma}_{\alpha\alpha,\mu\nu}$应该替换为$\delta_{\mu\nu}\overline{\gamma}_{\alpha\beta,\alpha\beta}$

(b) 第2页,式(6):为了与式(4)中的+一致,把+替换为-。

(c) 第3—5页:爱丁顿已在《引力波的传播》[The Propagation of Gravitational Waves,《皇家学会会刊》(*Proc. Roy. Soc.*)102A, p. 268, 1923]一文中证明,

纯纵波与纵横波都是不合逻辑的，该文未被引用。现有的工作在明确地证明如何引入无穷小的变换从而去掉它们这方面，在某种程度上比爱丁顿的工作更进了一步。值得注意的是，存在（相当不重要的）一类不合逻辑的类型（c）的波，它们不满足作者的条件$\bar{\gamma}_{22}=\bar{\gamma}_{33}$——参见下面的（xii）。

（d） 第8—15页。在第二部分，作者寻找一个场

$$(\mathrm{i})\quad \mathrm{d}s^2=A(\mathrm{d}x_4^2-\mathrm{d}x_1^2)-B\mathrm{d}x_2^2-C\mathrm{d}x_3^2$$

它是平面波问题的严格解，其中坐标x_μ对应在第一部分的结果的推导中使用的笛卡儿坐标。由于在特定的场中，张量$T_{\mu\nu}$在各处都等于零，所以我们可能希望它会含有这个意思，即（i）可能包含这个解

$$(\mathrm{ii})\quad \mathrm{d}s^2=\mathrm{d}x_4^2-\mathrm{d}x_1^2-\mathrm{d}x_2^2-\mathrm{d}x_3^2$$

但是，他们采用的归一化[式（23a）以及下面的式（30b）]妨碍了这一点，因为对每种情况，他们实际上使用了$\gamma=\log BC$作为一个时空变量。由于物质存在，在场中使用变化的条件来映射场，在进行使场减弱或等于零的转变中当然可能引起一些困难——虽然我并不认为这特别严重。

顺便我还注意到，在由式（23a），（31）－（34）定义的“完全波”解的情况中，包括的唯一确定无疑的真空解是

$$(\mathrm{iii})\quad \mathrm{d}s^2=\mathrm{d}x_4^2-\mathrm{d}x_1^2-x_1^2\mathrm{d}x_2^2-\mathrm{d}x_3^2$$

以及庞然大物

$$(\mathrm{iv})\quad \mathrm{d}s^2=\frac{\mathrm{d}x_4^2-\mathrm{d}x_1^2}{\sqrt{x_4^2-x_1^2}}-\frac{x_1^2}{x_4+\sqrt{x_4^2-x_1^2}}\mathrm{d}x_2^2-(x_4+\sqrt{x_4^2-x_1^2})\mathrm{d}x_3^2,$$

没有什么要补充的了。这些似乎首先表示x_2应该被解释为代替笛卡儿坐标的方位角——此处也许我们要处理的是圆柱波而不是平面波？在任何情

况下都很清楚，任何可能的变换（26）都不能挽救这种情况，它保持了波的“平面”特征——它需要这种变换至少包含一个保存下来的变量 x_2, x_3。

我认为不值得去进行与“非完全波”解（38）-（41）相应的研究，我在如下（f）中论述了这一点，用看起来似乎更适合的归一化对它进行了处理。

（e） 第12—14页。“完全波”。这个解数学上等价于外尔—莱维—齐维塔轴对称静态场［参照外尔，《空间—时间—物质》（*Raum-Zeit-Materie*），第5版，第266页解法与文献——注意倒数第二行把 $h = e^{\gamma}/f$ 错误地打印为 $h = e^{\gamma}$，上一个方程等号右边的第一项应该写作 $2r\frac{\delta\Phi}{\delta r}\frac{\delta\Phi}{\delta z}dz$］，实际上，作者的“完全波”可以通过替换获得

$$r = \bar{x}_1, z = \mathrm{i}\,\bar{x}_0, \theta = \bar{x}_2, t = \mathrm{i}\,\bar{x}_3;$$

$$\Phi = -\frac{1}{4}\beta \qquad \frac{1}{2}\log \bar{x}_1,$$

$$\text{外尔的}\quad \gamma = -\frac{1}{4}\beta + \frac{1}{2}\log \bar{x}_1 + \frac{1}{2}\delta。$$

满足 Φ 的势方程变成式（31），外尔方程对 $d\gamma$ 变形为（32），（33）；式（34）是（31）-（33）的结果。

审稿人不清楚，为了得到周期性解，作者为什么要求公认解服从一个包含周期函数 f, g 的变换；难道公认的解本身不足以讨论吗？但是不去尝试解释在转换的雅可比行列式 $4f'g'$ 等于零的地方，场的明显的怪诞行为，我们仅仅指出，第一部分中讨论过的，在场“弱”的区域，全波解确实包括近似场足以表示的解——而且可能会更加坚持这确实是普遍情况。可以有其他理由反对所选择的例子，即，由于它在无穷远处的行为，或者，如在上面的

(d)中指出的，由于对接近零的 $T_{\mu\nu}$ 它接近真空形式(iii)而不是(ii)，——但是应该注意到，这些不在作者论证的问题之列(第 13 页的后半部分和第 14 页的前半部分)(至少这些反对的第一部分不能用来反对下面的(f)中给出的"非完全波"的形式)。

式(31)是在普通空间里圆柱波的解；我们考虑相对比较简单的解

$$\text{(v)}\quad \beta = 2\log x + \lambda J_0(\omega x)\cos\omega t + \text{const.},$$

其中 λ 是参数，J_0是 0 阶贝塞尔函数，而且此处 $\bar{x}_1 = x, \bar{x}_4 = t$。为了确保时空为空的，使 $\lambda \to 0$，$2\log x$ 这一项已经被累加起来了。式(32)，(33)对 δ——其可积条件是式(31)本身——可以积分得到

$$\text{(vi)}\quad \delta = \frac{1}{2}\lambda J_0(\omega x)\cos\omega t + \frac{\lambda^2}{16}(F(x) + \omega x J_0'(\omega x) J_0'(\omega x)\cos 2\omega t),$$

其中

$$F(x) = \int^{\omega x} z[(J_0'(z))^2 + (J_0(z))^2]\mathrm{d}z。$$

由于此时我们对场的近似平面波的这些部分感兴趣，我们应该取 $\omega x \gg 1$；这时贝塞尔函数的渐近展开式

$$J_0(z) = \sqrt{\frac{2}{\pi z}}\cos\left(z - \frac{1}{4}\pi\right) + O\ |z|^{-3/2}。$$

因此在这样的范围内(v)，(vi)变为

$$\beta \sim \text{const.} + 2\log x + \lambda\sqrt{\frac{2}{\pi\omega x}}\cos\left(\omega x - \frac{1}{4}\pi\right)\cos\omega t,$$

$$\text{(vii)}\quad \delta \sim \text{const.} + \frac{\lambda}{\sqrt{2\pi\omega x}}\cos\left(\omega x - \frac{1}{4}\pi\right)\cos\omega t - \frac{\lambda^2}{8\pi}\left(\omega x + \frac{1}{2}\sin\left(2\omega x - \frac{1}{4}\pi\right)\cos 2\omega t\right)。$$

因此，在 $\omega x_0 \gg 1$ 的任意点附近，对 λ 的一阶项，我

们会有驻波

$$\text{(viii)}\quad (-\gamma_{11}=\gamma_{44})=-\gamma_{22}=\gamma_{33}=\frac{\lambda}{\sqrt{2\pi\omega x_0}}\cos\left(x-\frac{1}{4}\right)\cos t,$$

其中我们只保留了导数为 $1/\sqrt{\omega x_0}$ 阶的项。波 $\gamma_{11}=-\gamma_{44}$（坐标真实的！）并不是真实的，但波 $\gamma_{22}=-\gamma_{33}$ 是第一部分讨论的横波型的真正的引力波。

我相信我们这里实际处理的是圆柱波，这可以解释 β 和 γ 中的 $\log x$ 项的存在，而且在轴 $x=0$ 的附近 λ 阶的项的分析将表明，它们可以被解释为是弱的圆柱引力波。另一方面，δ 中的 $\lambda^2\omega x$ 项在无穷大处会引起麻烦。我并未尝试过去确定这个困难是本身固有的还是偶然的。但这都与现在的问题无关；此处我们展示了一个波场，在中等距离它可以由平面引力波近似表示，而且，它并不以作者预言的怪诞的方式运作。

(f) 第 14，15 页。"非完全波"。上面(d)的评论观点中涉及了作者的相当棘手的 γ 归一化，我们已经找到了一个更加好处理的方法。如作者指出的那样，它是根据(39a)得出的

$$\delta=\phi(x+t)+\psi(x-t),$$

而且因此，ds^2 项包含 $\bar{x}_1=x,\bar{x}_4=t$ 的微分，可以写作

$$-e^{\phi(x+t)}(dx+dt)\cdot e^{\psi(x-t)}(dx-dt)。$$

这表示了比作者在式(30b)所采用的归一化更彻底的归一化

$$\bar{x}+\bar{t}=\int^{x+t}e^{\phi(z)}dz,\bar{x}-\bar{t}=\int^{x-t}e^{\psi(z)}dz$$

它在这些新变量 $\bar{\delta}=0,\bar{\beta}=\bar{\beta}(\bar{x}+\bar{t}),\bar{\gamma}=\bar{\gamma}(\bar{x}+\bar{t})$ 中，引入了外来函数 g。

去掉这些横杠，场方程组(17)－(21)现在简化为单个方程

$$(\text{ix})\quad \gamma'' + \frac{1}{4}(\gamma'^2 + \beta'^2) = 0$$

其中撇表示关于自变量 $\xi = x + t$ 的微分。记

$$b = \sqrt{B} = e^{\frac{1}{4}(\gamma+\beta)},\quad c = \sqrt{C} = e^{\frac{1}{4}(\gamma-\beta)}$$

式(ix)化为

$$(\text{x})\quad b''/b + c''/c = 0;$$

对黎曼—克里斯托费尔(Christoffel)张量的分析显示,只有当 b'',c''都等于零时,空间才是真空。

首先考虑真空的情况;我们就可以采取最普遍的形式

$$(\text{xi})\quad b_0 = 1 + \bar{b}(x+t),\quad c_0 = 1 + \bar{c}(x+t),$$

其中 $\bar{b}$,$\bar{c}$ 是常量。纯横向的"弱"场

$$(\text{xii})\quad \gamma_{22} = -2\bar{b}(x+t),\quad \gamma_{33} = -2\bar{c}(x+t)$$

虽然不是作者在第一部分所考虑的那种类型,但由此产生的当然应该是不真实的。可是,借助矢量

$$(\text{xiii})\quad \xi_1 = \xi_4 = 0,\quad \xi_2 = -\bar{b}(x+t)y,\quad \xi = -\bar{c}(x+t)z$$

满足 $\xi^{\mu}_{,\alpha\alpha} = 0$,它就转换掉了。

由于对平面波感兴趣,我们尝试去找到方程(x)的包含参数 λ、能使 $\lambda \to 0$,b 和 $c \to 1$ 的解 $b(\xi)$,$c(\xi)$。设

$$(\text{xiv})\quad b = 1 + \lambda f(\xi),$$

可以得到一类令人满意的解,其中 $f(\xi)$ 是 ξ 的有界函数,当 $|\xi| \to \infty$ 时,$f(\xi)$ 非常快地接近于 0,但否则它就是任意的,余下的函数 $c(\lambda,\xi)$ 就被当作线性微分方程

$$(\text{xv})\quad c'' + \lambda F(\lambda,\xi)c = 0,$$

的特解,其中 $F = f''/(I + \lambda f)$,当 $\xi \to +\infty$ 时,它$\to 1$。当 $\lambda \to 0$ 时,如所需的,$c(\lambda,\xi) \to 1$。诚然,当 $\xi \to -\infty$ 时,

$$(\text{xvi})\quad c(\lambda,\xi) \to \bar{c}_0 + \bar{c}(x+t),$$

其中$\bar{c}_0$,$\bar{c}$是依赖于参数 λ 的常数,当 $\lambda \to 0$ 时,它们

各自接近 1 和 0；我认为它不过是平面引力波的原有困难的一种形式而已——此处，当 $x = +\infty$ 时，它们似乎进入平面，当 $x = -\infty$ 时，它们弯曲着传出来；但是，无论如何，当 $|x|$ 以两种方式 $\to\infty$ 时，场本身都是平坦的。

此时，对足够小的 λ，对 λ 的一阶项，上面的场可以由一个弱场来表示

$$(\text{xvii})\quad b = 1 + \lambda f(x+t),$$
$$c = 1 - \lambda[f(x+t) + const. \cdot (x+t)];$$

因此

$$(\text{xviii})\quad -\gamma_{22} = +\gamma_{33} = 2\lambda f(x+t)$$

除了从 γ_{33} 的 const. $\cdot(x+t)$ 项产生的可能不合逻辑的波之外。

最后，可能有人会问，与(xv)有关的明显的边界值问题——即寻找特征值 λ，使得当 $\xi\to+\infty$ 和 $-\infty$ 时，$c\to$const. ——可以根据作者第 17 页的最后一段来解释。虽然我并没有更彻底地研究过这个问题，但我倾向于怀疑是这样的情况。

(g) 第 16—17 页。虽然无疑我也承认可能会存在与平面引力波问题有关的困难，但对我来说似乎是，总的来说，这些困难与涉及时空的边界值问题有关，而不是与在分析时空的有限区域时可能会突然出现的任何东西有关。但是，作者给出的结果处理的是后一种类型的问题，特别是在第 13—15 页进行的关键分析中。鉴于上述意见(e)和(f)，我仍然认为这种特殊类型的困难并没有真正出现——虽然在严格地处理无穷远处的平面波时也会存在其他困难，比如说，由爱丁顿、鲍德温和杰弗里强调的那种类型(《皇家学会会刊》111A，第 95 页，1926 年)的困难，或者来自与无穷远处的分布有关的势的行为(甚至在经典场论中也会存在)的困难。

附录B

采访及其他新的资料

安德森	新泽西，霍博肯	03/04/95	录音带
伯格曼	纽约城	03/04/95	笔记
布朗谢	法国，默东	12/10/94	录音带
邦迪	英国，剑桥	7/11/94	录音带
布里尔	马里兰，学院公园	06/04/95	录音带
钱德拉塞卡	伊利诺伊，芝加哥	12/06/95	笔记
库珀斯托克	加拿大，不列颠哥伦比亚省，维多利亚	26/06/95	录音带，信件
达穆尔	法国，比尔叙尔伊沃特	11/10/94	录音带，信件
德吕埃勒	法国，巴黎	19/10/94	笔记
埃勒斯	德国，慕尼黑	14/10/94	录音带
戈德堡	纽约，锡拉丘兹	10/04/95	笔记
豪沃什	宾夕法尼亚，费城	05/04/95	笔记，信件
艾萨克森	弗吉尼亚，阿灵顿	08/04/95	笔记
米什内尔	马里兰，学院公园	07/04/95	笔记
纽曼	宾夕法尼亚，匹兹堡	11/04/95	笔记
佩雷斯			信件
皮拉尼	英国，伦敦	25/10/94	录音带
普莱班斯基	墨西哥城	30/06/95	笔记

谢德格			信件
夏马(Dennis Sciama)	意大利,威尼斯	16/10/94	录音带
施塔赫尔			信件
索恩	加利福尼亚,帕萨迪纳	14/06/95	录音带
	加利福尼亚,帕萨迪纳	17/07/95	录音带
特劳特曼	意大利,的里雅斯特	17/10/94	录音带
华莱士	加拿大,不列颠哥伦比亚省,维多利亚	26/06/95	笔记
韦伯	加利福尼亚,欧文	20/06/95	录音带
惠勒	新泽西,普林斯顿	04/04/95	笔记
维尼库尔	宾夕法尼亚,匹兹堡	11/04/95	笔记

时间的表示顺序为:日/月/年。有记录以及有录音带的采访都表示出来了。只要受访者愿意,感兴趣的学者可以查阅采访以及讨论中得到的录音带或笔记。

注　释

第一章:引力波类比

1. 讨论他思考的与电磁学类比的作用的论文,参见雷恩和索尔(2006)以及詹森和雷恩(2006)的文章。这些文章后面还有许多其他文献,讨论了故事的各个方面。
2. 库恩把这些问题和它们的解称为样本,它们取代了库恩在他最著名的作品《科学变革的构成》(*The Structure of Scientific Revolutions*)中使用的范例一词的部分含义。
3. 广义相对论和引力(GR)系列会议的前身,有时也称为 GR0。那次会议的记录是从录音整理的,记录中某些与会者的交流放在引号里了,表示那是直接引用,而其他一些段落没放在引号里,表示那些答复是意译的。因此,我保留了那些记录中原有的引号。

第二章:爱因斯坦之前的引力波

1. 无疑,针对他主要依赖的数据的所有权问题,他与皇家天文学家弗拉姆斯蒂德(John Flamsteed)之间的刻薄关系使他更为头疼。
2. 地月系统万有引力的中心位于地表之下数千英里,到地球中心的距离仍然相当可观。
3. 虽然现在不会认为摄动和质量的增长本身是耗散效应,从系统动量损失的意义上导致动力学衰变,但牛顿和哈雷当时显然是这么认为的。他们两个人似乎都把这种效应与"运动损失"和动力学衰变联系起来了(库布林,1995)。
4. 在广义相对论中,与轨道运动有关的主要的相对论修正出现在$(v/c)^2$阶,而主要的非守恒性修正出现在$(v/c)^5$阶。因此,没有理由期待在地月系统中能感觉到这种效应。

5. 努力寻找长期加速的部分成因来代替引力常数 G 的长期变化，由此就可以显示出，甚至在 20 世纪 50 年代，长期加速的潮汐摩擦解释还有某些竞争（迪克，1966）。
6. 这个计算也是洛伦兹做的，他最早计算了电磁场中运动电荷的辐射反作用（范伦特伦，1991；达穆尔，1982）。
7. 亚伯拉罕最终在德国获得了教授职位，之后不久便悲惨地英年早逝。
8. 在量子场论中，场的最低阶辐射直接与媒递粒子的自旋有关。对于允许单极辐射的标量场，将由无自旋的粒子作为媒递粒子。矢量场如电磁场，以偶极辐射为主，媒递粒子是自旋为 1 的粒子，如光子。像广义相对论中那样的张量场在最低阶只有四极辐射，且其媒递粒子是自旋为 2 的粒子，这就是之所以认为引力子具有这样的自旋的原因。
9. 张量的迹是普通的数，或者说是标量，是通过把张量对角线上的各个分量累加在一起得到的。

第三章：引力波的起源

1. 这些方程组用里奇（Ricci）张量代替了爱因斯坦张量；换句话说，包含里奇张量迹的项没有了。
2. 另一方面，电磁理论是一种矢量理论；场的势是由四维矢量描述的。
3. 如前所述，后牛顿近似涉及两个小量的展开，其中的一个小量取决于 v/c，另一个取决于引力势。但是，在处理其运动受自身引力作用的系统时，引力势便直接与它们的轨道速度 v 有关，因此，如果希望，整个展开式可以写成 v/c 的形式。
4. 此外，如我们在下一章将看到的，当时还有一个他没有发现的错误，这意味着他 1918 年提出的四极公式与真正的四极公式相差一个 2 倍因子。

第四章：思想的速度

1. 这个论证概括了这个引人入胜的富于直觉的论点，在出现任何支持它们的实验证据之前几十年，就帮助引力波成了为现代物理学所接受的一个现象。

2. 爱丁顿把波中的能量说成是“为了分析而虚构的”，意思是引力波的能量只有当它被一个物理系统吸收时才可被观察到，因此我们可能真的不能提波里的能量，而只能提作为辐射结果的两个系统之间的能量交换。以后我们会看到像惠勒和费恩曼这样的物理学家的建议：辐射的发射要求存在一个吸收体来接受能量。还要注意，爱丁顿使用了与通常用来描述双星系统的运动方程多少有些不同的计算系统。另外，他采用了计算 v^2/c^2 的倍数的相对论性阶的通用惯例。在双星系统中，以及在本书所使用的术语中，拉普拉斯项的阶是 v/c，而且现代项是在 v^5/c^5。爱丁顿的计算只适用于“凝聚系统”，这是因为线性近似假设引力非常弱，而双星系统的运动完全由它自身的引力作用决定，因此，引力的大小与它的速度是同一个量级。另一方面，一根旋转的棒，你喜欢让它转多快它就可以转多快，而它的引力场却小得难以察觉。

第五章：引力波存在吗？

1. 虽然爱因斯坦和罗森论文的最初版本不在了，但在《评论》的评审报告中提到了它最初的题目（罗伯逊文集，加州理工学院，7.12 柜；及 EA 19－090），更多信息请参见下文。
2. 布赫瓦尔德译自德文。信中所强调的内容是爱因斯坦标记的。
3. 席尔普（1949）提供的 1949 年之前的爱因斯坦文献中，没有任何一篇他列出的 1936 年之后的论文是出现在《物理评论》上的，从那时直到爱因斯坦去世，《评论》的索引中只提到一封辩驳的短信，是派斯（Pais，1982，第 494—495 页）在简述爱因斯坦—罗森论文被拒时提到的。
4. 由于广义相对论是一种非线性理论，两种势（超前势和推迟势）满足场方程这个事实并不意味着它的线性组合（例如，一半超前势加一半推迟势）也会像电磁学中那样满足场方程。然而，在线性的万有引力中，显然遵守这一点。

第六章：引力波及广义相对论的复兴

1. 在谈到爱因斯坦的四极公式的时候，严格地讲，我并不是指真正出现在爱因斯坦1918年论文里的方程,而是指由爱丁顿首先发表的改正版本。

2. 这段历史请参见艾森施泰特,1993,及其文献。

第七章:类比法辩论

1. 当然,测量几对不同粒子的相对位移正是像LIGO这样的干涉仪引力波探测器所做的。
2. 加拿大物理学家库珀斯托克1992年的论文中包含一个设计得使这个理想实验失效的反例。
3. 不清楚"狂想家"是否指韦伯。"狂想家"是指在源附近寻找波的证据的那些人,如费恩曼指出的那样,在那里这种波与其他力学场是难以区分的。或者也可能是指寻找遥远的波源的那些人,因为这种波太弱了。

第八章:运动问题

1. 像著名的水星近日点进动这样的一阶后牛顿效应与引力辐射没有关系,它出现在展开式的$(v/c)^2$阶。它们是所谓的守恒效应,因为它们不改变轨道系统的力学能量。守恒效应常常出现在后牛顿展开式v/c的偶数阶项,而包括引力辐射效应在内的非守恒效应出现在展开式的奇数阶项。在广义相对论中,最低阶的非守恒效应出现在$(v/c)^5$,即所谓的后牛顿$2\frac{1}{2}$阶。
2. 这个技巧取决于斯托克定理,它把界面内的体积分转变为在界面上的面积分,体积分取决于奇点的细节,而面积分则不然。
3. 如你所期望的,波中的能量随着与源距离的平方成反比地下降,但确实是波的强弱或者说波的振幅确定了它被检测的可能性。
4. 福克为此采用了"哥白尼"与"托勒玫"坐标的类比。二者都可以用于计算,但他坚持认为,为了正确描述太阳系,必须优先考虑前者。按照戈列利克(1993,第316页)所说,哥白尼的坐标选择比托勒玫的坐标选择正确这个问题常被那些反对相对论的人利用。

第九章:怀疑论者的肖像

1. 戈德堡清晰地回忆起在查珀尔希尔会议上存在关于这个课题的一些辩论,但该会议的组织者德威特在 1996 年莫斯科会议上回答一位在场报告者时,却相当地确信 20 世纪 50 年代末并不存在关于引力波存在的值得注意的辩论。总的来说,会议文集是从录音整理得到的,它倾向于证实戈德堡的追忆。各种不同方面的回忆表明,对重新构建近期科学史感兴趣的任何人都应当小心。

第十章:接近探测的边缘

1. 具有讽刺意味的是,海洋中的波是典型的"重力波",也就是说,水波的恢复力是由水本身的重量提供的,而具有短波长的涟漪的恢复力则是由表面张力提供的。正是由于这种重力波,开始时才有点不方便使用引力波这个名称。现在甚至连物理学家也开始越来越多地把"gravity wave"一词用于引力波,这表明引力波在相对近期里作为一种重要的物理现象出现了。
2. 吉纶勉强地逃逸被称为球状闪电。
3. 这里我想起了我听过的韦伯在 90 年代初期到中期举行的太平洋引力会议上的一次讲话中所作的评论,当时他提出了条形探测器的新横截面。他说他本人已经发展了条形探测器的最初的横截面模型,"于是引起了一阵嘲笑声"。
4. 做研究生的时候我自己通过寻找浮动轨道的计算曾经了解到,这样的事是可能存在的。在我的情况中,可能性的出现只是因为在我的编码里有个缺陷,它暗示这已经发生了。当时一个同学也有了同样的想法,我们搜集整理了一下,很快就发现这种思想早就有了,但并没有人写论文宣布过他们没有找到浮动轨道,因为科学家通常认为否定的结果不值得发表。由于我们之前的许多人已经徒劳无益地寻找过了,所以我们在独立的论文里提到了我们寻找浮动轨道并不成功的努力。

第十一章:四极公式争议

1. 贝尔曾经提出过类似的观点,认为条形探测器是绝对不灵敏的

(1996)。

第十二章:跟上思想的速度

1. 超级恒星模型是尝试解释类星体巨量光度的早期模型。
2. 钱德拉塞卡在《真理与美》(*Truth and Beauty*,1987,第66页)中引用开普勒的话:“现在,可能有人会问,如果这种核心人物的才能,它不从事理性的思考,而且因此也不可能有和谐关系的先验知识,那它是否应该能够认识到周围世界给予了什么……对这一点,我的答复是,所有纯粹思想或者和谐的原型样式,如我们正谈论的,是那些能理解它们的人天生所固有的。但是他们最初并不是经过一种理性的过程接受这种理念的,在一定程度上,这是一种本能直觉的产物,而且对那些个人来说是天生的。”
3. 确实,牛顿苹果故事的一个方面是涉及观察,而所观察到的却是平常的东西。这个故事的重要性在于,牛顿借助直觉的飞跃把苹果的掉落与月球的运动联系了起来,而且由此产生了疑问,同一种作用是否可以对这二者都负责。
4. 引用的文章接着讲道,“在引力波的研究中,这种角逐似乎成了一种溃退,因为根本就得不到明确的实验结果来证明大量的关于这个课题的论文的正确性。”

本书参考文献可至上海科技教育出版社网站查阅，网址如下：

http://www.sste.com

Traveling at the Speed of Thought:
Einstein and the Quest for Gravitational Waves
by
Daniel Kennefick

责任编辑　徐在新　殷晓岚　苏　强　装帧设计　汤世梁

哲人石丛书
传播，以思想的速度
——爱因斯坦与引力波
丹尼尔·肯尼菲克　著
黄艳华　译

上海世纪出版股份有限公司
上 海 科 技 教 育 出 版 社　出版发行
（上海市冠生园路 393 号　邮政编码 200235）
网址：www.ewen.cc　www.sste.com
各地新华书店经销　常熟华顺印刷有限公司印刷
ISBN 978-7-5428-5132-1/N·799
图字 09-2009-641 号

开本 850×1168　1/32　印张 11　插页 2　字数 256 000
2010 年 12 月第 1 版　2016 年 3 月第 2 次印刷
定价:29.00 元

哲人石丛书

当代科普名著系列　当代科技名家传记系列
当代科学思潮系列　科学史与科学文化系列

第一辑

确定性的终结——时间、混沌与新自然法则 13.50 元
伊利亚·普利高津著　湛敏译
PCR 传奇——一个生物技术的故事 15.50 元
保罗·拉比诺著　朱玉贤译
虚实世界——计算机仿真如何改变科学的疆域 18.50 元
约翰·L·卡斯蒂著　王千祥等译
完美的对称——富勒烯的意外发现 27.50 元
吉姆·巴戈特著　李涛等译
超越时空——通过平行宇宙、时间卷曲和第十维度的科学之旅 28.50 元
加来道雄著　刘玉玺等译
欺骗时间——科学、性与衰老 23.30 元
罗杰·戈斯登著　刘学礼等译
失败的逻辑——事情因何出错，世间有无妙策 15.00 元
迪特里希·德尔纳著　王志刚译
技术的报复——墨菲法则和事与愿违 29.40 元
爱德华·特纳著　徐俊培等译
地外文明探秘——寻觅人类的太空之友 15.30 元
迈克尔·怀特著　黄群等译
生机勃勃的尘埃——地球生命的起源和进化 29.00 元
克里斯蒂安·德迪夫著　王玉山等译
大爆炸探秘——量子物理与宇宙学 25.00 元

约翰·格里宾著　卢炬甫译

暗淡蓝点——展望人类的太空家园　22.90元

卡尔·萨根著　叶式辉等译

探求万物之理——混沌、夸克与拉普拉斯妖　20.20元

罗杰·G·牛顿著　李香莲译

亚原子世界探秘——物质微观结构巡礼　18.40元

艾萨克·阿西莫夫著　朱子延等译

终极抉择——威胁人类的灾难　29.00元

艾萨克·阿西莫夫著　王鸣阳译

卡尔·萨根的宇宙——从行星探索到科学教育　28.40元

耶范特·特齐安等主编　周惠民等译

激情澎湃——科学家的内心世界　22.50元

刘易斯·沃尔珀特等著　柯欣瑞译

霸王龙和陨星坑——天体撞击如何导致物种灭绝　16.90元

沃尔特·阿尔瓦雷斯著　马星垣等译

双螺旋探秘——量子物理学与生命　22.90元

约翰·格里宾著　方玉珍等译

师从天才——一个科学王朝的崛起　19.80元

罗伯特·卡尼格尔著　江载芬等译

分子探秘——影响日常生活的奇妙物质　22.50元

约翰·埃姆斯利著　刘晓峰译

迷人的科学风采——费恩曼传　23.30元

约翰·格里宾等著　江向东译

推销银河系的人——博克传　22.90元

戴维·H·利维著　何妙福译

一只会思想的萝卜——梅达沃自传　15.60元

彼得·梅达沃著　袁开文等译

无与伦比的手——弗尔迈伊自传　18.70元

海尔特·弗尔迈伊著　朱进宁等译

无尽的前沿——布什传　37.70元

G·帕斯卡尔·扎卡里著　周惠民等译

数字情种——埃尔德什传 21.00 元

保罗·霍夫曼著　米绪军等译

星云世界的水手——哈勃传 32.00 元

盖尔·E·克里斯琴森著　何妙福等译

美丽心灵——纳什传 38.80 元

西尔维娅·娜萨著　王尔山译

乱世学人——维格纳自传 24.00 元

尤金·P·维格纳等著　关洪译

大脑工作原理——脑活动、行为和认知的协同学研究 28.50 元

赫尔曼·哈肯著　郭治安等译

生物技术世纪——用基因重塑世界 21.90 元

杰里米·里夫金著　付立杰等译

从界面到网络空间——虚拟实在的形而上学 16.40 元

迈克尔·海姆著　金吾伦等译

隐秩序——适应性造就复杂性 14.60 元

约翰·H·霍兰著　周晓牧等译

何为科学真理——月亮在无人看它时是否在那儿 19.00 元

罗杰·G·牛顿著　武际可译

混沌与秩序——生物系统的复杂结构 22.90 元

弗里德里希·克拉默著　柯志阳等译

混沌七鉴——来自易学的永恒智慧 16.40 元

约翰·布里格斯等著　陈忠等译

病因何在——科学家如何解释疾病 23.50 元

保罗·萨加德著　刘学礼译

伊托邦——数字时代的城市生活 13.90 元

威廉·J·米切尔著　吴启迪等译

爱因斯坦奇迹年——改变物理学面貌的五篇论文 13.90 元

约翰·施塔赫尔主编　范岱年等译

第二辑

人生舞台——阿西莫夫自传 48.80 元

艾萨克·阿西莫夫著　黄群等译

人之书——人类基因组计划透视 23.00 元

沃尔特·博德默尔等著　顾鸣敏译

知无涯者——拉马努金传 33.30 元

罗伯特·卡尼格尔著　胡乐士等译

逻辑人生——哥德尔传 12.30 元

约翰·卡斯蒂等著　刘晓力等译

突破维数障碍——斯梅尔传 26.00 元

史蒂夫·巴特森著　邝仲平译

真科学——它是什么，它指什么 32.40 元

约翰·齐曼著　曾国屏等译

我思故我笑——哲学的幽默一面 14.40 元

约翰·艾伦·保罗斯著　徐向东译

共创未来——打造自由软件神话 25.60 元

彼得·韦纳著　王克迪等译

反物质——世界的终极镜像 16.60 元

戈登·弗雷泽著　江向东等译

奇异之美——盖尔曼传 29.80 元

乔治·约翰逊著　朱允伦等译

技术时代的人类心灵——工业社会的社会心理问题 14.80 元

阿诺德·盖伦著　何兆武等译

物理与人理——对高能物理学家社区的人类学考察 17.50 元

沙伦·特拉维克著　刘珺珺等译

无之书——万物由何而生 24.00 元

约翰·D·巴罗著　何妙福等译

恋爱中的爱因斯坦——科学罗曼史 37.00 元

丹尼斯·奥弗比著 冯承天等译

展演科学的艺术家——萨根传 51.00 元

凯伊·戴维森著 暴永宁译

科学哲学——当代进阶教程 20.00 元

亚历克斯·罗森堡著 刘华杰译

为世界而生——霍奇金传 30.00 元

乔治娜·费里著 王艳红等译

数学大师——从芝诺到庞加莱 46.50 元

E·T·贝尔著 徐源译

避孕药的是是非非——杰拉西自传 31.00 元

卡尔·杰拉西著 姚宁译

改变世界的方程——牛顿、爱因斯坦和相对论 21.00 元

哈拉尔德·费里奇著 邢志忠等译

“深蓝”揭秘——追寻人工智能圣杯之旅 25.00 元

许峰雄著 黄军英等译

新生态经济——使环境保护有利可图的探索 19.50 元

格蕾琴·C·戴利等著 郑晓光等译

脆弱的领地——复杂性与公有域 21.00 元

西蒙·莱文著 吴彤等译

孤独的科学之路——钱德拉塞卡传 36.00 元

卡迈什瓦尔·C·瓦利著 何妙福等译

科学的统治——开放社会的意识形态与未来 20.00 元

史蒂夫·富勒著 刘钝译

千年难题——七个悬赏 1000000 美元的数学问题 20.00 元

基思·德夫林著 沈崇圣译

爱因斯坦恩怨史——德国科学的兴衰 26.50 元

弗里茨·斯特恩 方在庆等译

科学革命——批判性的综合 16.00 元

史蒂文·夏平著 徐国强等译

早期希腊科学——从泰勒斯到亚里士多德 14.00 元

G·E·R·劳埃德著 孙小淳译

整体性与隐缠序——卷展中的宇宙与意识 21.00 元

戴维·玻姆著 洪定国等译

一种文化？——关于科学的对话 28.50 元

杰伊·A·拉宾格尔等主编 张增一等译

寻求哲人石——炼金术文化史 44.50 元

汉斯-魏尔纳·舒特著 李文潮等译

第三辑

哲人石——探寻金丹术的秘密 49.50 元

彼得·马歇尔著 赵万里等译

旷世奇才——巴丁传 39.50 元

莉莲·霍德森等著 文慧静等译

黄钟大吕——中国古代和十六世纪声学成就 19.00 元

程贞一著 王翼勋译

精神病学史——从收容院到百忧解 47.00 元

爱德华·肖特著 韩健平等译

认识方式——一种新的科学、技术和医学史 24.50 元

约翰·V·皮克斯通著 陈朝勇译

爱因斯坦年谱 20.50 元

艾丽斯·卡拉普赖斯编著 范岱年译

心灵的嵌齿轮——维恩图的故事 19.50 元

A·W·F·爱德华兹著 吴俊译

工程学——无尽的前沿 34.00 元

欧阳莹之著 李啸虎等译

古代世界的现代思考——透视希腊、中国的科学与文化 25.00 元

G·E·R·劳埃德著 钮卫星译

天才的拓荒者——冯·诺伊曼传 32.00 元

诺曼·麦克雷著 范秀华等译

素数之恋——黎曼和数学中最大的未解之谜 34.00 元
约翰·德比希尔著 陈为蓬译

大流感——最致命瘟疫的史诗 49.80 元
约翰·M·巴里著 钟扬等译

原子弹秘史——历史上最致命武器的孕育 88.00 元
理查德·罗兹著 江向东等译

宇宙秘密——阿西莫夫谈科学 38.00 元
艾萨克·阿西莫夫著 吴虹桥等译

谁动了爱因斯坦的大脑——巡视名人脑博物馆 33.00 元
布赖恩·伯勒尔著 吴冰青等译

穿越歧路花园——司马贺传 35.00 元
亨特·克劳瑟-海克著 黄军英等译

不羁的思绪——阿西莫夫谈世事 40.00 元
艾萨克·阿西莫夫著 江向东等译

星光璀璨——美国中学生描摹大科学家 28.00 元
利昂·莱德曼等编 涂泓等译 冯承天译校

解码宇宙——新信息科学看天地万物 26.00 元
查尔斯·塞费著 隋竹梅译

阿尔法与奥米伽——寻找宇宙的始与终 24.00 元
查尔斯·塞费著 隋竹梅译

盛装猿——人类的自然史 35.00 元
汉娜·霍姆斯著 朱方译

大众科学指南——宇宙、生命与万物 25.00 元
约翰·格里宾等著 戴吾三等译

传播，以思想的速度——爱因斯坦与引力波 29.00 元
丹尼尔·肯尼菲克著 黄艳华译